高等职业教育轨道交通专业系列教材

轨道路基施工技术

主　编　梁　莉　阳　江
副主编　丁王飞　张望成
参　编　贾宪涛　乔　丹

西南交通大学出版社
·成　都·

图书在版编目（CIP）数据

轨道路基施工技术 / 梁莉，阳江主编. —成都：西南交通大学出版社，2019.5（2025.2 重印）
高等职业教育轨道交通专业系列教材
ISBN 978-7-5643-6479-3

Ⅰ. ①轨… Ⅱ. ①梁… ②阳… Ⅲ. ①城市铁路－铁路路基－路基工程－工程施工－高等职业教育－教材 Ⅳ. ①U239.5

中国版本图书馆 CIP 数据核字（2019）第 098302 号

高等职业教育轨道交通专业系列教材
轨道路基施工技术

主 编／梁 莉 阳 江	责任编辑／杨 勇
	助理编辑／王同晓
	封面设计／何东琳设计工作室

西南交通大学出版社出版发行
（四川省成都市金牛区二环路北一段 111 号西南交通大学创新大厦 21 楼　610031）
发行部电话：028-87600564　028-87600533
网址：http://www.xnjdcbs.com
印刷：成都中永印务有限责任公司

成品尺寸　185 mm×260 mm
印张　14　字数　350 千
版次　2019 年 5 月第 1 版　　印次　2025 年 2 月第 6 次

书号　ISBN 978-7-5643-6479-3
定价　38.00 元

课件咨询电话：028-81435775
图书如有印装质量问题　本社负责退换
版权所有　盗版必究　举报电话：028-87600562

前 言

本书主要根据目前最新的城市轨道交通和铁路的相关标准、规范编写而成，注重基本理论与工程实践的结合，将企业的岗位标准和学生的专业能力有机地结合在一起。全书以城市轨道路基施工为基础，基于工作过程的教学理念，按照项目和任务组织内容，力求任务驱动理实一体。

全书共分八个项目，即：轨道交通路基基础知识、路堤施工、路堑及过渡段施工、路基排水设备施工与维护、路基防护设备施工与维护、路基支挡结构、路基病害与维护及路基压实质量检测。建议教师在授课时可根据学生的具体情况，并结合不同专业的特点选择讲授重点和自学章节。书中各章都给出了思考题，以便于学生自我考核和练习。

本书由重庆建筑工程职业学院梁莉和阳江担任主编。项目1和项目6由重庆建筑工程职业学院梁莉编写，项目2由重庆建筑工程职业学院丁王飞编写，项目3由中国煤炭科工集团重庆设计研究院张望成编写，项目4和项目5由重庆建筑工程职业学院阳江编写，项目7由重庆建筑工程职业学院乔丹编写，项目8由重庆市南岸区建设工程施工安全监督站贾宪涛编写。

在本书编写过程中，重庆大学刘世林、龙雪梅和师晓康等同学做了很多文字整理工作，在此表示衷心的感谢！由于编者水平有限，难免有所疏漏之处，烦请广大读者在使用过程中给予指正，不胜感激！

编 者
2018年10月

目 录

项目一 轨道交通路基基础知识 ·· 1
  任务一 轨道交通发展概况及其基本组成 ··· 1
  任务二 轨道交通路基概述 ·· 5
  任务三 路基构造认识 ··· 9

项目二 路堤施工 ·· 30
  任务一 施工准备 ··· 30
  任务二 填 料 ··· 33
  任务三 路堤填筑施工 ··· 42

项目三 路堑及过渡段施工 ··· 50
  任务一 土质路堑施工 ··· 50
  任务二 石质路堑施工 ··· 55
  任务三 过渡段施工 ·· 60

项目四 路基排水设备施工与维护 ·· 67
  任务一 地面排水设备施工与维护 ··· 67
  任务二 地下排水设备施工与维护 ··· 74
  任务三 站场排水设备及其养护 ·· 85

项目五 路基防护设备施工与维护 ·· 89
  任务一 路基坡面防护施工 ·· 90
  任务二 路基冲刷防护施工 ·· 101
  任务三 路基防护设备维护 ·· 109

项目六 路基支挡结构 ··· 111
  任务一 支挡结构概述 ·· 111
  任务二 土压力计算 ·· 113
  任务三 重力式挡土墙 ·· 124

任务四　轻型挡土墙 147
　　任务五　挡土墙的养护维修 160

项目七　路基病害与维护 163
　　任务一　基床病害及整治 163
　　任务二　路基冻害及整治 169
　　任务三　崩塌落石及其防治 172
　　任务四　滑坡及其防治 174
　　任务五　泥石流及其防治 177

项目八　路基压实质量检测 183
　　任务一　路基密实度检测 183
　　任务二　地基系数测试 189
　　任务三　二次变形模量测试 194
　　任务四　动态变形模量测试 200

参考文献 218

项目一　轨道交通路基基础知识

【学习目标】

（1）了解轨道交通发展概况；
（2）了解轨道交通的基本组成；
（3）掌握轨道交通路基工程的组成和特点；
（4）掌握路基横断面的形式、构造尺寸；
（5）能够正确识读路基施工图。

任务一　轨道交通发展概况及其基本组成

一、轨道交通发展概况

（一）轨道交通系统及特点

轨道交通是指运营车辆需要在特定轨道上行驶的一类交通工具或运输系统。最典型的轨道交通就是由传统火车和标准铁路所组成的铁路系统。随着火车和铁路技术的多元化发展，轨道交通呈现出越来越多的类型，不仅遍布于长距离的陆地运输，也广泛运用于中短距离的城市公共交通中。

常见的轨道交通有传统铁路（国家铁路、城际铁路和市域铁路）、地铁、轻轨和有轨电车，新型轨道交通有磁悬浮轨道系统、单轨系统（跨座式轨道系统和悬挂式轨道系统）和旅客自动捷运系统等。在现行国家标准《城市公共交通常用名词术语》（GB 5655）中，将快速轨道交通定义为"通常以电能为动力，采取轮轨运转方式的快速大运量公共交通的总称"。

根据服务范围差异，轨道交通一般分成国家铁路系统、城际轨道交通和城市轨道交通三大类。轨道交通普遍具有运量大、速度快、班次密、安全舒适、准点率高、全天候、运费低和节能环保等优点，但同时常伴随着较高的前期投资、技术要求和维护成本，并且占用的空间往往较大。

轨道交通是属于集多专业、多工种于一身的复杂系统，通常由轨道线路、车站、车辆、维护检修基地、供变电、通信信号、指挥控制中心等组成。城市轨道交通的运输组织、功能实现、安全保证均应遵循有轨道交通的客观规律。在运输组织方面，要实行集中调度、统一指挥、按运行图组织行车。在功能实现方面，各种有关专业如线路、车站、隧道、车辆、供电、通信、信号、机电设备及消防系统均应保证状态良好，运行正常。在安全保证方面，主要依靠行车组织和设备正常运行，来保证必要的行车间隔和正确的行车线路。

（二）我国轨道交通发展现状及趋势

城市轨道交通作为构建现代宜居城市的重要基础设施，是便民惠民的民生工程，也是着眼未来的重大工程。近年来，我国城市轨道交通实现快速发展。20年前，地铁还只是北上广等少数城市的"风景线"，但近年来，我国城市轨道交通建设发展取得突破性进展。截至2017年年初，全国共有30个城市建成投运城轨交通线路134条，运营线路总长达4 153 km，其中2016年一年新增18条运营线路，总长535 km，创历史新高。结合当前各地城市轨道交通建设现状，预计到2020年，全国城市轨道运营里程将达到6 000 km，在轨道交通方面的投资将达3万亿~4万亿元。

我国轨道交通发展具有如下趋势。

今后较长时间都处于高速发展状态。根据轨道交通中长期发展规划，"十二五"期间将建设1 500 km左右的轨道交通，年均500 km左右，"十三五"期间将建设3 000 km左右轨道交通，年均600 km，届时，中国内地将拥有7 000 km的城市轨道交通。

城市轨道交通制式将从原来的以地铁为主的单一制式转变为多制式协调发展。多种制式结合才能发挥每种城轨制式的最大优势。

网络化发展已成为城市轨道交通重要发展趋势。目前，北京、上海已形成规模化网络体系，广州、深圳、天津、重庆、成都等城市也已形成较大规模网络。城市轨道交通建设还需加强与既有铁路的衔接和资源整合。城市轨道交通建设是解决城市群和都市圈交通问题的重要选择。要统筹规划、与其他运输方式实现无缝对接，在综合交通运输系统中起到承上启下的作用，上可以接机场、港口、高速铁路、普速铁路等，下可以连高速公路、地区公路、公共交通，甚至自行车。这样才可以在极大地方便旅客的同时，扩大线路吸引范围，增加客流量，提高城市轨道交通的经济效益。

二、轨道交通基本组成

（一）线　路

轨道交通在建设选线过程中需要穿过野外复杂地形，以及城市郊区、市区，往往具有由高楼林立、交通拥堵、人口密集之地向地广人稀处变化的特点。这些特点决定了轨道交通线路铺设的多样性，其主要的铺设形式有：地下线路、地面线路和高架线路。

1. 线路基本类型

（1）在城市中心城区，由于受密集建筑群的限制，线路往往沿城市道路地下铺设，称为地下线路。地下线路一般铺设在隧道内，隧道开挖方式一般有明挖法和暗挖法两种。盾构法是暗挖法的一种，目前我国普遍采用单圆盾构法，隧道断面形式一般为区间隧道选择圆形隧道，站台两端为矩形隧道。地下线路可采用混凝土整体道床或与普通铁路相同的碎石道床。地下线路主要由隧道、整体道床、侧沟、轨枕、钢轨、扣件、钢轨联结零件等组成。

（2）在中心城区向外到郊区的地方，相对而言地势开阔、建筑物也相对较稀少，一般采用地面线路。地面线路普遍采用碎石道床，碎石道床一般由石砟和黄沙层组成，也有只铺设石砟层的情况。地面碎石道床线路，造价便宜，道床弹性较好，但稳定性较差，运营时的噪声大。地面线路主要由路基、碎石道床、侧沟、轨枕、钢轨、扣件、钢轨联结零件等组成。

（3）在城市外围，一般还可采取沿既有道路高架铺设的形式，称为高架线路。高架线路铺设于城市高架桥面之上，一般沿城市道路一侧或中央铺设。桥面线路一般可采用混凝土整体道床或碎石道床。主要包括高架桥、整体道床、侧沟、混凝土支撑块、钢轨、扣件、钢轨联结零件等组成。

2. 轨道线路设备

1）钢轨及配件

钢轨是轨道最重要的组成部件，直接承受列车的荷载，其依靠钢轨头部内侧面和机车车辆轮缘的相互作用，引导列车运行，并依靠其本身的刚度和弹性把机车车辆荷载分布开来，传递给轨枕。

钢轨配件又称接头联结零件，主要由接头夹板和接头螺栓将钢轨与钢轨的端部连接起来，使钢轨接头部位共同承受弯矩和横向力。同时，利用接头夹板与钢轨之间的摩擦力，将钢轨接头处前后两根钢轨的间隙控制在一定的限度内。

2）轨枕及扣件

轨枕是轨下基础扣件之一。它的功能是支撑钢轨，保持轨距和方向，并将钢轨对它作用的各向压力传递到道床上。

扣件是钢轨与轨枕或其他轨下基础的重要联结零件，它的作用是固定钢轨，阻止钢轨产生位移，防止钢轨倾斜，并能提供适当的弹性，将钢轨承受的力传递给轨枕和道床承接台。

3）道床

道床是铺设在路基之上，轨枕之下的结构层，它主要有承受并传递荷载，稳定轨道结构的作用。道床从结构和形式上可分为碎石道床和整体道床两种类型。

4）轨缝

线路轨道结构以往普遍采用标准长度钢轨铺设的普通线路。这种线路是将标准轨用钢轨联结零件进行连接，需要在钢轨接头存留一定的缝隙来适应钢轨的热胀冷缩，这个缝隙即为轨缝。

3. 车站和停车场

（1）车站是轨道交通中供旅客乘降、换乘和候车的场所，保证旅客方便、安全、迅速地进出站，并有良好的通风、照明、卫生、防灾设备等，为旅客提供舒适、清洁的环境。

按车站的空间位置，轨道交通车站有地面车站、地下车站和高架车站三种形式。地面车站占用地面空间，总容易造成线路经过地区地面区域分割，一般分布于城乡接合部，最大优点是造价低，传统铁路多为地面车站。城市轨道交通由于受地面建筑的影响，部分线路设置和车站布置都位于地下，节省地面空间，地下车站根据埋深又可分为深埋式和浅埋式两种。高架车站置于高架桥梁的桥面，结构相对简单，造价远低于地下车站。

（2）停车场。

轨道交通停车场，是指用于列车停放、检修、调试或其他各类用途的基地，它包括各种线路和用房，通常每一条城市轨道交通线路至少设一个停车场。

（二）车　辆

车辆是轨道交通系统中运送乘客的工具，必须具有良好的牵引、制动性能，能快速启动和停止，以保证车辆运行的安全、准点和快捷，同时还要有良好的乘客服务设施，使乘客感到舒适和方便。同时需要注意的是，轨道交通系统中车辆购置费和运营成本费占很大比例，在车辆的选型方面需要综合考虑客流特点、客流量、行车速度、线路条件等多方面因素。

车辆按有、无动力分为动车和拖车。在运营时，将独立的车厢进行连接，构成车辆编组。车辆编组方式有全动车编组和动、拖混编两种方式。

（三）供电系统

轨道交通供电系统的作用在于为列车和车站提供电源，它是一个庞大的系统，是支撑整个轨道交通正常运营的主要支柱，供电系统一旦故障，不仅整条线路列车运行瘫痪，车站客运也将停顿，并且还会引起车站区域混乱。可见供电系统在轨道交通系统中的重要性。

城市轨道供电系统为列车运行提供动力源，它是由电力源、供电线路、主（降压）变电站、牵引变电所、降压变电所、接触网、电力监控系统、车站及区间动力照明系统、杂散电流防护系统、防雷设施和接地系统等部分组成。

（四）列车运行控制系统

1. 通信系统

通信系统是指完成信息传递和交换过程的技术系统的总称。轨道交通通信系统是一套控制高度集中的系统，在于指挥列车运行、进行运营管理、公务联络和传递各种信息的专门系统。它的重要任务是建立一个试听与数据链路网，实现轨道交通远程集中运转指挥调度。此外，通信系统还为公务人员和乘客创建信息交互平台，为各专业系统及外网提供信息传送通道，为公安提供视频和无线资源，为消防系统提供通信保障，为公共移动业务提供接入平台。

2. 信号系统

轨道交通信号系统是指挥列车安全运行的关键设备，确保列车前方轨道区段无占用、道岔位置正确、没有敌对或相抵触的信号等，确保旅客的旅途安全。同时，信号系统对于提高行车效率起着极其重要的作用。信号系统通过自动控制技术，可使列车以最高安全速度运行，并且通过车站程序对位停车控制大大缩短行车间隔，提高行车密度，缩短列车停站时间。

轨道交通信号系统通常包括两大部分：车辆段信号控制系统和列车运行自动控制系统。后者即 ATC 系统（Automatic Train Control）。用于列车进路控制、列车间隔控制、调度指挥、信息管理、设备工况监测及维护管理，从而构成一个高效的综合自动化系统。ATC 系统又包括列车自动防护 ATP（Automatic Train Protection）、列车自动运行 ATO（Automatic Train Operation）及列车自动监控 ATS（Automatic Train Supervision）三个子系统。

3. 环控系统

轨道交通的环控系统，也称通风空调系统，是采用人工的方法，创造和维持满足一定要求的空气环境。环控系统调控包括空气湿度、空气温度、空气流动速度和空气质量。

轨道交通中可能发生的灾害主要有火灾、水灾、风灾、雷击、地震、行车事故等。对雷击和行车事故很难事先报警，只能在设计时采取预防措施，以提高运行的可靠性和安全性；对水灾、风灾、地震一般可直接接收有关部门的预报信息，不另设轨道交通专用的报警系统。

轨道交通中火灾的发生概率高，危害严重，且损失大，为了尽早探测到火灾的发生并发出警报，启动有关防火、灭火装置，一般在防灾报警设计中都将其作为主要防范对象。对于火灾，一般设有火灾自动报警系统。另外，配置灭火器以及地下重要设备用房的洁净气体全淹没灭火系统。此系统可以在火灾发生的初期自动探测到火灾，并通过警报装置发生火灾警报，组织人员撤离，同时启动防烟、排烟及防火、灭火设施，以便人员撤离，防止火灾发展和蔓延，及时控制和扑灭火灾。

任务二 轨道交通路基概述

经开挖或填筑而形成的直接支承轨道结构的土工结构物叫作轨道交通路基。因此，轨道交通路基是为满足轨道铺设和运营条件而修建的土工构筑物。它是轨道的基础，承受着轨道及机车车辆的静荷载和动荷载，并将荷载向地基深处传递扩散。在纵断面上，路基必须保证轨顶需要的标高；在平面上，路基与桥梁、隧道、轨道等连接组成完整贯通的轨道交通线路。在轨道交通的发展过程中，路基为轨道结构的不断更新、改善和轨道定型化提供了必要的条件。

一、路基工程的组成

为了保证路基正常工作，路基工程主要包括路基本体、路基防护和加固设备及路基排水设备三部分。

1. 路基本体

路基本体是直接铺设轨道结构并承受列车荷载的部分，例如路堤、路堑等。它是路基工程中的主体建筑物。

2. 路基防护和加固设备

路基防护和加固设备属于路基的附属建筑物，例如挡土墙、护坡等。

3. 路基排水设备

排水设备也属于路基的附属建筑物，例如排除地面的排水沟、侧沟、天沟和排除地下水的排水槽、渗水暗沟和渗水隧洞等。

二、路基工程的主要特点

从路基所起的作用来看，路基是轨道的基础；从路基作为一种建筑物来看，它是一种土工建筑物。作为一种土工结构物，路基是建筑在岩土地基之上的土工构筑物，线路穿越万水千山，因此路基工程具有不同于桥梁和隧洞等工程结构物的主要特点：

1. 岩土既是路基结构地基又是路基结构材料

岩土体是不连续的、破碎的、多孔隙的三相体，具有典型的非线性特征，物理力学性质极其复杂，随着线路经过的地形、水文地质条件和工程地质条件的差异，具有时空变异性。岩土体的变形参数和强度参数因试验的排水条件、应力状态和应力历史的不同而存在差异，故在路基填料好坏的区分、路基变形的计算和路基稳定件分析中所用的参数就会不同，得出的结果就会存在差异。

2. 路基完全暴露于大自然中，受环境影响大

路基完全暴露于大自然中，很容易受到气候、水文、地理和四季温度变化等自然条件的影响。如路基因水流冲刷、淋滤等引起的边坡溜坍，膨胀土路基干缩湿胀引起的边坡破坏，北方地区路基受寒冷的影响引起的冻胀，地震时砂土液化引起的路基失稳，西北地区路基容易受到的风蚀沙埋等路基病害，均与自然条件的变化有密切关系。路基的设计、施工与养护均不能离开具体的自然条件。

3. 路基同时承受动、静荷载的作用

路基上的轨道或路面结构以及附属结构物产生静荷载、运行的列车或车辆产生的动荷载。静荷载引起的工后沉降和列车长期动荷载作用下的附加沉降将造成轨道的不平顺，同时其刚度对轨道面的弹性变形也起关键性的作用，因而对列车的安全运行产生重要的影响。

此外，路基工程还具有工程数量大、占地面积大的特点。

上述这些特点决定了路基工程的复杂性，我们必须分析研究路基工程所处的环境及工作条件，研究土的工程性质，掌握其变形和强度的变化规律，研究路基建筑物与土介质之间的相互作用，以及路基与轨道之间的动力学问题。

三、路基建筑要求

根据路基工程的上述特点，为了使路基能够正常工作，路基除断面尺寸应符合设计标准外，还应满足如下要求：

1. 路基必须具有足够的整体稳定性

路基建成后，改变了原来地面的天然平衡状态。在土质不良地区修筑路基时，可能加剧原地面的不平衡状态；开挖路堑使两侧边坡土体失去支承力，可能导致边坡溜坍或滑坡；天然坡面特别是陡坡面上的路堤，可能因自重而下滑。对于上述种种情况，都必须因地制宜地采取一定措施来保证路基的整体稳定性。

2. 路基必须具有足够的强度和刚度

强度和刚度是两个不同的力学特性，两者既有区别又有联系。强度是指路基抵抗应力作用和避免破坏的能力，而刚度则是指路基抵抗变形的能力。为防止路基在车辆荷载及各种自

然因素作用下发生破坏与失稳，同时给轨道或路面提供一个坚实的基础，必须针对具体情况，采取一定的措施来保证路基具有足够的强度。另外，为保证路基在荷载作用下不产生超过允许范围的变形，也要求路基应具有一定的刚度。

3. 路基必须具有足够的水热稳定性

路基在地表水和地下水作用下，其强度会降低。特别是在季节性冰冻地区，由于周期性的冻融作用，在水和低温共同作用下，土体会发生冻胀，造成轨面或路面变形，春融期局部土层过湿软化，路基强度急剧下降。因此，不仅要求路基要有足够的刚度和强度，而且还要保证在最不利的水热条件下，路基不致冻胀和在春融期强度不致发生显著降低，这就要求路基应具有足够的水热稳定性。

总之，铁路路基的稳定性可能在长期经受自然因素的侵袭后逐年降低，因此，提高路基的耐久性，使其强度、刚度、几何形态经久不衰，除了精心设计、精心施工、精选材料之外，还要把长期的养护、维修工作放在重要的位置。

四、路基设计分类

路基设计分为一般设计和个别设计两类。

1）一般设计

指地形、地质条件良好，山坡、边坡及基底稳定，无须进行检算，可按相应规范进行设计。

2）个别设计

除上述条件外，特殊条件下的路基设计。主要包括以下几种情况：

（1）工程地质及水文地质条件复杂或路基边坡高度超规范。

（2）修筑在陡坡上的路堤。所谓"陡坡"是指地面横向坡度等于或陡于1∶2.5的情况。若填料与基底均为不易风化岩石时，是指地面横向坡度等于或陡于1∶2的情况。

（3）在滑坡、崩塌、岩堆地段，泥石流地区、水库地区、河滩及滨河地段，软土和泥沼地区、裂隙黏土地区、岩溶及其他坑洞地区，多年冻土地区、风沙地区、雪害地区等特殊条件下的路基。

（4）有路基的防护加固及改移河道工程。

（5）采用大爆破及水利充填施工方法的路基。

五、轨道交通路基发展趋势

长期以来，我国新建铁路没有把路基当成土工结构物来对待，而普遍冠名以土石方。在"重桥隧、轻路基，重土石方数量、轻质量"倾向下，路基翻浆冒泥、下沉、边坡坍滑、滑坡等病害经常发生，使新建铁路交付运营后乃至运营多年不能达到设计速度与运量，经济与社会效益较差。

运营铁路路基技术状态不佳，强度低，稳定性差，严重威胁铁路运输和安全，已成为铁路运输的主要薄弱环节。因此，路基质量问题已逐渐被人们所认识与重视。由于我国铁路运输承担了70%左右的货物周转量和60%左右的旅客周转量，因此国家确定了发展重载列车及高速客运专线的技术政策。这也与国外铁路的发展方向相同。高速铁路（High-speed Railway，HSR）是指新建铁路旅客列车设计最高行车速度达到 250 km/h 及以上的铁路。重载铁路（Heavy Haul Rail Way）是指运行列车牵引质量为 5 000 t 及以上且轴重达到 25 t 及以上的铁路。发展重载铁路的国家有美国、加拿大、澳大利亚、俄罗斯等；发展高速铁路的国家有法国、日本、德国等。

为了适应这一变化，我国轨道交通路基有了以下方面的发展：

1. 设计计算技术逐步提高，设计理念逐渐转变

计算技术的发展促进了对岩土本构关系的研究，国内外出现的上百种非线性弹性、弹塑性土石本构关系模型，使对土石的变形和破坏机理的研究翻开了崭新的一页。

利用现有计算技术，能方便地对地基土石的物理力学指标进行概率统计处理，为可靠性设计奠定了基础。国内已有多个行之有效的计算机程序。可以完成路基的初步设计和施工设计。

随着高速铁路的出现和发展，深化了传统的路基设计理念。由于高速行车对线路变形的严格要求，使得路基设计由强度控制设计逐渐向变形控制设计转变，因为一般在路基强度破坏之前，已经出现了不能容许的大变形。

2. 新工艺、新技术、新材料层出不穷

随着新材料、新工艺、新技术的不断出现，路基工程面貌焕然一新。对滑坡的处理除采用重力式挡土墙外，经历了抗滑桩、仰斜排水孔、锚杆，发展到应用预应力锚索及锚索桩；对软土地基的处理，从采用砂井、反压护道，经历了袋装砂井、塑料排水板、真空预压，发展到粉喷桩、旋喷桩及土工合成材料加筋地基；对基床病害的处理经历了换填砂石料、敷设沥青面层、设盲沟排水等措施，发展到目前较普遍应用土工合成材料进行加筋和隔离；边坡防护技术正在从工程防护向绿色生物防护发展。在相应工程中，技术人员可以因时、因地制宜，选用合理的处理方案，如将粉煤灰、水淬矿渣等一类工业废料用于路基施工，它们在减轻结构物质量，保护环境，减少投资等方面有独到之处。使用高效施工机械，大大提高了施工速度和施工质量，减轻了工人的劳动强度；爆破技术的进步，减少了施工对路堑边坡的破坏；一些灾害报警装置性能的明显提高，使施工和行车安全有了保障；施工组织、管理水平也逐渐向世界先进水平靠拢。

3. 测试手段和设备进一步提高，检测方法更加合理

室内土工试验仪器精密化、自动化程度的提高，为研究土体的应力历史、应力路径，判别砂土液化的可能性；确定动荷载作用下土的强度和变形等提供了条件。土工离心机模拟试验可直观显示构筑物因重力引起的应力、应变状态，以便于研究其破坏机理，现已用于研究软土地基上路堤临界高度、路堤沉降分析以及支挡结构物的作用机理等课题中。

利用原位测试手段了解现场土的物理力学状态，克服了取样试验的一些局限性。通过大量试验，对各试验指标之间及各试验指标与室内试验相应指标之间的相关关系研究取得了可资应用的成果。

路基施工质量的检测方法正在由以前单一的压实系数 K 指标逐渐向多指标（压实系数 K、地基系数、空隙率、动模量检测）过渡。

4. 规范逐步完善和更新

制定规范可以说是各项工程的"国策"，有了规范才有章可循。只有建设者遵守规范，才能统一施下管理及验收标准，确保工程质量。在调查研究，总结经验，吸取科研成果的基础上，我国相继制定和修改了若干有关铁路路基勘测、设计、施工及质量评定的规范。

任务三 路基构造认识

一、路基横断面形式和组成

1. 路基横断面形式

垂直于线路中心线的路基截面称为路基横断面。横断面的形式有路堤、路堑、半路堤、半路堑、半路堤半路堑和不填不挖。

1）路堤

当铺设轨道路基面高于天然地面，路基在原地面上用土、石填筑而成称为路堤，如图 1.1a。

2）路堑

当铺设轨道路基面低于天然地面，自原地面向下开挖的路基称为路堑，如图 1.1b。

3）半路堤

当天然地面横向倾斜，路基的路基面边线和天然地面相交时，路堤体在地面和路基面相交线以上部分无填筑工程量，这种路堤称为半路堤。如图 1.1c。

4）半路堑

当天然地面横向倾斜，路堑路基面的一侧无开挖工作量时，这种路基称为半路堑，如图 1.1 d 所示。

5）半路堤半路堑

在同一横断面上，由部分路堤和部分路堑组成的路基称为半堤半堑，如图 1.1e。

6）不挖不填路基

当路基的路基面和经过处理后的天然地基面齐平，路基无填挖土方时，这种路基称为不填不挖路基（即零点断面路基），如图 1.1f 所示。

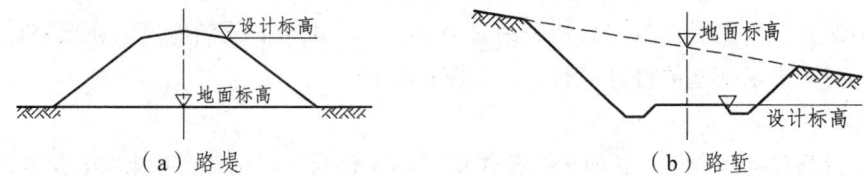

（a）路堤　　　　　　　　　　（b）路堑

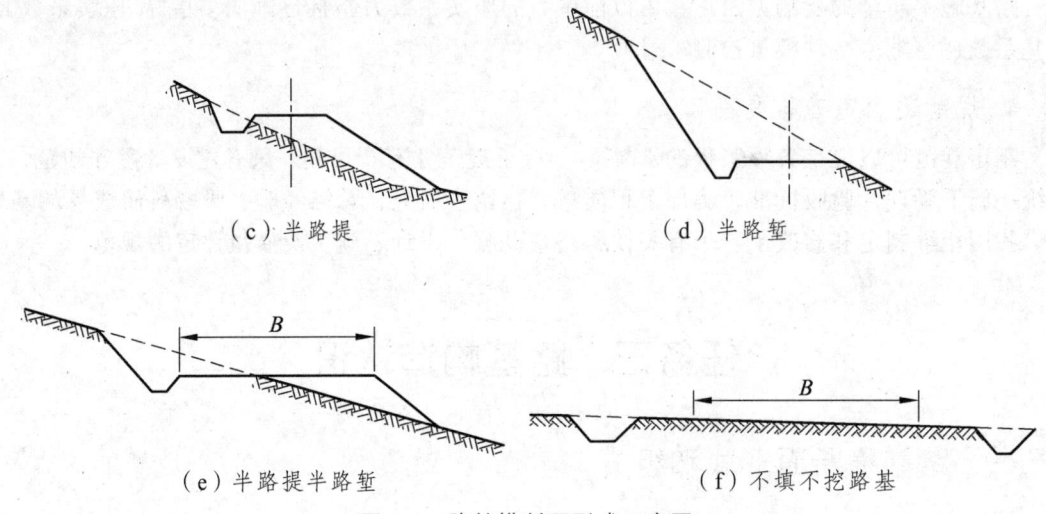

图 1.1　路基横断面形式示意图

2. 路基本体的组成

路基本体由路基顶面、路肩、边坡、基底几部分组成,如图 1.2 所示。

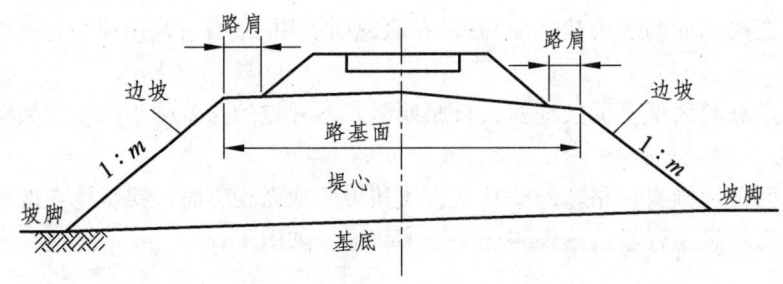

图 1.2　路基本体组成示意图

1)路基顶面

路基两侧路肩外缘之间的路基面称为路基顶面或简称路基面。

2)路肩

路基面两侧无道床覆盖的部分称为路肩。路肩的作用就是保护路堤受力的堤心部分,防止道砟落失,保持路基面的横向排水,供养护维修人员作业行走避车,放置养护器具,防洪抢险临时堆放砂石料,埋设各种标志、通信信号、电力给水设备等。所以,路肩设计必须在考虑了施工误差、高路堤沉落与自然剥蚀等因素后,要保持必要的宽度。在线路设计中,以路肩边缘的高程表示路基的设计高程,称为路肩高程。

3)基床

基床是指路肩高程以下、受列车荷载作用影响显著的上部结构。基床由表层和底层组成,基床结构示意如图 1.3 所示。根据现行《地铁设计规范》(GB50157)规定,基床表层厚度不应小于 0.5 m,底层厚度不小于 1.5 m。根据现行《铁路路基设计规范》(TB10001)规定常用铁路路基基床厚度如表 1.1 所示。

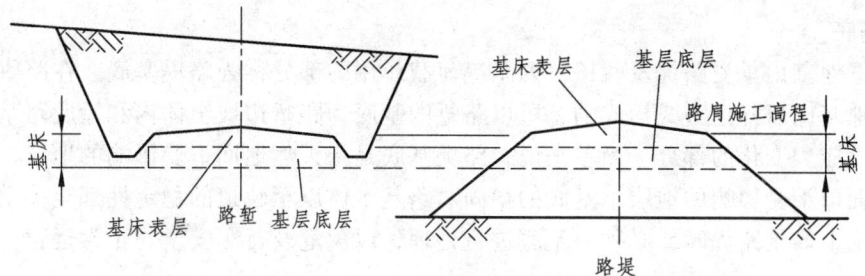

图 1.3　基床结构示意图

表 1.1　常用路基基床厚度

铁路等级		基床表层/m	基床底层/m	总厚度/m
客货共线铁路		0.6	1.9	2.5
城际铁路	有砟轨道	0.5	1.5	2.0
	无砟轨道	0.3	1.5	1.8
高速铁路	有砟轨道	0.7	2.3	3.0
	无砟轨道	0.4	2.3	2.7
重载铁路	设计轴重 250 kN、270 kN	0.6	1.9	2.5
	设计轴重 300 kN	0.7	2.3	3.0

4）路基边坡

在路基两侧由于填挖而形成的坡面称为路基边坡。路基边坡可分为路堤边坡和路堑边坡。每一坡段坡面的斜率以边坡上下两点间的高差与水平距离之比表示，当高差为 1 单位长时，水平距离折算为 m 单位长，则斜率为 $1:m$。在路基工程中，以 $1:m$ 方式表示的斜率称为坡度，m 称为坡度系数，如图 1.4。边坡坡度是指边坡上两点间的竖直距离和水平距离的比值，用 $1:m$ 表示。边坡常修筑成单坡形、折线形和阶梯形，如图 1.5。在路基本体构造中，边坡的形状和坡度的缓陡对路基本体的稳定和工程费用有重要影响。

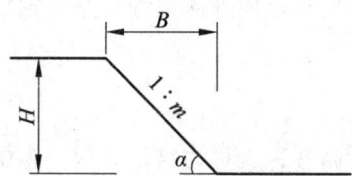

坡度 $i = \tan a = H:B = 1:(B/H) = 1:m$，坡度系数 $m = B/H$

图 1.4　路基边坡坡度示意图

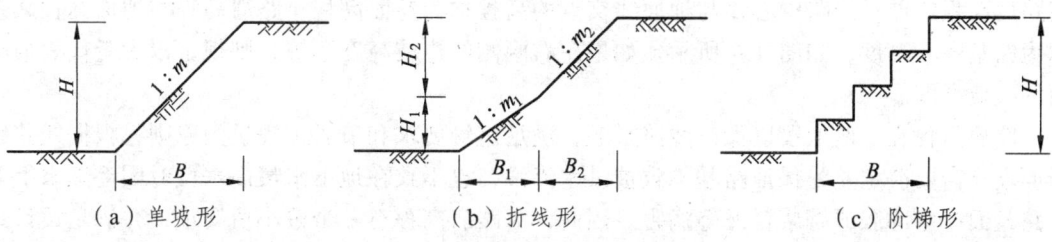

（a）单坡形　　　（b）折线形　　　（c）阶梯形

图 1.5　路基边坡坡度示意图

5）基底

路堤下地基内承受路堤及轨道、列车等荷载作用的部分称为路堤基底。在路堑中，因为路基是在地基内以开挖方式构成的，所以路堑的基底为路堑边坡土体内和堑底路基面以下的地基内产生应力变化的部分。简单来说，路堤基底是指天然地面下受影响的地层，路堑基底是指基床面以下受影响的地层。基底的稳固对路基本体以至轨道的稳定性都至关重要。因此在软弱基底上修筑路堤时，必须对基底进行处理，以免危及行车安全与正常运营。

二、路基面的形状和尺寸

（一）路肩宽度及高程

1．路肩宽度

路基面的宽度等于道床覆盖的宽度加上两侧路肩的宽度之和。当道床的标准为既定时，路基面的宽度便决定于路肩的宽度。

路肩宽度是影响安全避车、路基的维修养护和路基本体尤其是边坡稳定性的重要因素。路肩的作用是加强路基的稳定性，防止道砟滚落在路基面以外，同时便于维修和养护。

现行《地铁设计规范》（GB 50157）规定当路肩埋有设备时，路堤及路堑的路肩宽度不得小于 0.6 m，无埋设设备时路肩宽度不得小于 0.4 m。根据现行《铁路路基设计规范》（TB 10001）有砟轨道路肩宽度应根据设计速度、边坡稳定、养护维修、路肩上设备设置要求等条件综合确定，并符合下列规定。

（1）客货共线设计速度为 200 km/h 铁路不应小于 1.0 m，设计速度 200 km/h 以下铁路不应小于 0.8 m。

（2）高速铁路双线不应小于 1.4 m，单线不应小于 1.5 m。

（3）城际铁路不应小于 0.8 m。

（4）重载铁路路堤不应小于 1.0 m，路堑不应小于 0.8 m。

无砟轨道路肩宽度为轨道结构支承层外侧边缘与路肩顶之间的距离，依据路基面标准宽度和道结构类型计算确定。

2．路肩高程

线路中心线的高程即为设计高程，也称为路基高程。为了测量工作方便，常用路肩高程代替路基高程。路基边坡与路基顶面的交点称为顶肩，边坡与地面的交点在路堤中称为坡脚，在路堑中称为堑顶。路堤的边坡高度为路肩高程与坡脚高程之差，路堑边坡高度为堑顶高程与路肩高程的差。线路中心线与地面线交点的高程称为地面高程，路肩高程与地面高程之差称为路基中心高度，如图 1.6 所示。如果左右两侧的边坡高度不等，则规定以大者代表横断面的边坡高度。

路肩高程在一般地段以保证线路平顺，满足运输要求和节省工程量为原则，根据线路纵断面设计需要决定。为保证路基不致被洪水淹没，也不致在地下水最高水位时因毛细水上升致路基面产生冻胀或翻浆冒泥等病害。因此，对路肩高程有一个最小值要求，并满足设计规范的要求。

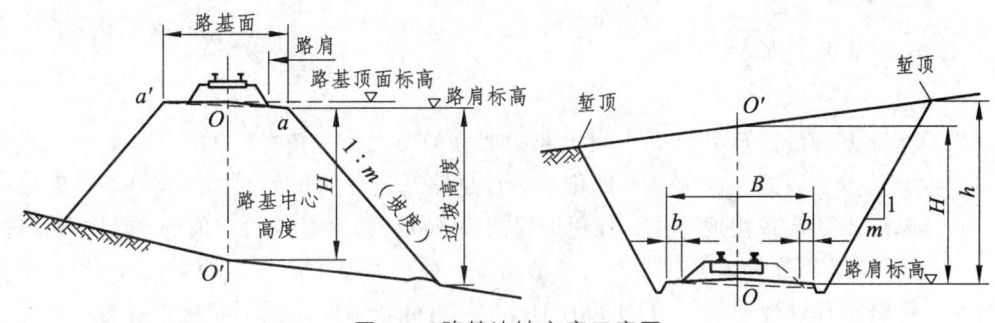

图 1.6 路基边坡高度示意图

（1）滨河、河滩路堤的路肩高程应大于设计洪水位、壅水高（包括河道卡口或建筑物造成的壅水、河湾水面超高）、波浪侵袭高或斜水流局部冲高、河床淤积影响高度、安全高度等之和。其中波浪袭高与斜水流局部冲高应取二者中之大值。

（2）水库路基的路肩高程，应大于设计水位、波浪侵袭高、壅水高（包括水库回水及边岸壅水）、安全高度等之和，如图 1.7 所示。当按规定洪水频率计算的设计水位低于水库正常高水位时，应采用水库正常高水位作为设计水位。

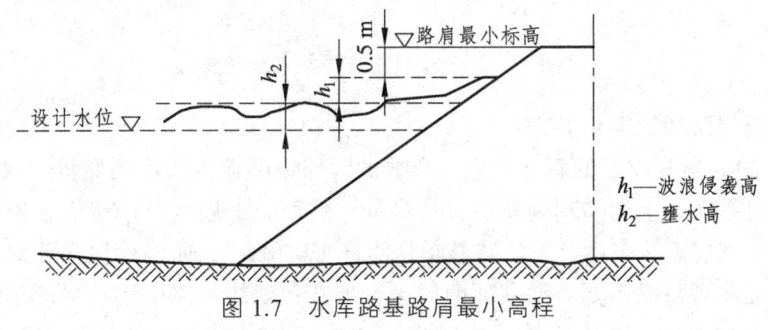

图 1.7 水库路基路肩最小高程

（3）滨海路堤，当顶部未设防浪胸墙时，其路肩高程应大于设计高潮水位、波浪侵袭高（波浪爬高）、安全高度等之和；当设有防浪胸墙时，路肩高程应大于设计高潮位与安全高度之和。

（4）地下水水位或地面积水水位较高地段的路基，其路肩高程应大于最高地下水水位或最高地面积水水位、毛细水强烈上升高度、安全高度等之和。

（5）季节性冻土地区路基的路肩高程应大于冻前地下水水位或冻前地面积水水位、毛细水强烈上升高度、有害冻胀深度、安全高度等之和。

（6）盐渍土路基的路肩高程应大于最高地下水水位或最高地面积水水位、毛细水强烈上升高度、蒸发强烈影响深度、安全高度等之和。当盐渍土路基存在季节性冻害时，应按分别计算路肩高程，取二者中之大值。

（7）安全高度宜取 0.5 m。

当路基采取降低水位、设置毛细水隔断层等措施时，路肩高程可不受 4、5、6 条规定的限制。

（二）路基面形状

1. 区间路基面的形状

（1）路拱。

路拱是指路基面的路肩外缘向中间拱起的部分，形式为三角形，如图 1.8。水的危害是造成路基病害的重要原因，保证良好的排水条件是路基设计的重要原则。路基面设路拱能够使聚积在路基面上的水较快地排出，有利于保持基床的强度和稳定性。现行《地铁设计规范》（GB50157）规定路基面形状应设计为三角形路拱，应由路基中心线向两侧设 4%的人字排水坡。现行《铁路路基设计规范》（TB10001）规定：有砟轨道路基面形状应设计为三角形，两侧横向排水坡不宜小于 4%。无砟轨道支承层（或底座）底部范围内路基面可水平设置，支承层（或底座）外侧路基面应设置不小于 4%的横向排水坡。曲线加宽时，路基面仍保持三角形，仅将路拱外侧坡度放缓。

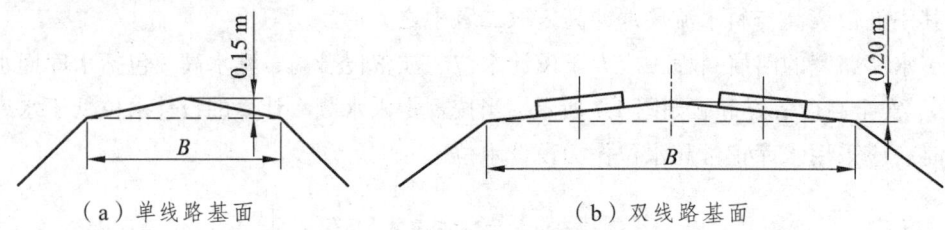

图 1.8 单、双线路基面形状示意图

（2）不同类型路基的衔接。

设计速度 200 km/h 以下的新建铁路，全线的线路纵断面均按土质路堤（双层道床）标准进行设计，线路纵断面上的高程为路肩设计高程。然而，一般线路中绝大多数铁路路基工程不仅有土质路基双层道床，还有土质路基单层道床（0.30 m），曲线地段还要对曲线外侧进行加宽，软土路堤和高路堤还要对路基面两侧进行加宽；双线铁路中还有局部单线路基。（注：道床结构及厚度按现行《铁路轨道设计规范》（TB 10082）取用，不同铁路正线有砟轨道设计标准见附录 A。）

为使不同类型路基地段的轨面高程保持一致，并保证道砟厚度和路肩宽度满足要求，路基设计时须对线路纵断面的路肩设计高程进行抬高或降低（曲线加宽地段的曲线外侧、路基面两侧需加宽的软土路堤和高路堤）。

从图 1.9 和 1.10 中得出：在单线铁路（或双线并行等高地段）中，岩石路堑及土质路基（单层道床 0.30 m），其路肩设计高程应高于土质路堤（双层道床）的路肩设计高程，高出尺寸 Δh 按式（1-1）计算。

$$\Delta h = (h - h') + \frac{B - B'}{2} \times 0.04 \quad (1\text{-}1)$$

式中　h——设计速度 200 km/h 铁路硬质岩石路堑直线地段的标准道床厚度，或设计速度 200 km/h 以下铁路 A 组填料路基直线地段的标准道床厚度（m）。

　　　　B——设计速度 200 km/h 铁路硬质岩石路堑直线地段的标准路基面宽度，或设计速度 200 km/h 以下铁路基床表层为 A 组填料路基直线地段的标准路基面宽度。

h'——设计速度 200 km/h 铁路基床表层为级配碎石路基直线地段的标准道床厚度,或设计速度 200 km/h 以下铁路硬质岩石路堑、级配碎石路基直线地段的标准道床厚度(m)。

B'——设计速度 200 km/h 铁路基床表层为级配碎石路基直线地段的标准路基面宽度,或设计速度 200 km/h 以下铁路硬质岩石路堑、级配碎石路基直线地段的标准路基面宽度。

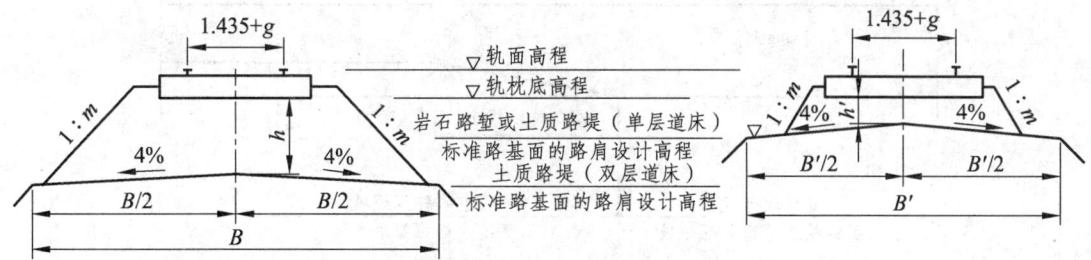

图 1.9 单线铁路直线地段标准路基面的路肩设计高程

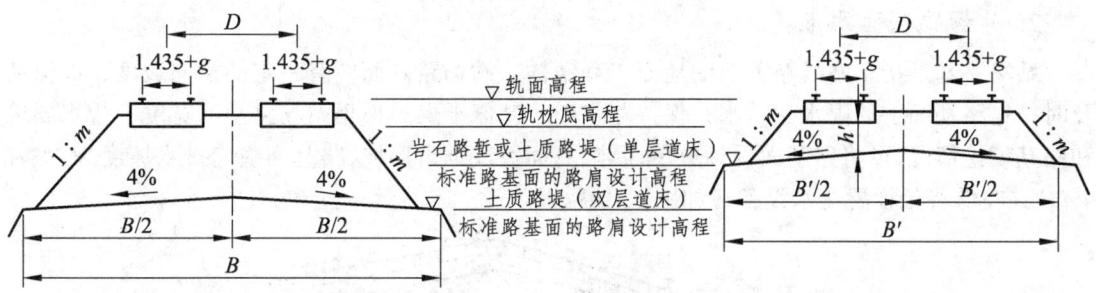

图 1.10 双线铁路并行等高直线地段标准路基面的路肩设计高程

计算确定的各种情况标准路基面路肩设计高程的抬高值见表 1.2。

表 1.2 标准路基面的路肩设计高程抬高值

项 目		单位	Ⅰ级铁路		Ⅱ级铁路
设计速度 v		km/h	160	120	120
单线铁路	土质路堤(双层道床)	m	0	0	0
	土质路堑(双层道床)	m	0	0	0
	硬质岩石路堑(单层道床 0.35 m)	m	0.162	0.162	0.162
	土质路基(单层道床 0.30 m)	m	0.216		
	土质路堑(单层道床 0.30 m)	m	0.216		
双线铁路并行等高地段	土质路堤(双层道床)	m	0	0	0
	土质路堑(双层道床)	m	0	0	0
	硬质岩石路堑(单层道床 0.35 m)	m	0.162	0.162	0.162
	土质路基(双层道床 0.30 m)	m	0.216		
	土质路堑(双层道床 0.30 m)	m	0.216		

(3)不同填料的基床表层衔接。

不同填料的基床表层衔接时,应设长度不小于 10 m 的渐变段,如图 1.11 所示。渐变段应在路肩设计高程较高的段内逐渐顺坡至路肩设计高程较低处。渐变段的基床表层应采用相邻填料中较好的填料填筑。双线铁路中并行等高地段与局部单线地段连接时,应在局部单线地段内逐渐顺坡至并行等高地段,其顺坡长度要大于10 m。

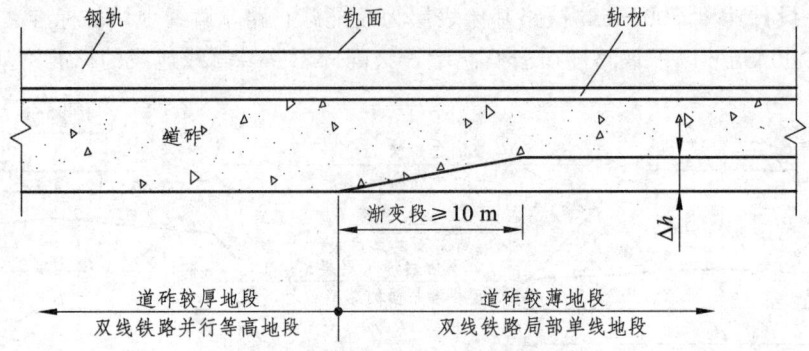

图 1.11　不同填料的基床表层衔接方法

2. 站场路基面的形状

站场路基是指车站线路下面的地面工程结构。站场路基面应有一定的横向坡度,以保证及时排走路基面上的雨水、雪水,保持路基面、基床干燥。根据站场路基的宽度、排水要求和路基填挖情况,可将路基面设计成单面坡、双面坡或锯齿形坡,路基面横向排水坡度为2%～4%,并在低谷处设置排水设备,如图1.12所示。

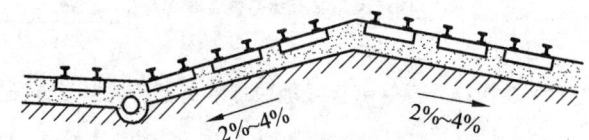

图 1.12　站场多股道路基顶面图

（1）单面坡。用于中小站,坡向要根据正线和站台位置而定。一般从正线向到发线倾斜,如图1.13所示。

当有两个站台时,坡向可考虑自到发线向正线倾斜,以减少因调整各股道轨顶差所用的道砟,如图1.14所示。

（2）双面坡。大站股道数目多,若在同一坡面上设置股道太多,调整各股道轨顶高差需用道砟量太大时,则可采用双面坡。双面坡分坡点的位置依据调整各股道轨顶高差所用道砟量较少确定。

（3）锯齿形路基面。因为路基面由几个双面坡组成,像是锯齿,所以称为锯齿形路基面,用于股道数量很多的大型车站。如图1.15所示。

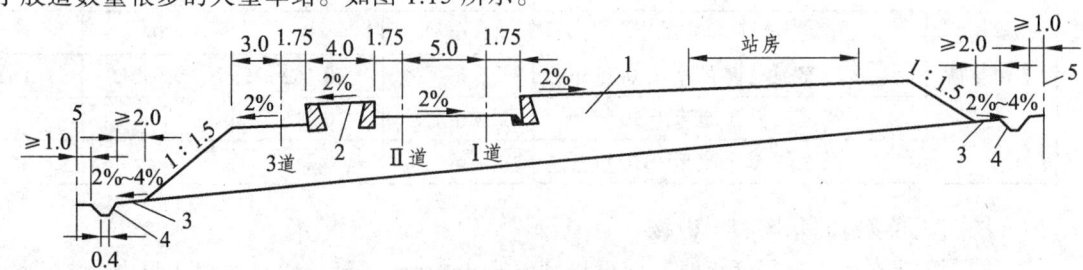

图 1.13　会让站路堤横断面（单位：m）
1—基本站台；2—站台；3—护道；4—排水沟；5—用地界

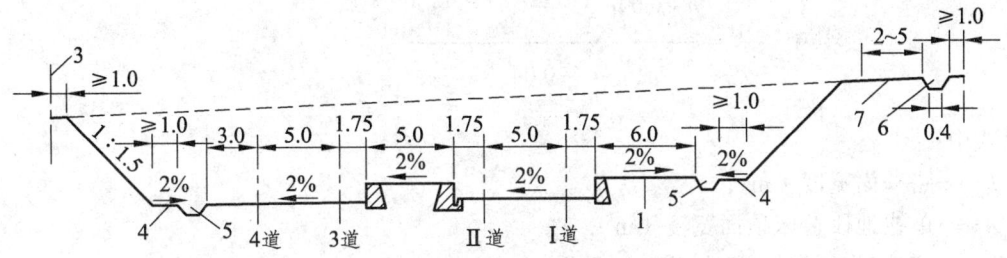

图 1.14　中间站路堑横断面（单位：m）

1—基本站台；2—站台；3—用地界；4—侧沟平台；5—侧沟；6—天沟；7—隔带

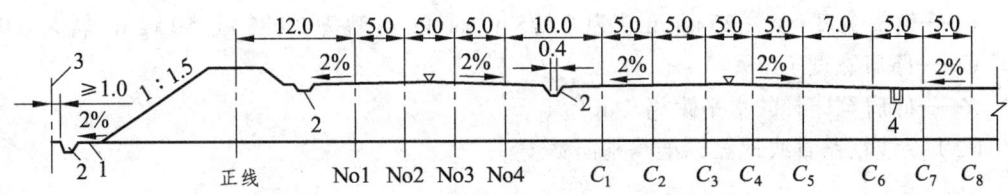

图 1.15　大型车站路堤横断面（单位：m）

1—护道；2—侧沟；3—用地界；4—盖板暗沟

（三）路基面的宽度

1. 直线地段路基面宽度

路基面宽度为路基面两侧路肩外缘之间的距离。区间路基面宽度应根据设计速度、轨道类型、正线数目、线间距、曲线加宽、路肩宽度、养路形式、电缆槽、接触网支柱类型和基础类型等因素计算确定，必要时应考虑声屏障基础的设置。站场路基面宽度应根据站房用地、站台数量、股道数量及其线间距以及站内排水设备等确定。

1）客货共线非电气化铁路直线地段标准路基面宽度的确定

（1）单线铁路直线地段标准路基面宽度。

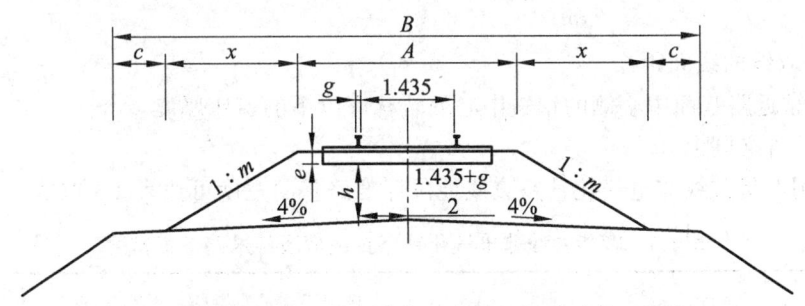

图 1.16　非电气化单线铁路直线地段标准路基面宽度

从图 1.16 可知单线铁路区间直线段路基面最小宽度为：

$$B = A + 2X + 2C \tag{1-2}$$

其中 $$X = \frac{h + 0.04\left(\dfrac{A}{2} - \dfrac{1.435+g}{2}\right) + e}{\dfrac{1}{m} - 0.04}$$ （1-3）

图及式中：

B——路基面宽度（m）；

A——单线地段道床顶面宽度（m）；

m——道床边坡坡率，正线道床一般取 1.75；

h——钢轨中心的轨枕底以下的道床厚度（m）；

e——轨枕埋入道砟深度：Ⅲ型混凝土轨枕为 0.185 m，Ⅱ型混凝土轨枕为 0.165 m；

g——轨头宽度（m）：75 kg/m 轨为 0.075 m，60 kg/m 轨为 0.073 m，50 kg/m 轨为 0.07 m；

C——路肩宽度（m）；

X——砟肩至砟脚的水平距离（m）。

（2）双线铁路直线地段标准路基面宽度。

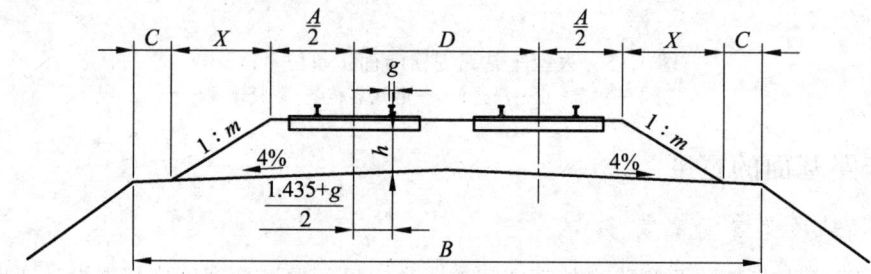

图 1.17 非电气化双线铁路直线地段标准路基面宽度

从图 1.17 可知双线铁路区间直线地段路基面宽度最小为：

$$B = A + 2X + 2C + D$$ （1-4）

$$X = \frac{h + 0.04\left(\dfrac{A}{2} + \dfrac{1.435+g}{2}\right) + e}{\dfrac{1}{m} - 0.04}$$ （1-5）

式中 D——双线的线间距；

h——靠近路基面中心侧的钢轨中心处轨枕底以下的道床厚度。

其余符号含义同上。

（3）常用客货共线非电气化铁路直线地段标准路基面宽度可按表 1.3 取值。

表 1.3 客货共线非电气化铁路直线地段标准路基面宽度

项目	单位	Ⅰ级铁路			Ⅱ级铁路
设计速度	km/h	200	160	120	≤120
双线线间距	m	4.4	4.2	4.0	4.0
单线道床顶面宽度	m	3.5	3.4	3.4	3.4

项目一　轨道交通路基基础知识

续表

项目	单位	Ⅰ级铁路							Ⅱ级铁路	
道床结构	层	单		双	单		双	单	双	单
道床厚度	m	0.35	0.30	0.50	0.35	0.30	0.50	0.35	0.30	0.45	0.30
路基面宽度	m	7.7	7.5	7.8	7.2	7.0	7.8	7.2	7.0	7.5	7.0
	m	12.3	12.1	12.2	11.6	11.4	12.0	11.4	11.2	11.7	11.2

注：表中路基面宽度按下列条件计算确定，如有变化，应计算调整路基面宽度：
　　（1）无缝线路轨道、60 kg/m钢轨；
　　（2）Ⅰ级铁路采用Ⅲ型混凝土枕，Ⅱ级铁路采用新Ⅱ型混凝土枕。

2）客货共线电气化铁路直线地段标准路基面宽度的确定

直线地段标准路基面宽度应按式（1-5）计算确定，当计算值小于非电气化铁路路基面宽度时，按非电气化铁路路基面宽度采用。常用电气化铁路直线地段标准路基面宽度可按表1.4取值；高速铁路、城际铁路、重载铁路标准路基面宽度可分别按表1.5～表1.7取值。

$$B = 2(D_1 + \frac{E}{2} + \frac{F}{2} + 0.25) + D \tag{1-6}$$

式中　D_1——路基面处接触网支柱内侧至线路中心的距离（m）；
　　　E——接触网支柱在路基面处的宽度（m）；
　　　F——接触网支柱基础在路基面处的宽度（m）；
　　　D——双线线间距（m）。

表1.4　客货共线电气化铁路直线地段标准路基面宽度

项目	单位	Ⅰ级铁路							Ⅱ级铁路	
设计速度	km/h	200			160			120		≤120	
双线线间距	m	4.4			4.2			4.0		4.0	
单线道床顶面宽度	m	3.5			3.4			3.4		3.4	
道床结构	层	单		双	单		双	单	双	单
道床厚度	m	0.35	0.30	0.50	0.35	0.30	0.50	0.35	0.30	0.45	0.30
路基面宽度	m	8.1（7.7）	8.1（7.7）	8.1（7.8）	8.1（7.7）	8.1（7.7）	8.1（7.8）	8.1（7.7）	8.1（7.7）	8.1（7.7）	8.1（7.7）
	m	12.5（12.3）	12.5（12.1）	12.3（12.2）	12.3（11.9）	12.3（11.9）	12.1（12.0）	12.1（11.7）	12.1（11.7）	12.1（11.8）	12.1（11.7）

注：（1）表中路基面宽度按下列条件计算确定，如有变化，应计算调整基面宽度：
　　　①路基面处接触网支柱内侧至线路中心的距离为3.1 m；
　　　②无缝线路轨道、60 kg/m钢轨；
　　　③Ⅰ级铁路采用Ⅲ型混凝土枕，Ⅱ级铁路采用新Ⅱ型混凝土枕。
　　（2）括号外为采用横腹杆式接触网支柱时路基面宽度，括号内为采用环形等径支柱时路基面宽度。

表 1.5 高速铁路标准路基面宽度

项目		单位	有砟轨道			无砟轨道		
设计速度		km/h	350	300	250	350	300	250
双线线间距		m	5.0	4.8	4.6	5.0	4.8	4.6
道床厚度		m	0.35	0.35	0.35	—	—	—
路基面宽度	单线	m	8.8	8.8	8.8	8.8	8.6	8.6
	双线	m	13.8	13.6	13.4	13.6	13.4	13.2

注：表中路基面宽度计算时按路肩设电缆槽考虑，如有变化，应计算调整路基面宽度。

表 1.6 城际铁路直线地段标准路基面宽度

项目			单位	有砟轨道						无砟轨道		
设计速度			km/h	200		160		120		200	160	120
双线线间距			m	4.2		4.0		4.0		4.2	4.0	4.0
道床结构			层	单		单	双	单	双	—	—	—
道床厚度			m	0.30	0.35	0.30	0.50	0.30	0.45	—	—	—
路基面宽度	单线	路肩上不设电缆槽	m	7.3	7.3	7.3	7.8	7.3	7.6	6.1	6.1	6.1
		路肩上设电缆槽	m	7.3	7.3	7.3	7.8	7.3	7.6	6.1	6.1	6.1
	双线	路肩上不设电缆槽	m	11.5	11.7	11.3	12.0	11.3	11.8	10.3	10.1	10.1
		路肩上设电缆槽	m	13.0	13.0	12.8	12.8	12.8	12.8	11.8	11.6	11.6

注：表中数值是按路基面处接触网支柱内侧至线路中心的距离有砟轨道为 3.1 m、无砟轨道为 2.5 m 计算的，如有变化时，应计算调整路基面宽度。

表 1.7 重载铁路直线地段标准路基面宽度

项目			单位	有砟轨道			
双线线间距			m	4.0			
道床结构			层	单		双	
道床厚度			m	0.35	0.30	0.55	0.50
路基面宽度	单线	路堤	m	8.1	8.1	8.5	8.3
		路堑	m	8.1	8.1	8.1	8.1
	双线	路堤	m	12.1	12.1	12.7	12.5
		路堑	m	12.1	12.1	12.3	12.1

注：表中数值是按路基面处接触网支柱内侧至线路中心的距离为 3.1 m 计算的，如有变化时，应计算调整路基面宽度。

2. 曲线地段路基面宽度

由于曲线外轨设置超高，外侧道床加厚，道床坡脚外移，曲线外侧的路基面应适当加宽，其加宽值按各级铁路最大允许超高计算确定。加宽值在缓和曲线范围内应线性递减。因此，区间单线曲线地段路基面宽度等于区间单线直线地段路基面宽度再加上曲线地段路基加宽值。

现行《地铁设计规范》（GB 50157）规定：区间曲线地段的路基面宽度，单线应在曲线外侧，双线应在外股曲线外侧按表 1.8 的数值加宽。

表 1.8　地铁曲线地段路基面加宽值

曲线半径 R/m	路基面外侧加宽值/m
$R \leqslant 600$	0.5
$600 < R \leqslant 800$	0.4
$800 < R \leqslant 1\ 000$	0.3
$1\ 000 < R \leqslant 2\ 000$	0.2
$2\ 000 < R \leqslant 5\ 000$	0.1

现行《铁路路基设计规范》（TB 10001）规定：客货共线铁路区间单、双线曲线地段的路基面宽度，应在路基面标准宽度规定基础上在曲线外侧按表 1.9 的数值加宽；有砟轨道高速铁路、有砟轨道城际铁路、重载铁路区间单、双线曲线地段的路基面宽度，应在表 1.5～表 1.7 基础上在曲线外侧按表 1.10～表 1.12 的数值加宽，加宽值应在缓和曲线范围内线性递减。

表 1.9　客货共线铁路曲线地段路基路面加宽值

铁路等级	设计速度/（km/h）	曲线半径 R/m	路基路面加宽值/m
Ⅰ级铁路	200	$2\ 800 \leqslant R < 3\ 500$	0.4
		$3\ 500 \leqslant R \leqslant 6\ 000$	0.3
		$R > 6\ 000$	0.2
	160	$1\ 600 \leqslant R \leqslant 2\ 000$	0.4
		$2\ 000 < R < 3\ 000$	0.3
		$3\ 000 \leqslant R < 10\ 000$	0.2
		$R \geqslant 10\ 000$	0.1
	120	$800 \leqslant R < 1\ 200$	0.4
		$1\ 200 \leqslant R < 1\ 600$	0.3
		$1\ 600 \leqslant R < 5\ 000$	0.2
		$R \geqslant 5\ 000$	0.1

续表

铁路等级	设计速度/(km/h)	曲线半径 R/m	路基路面加宽值/m
Ⅱ级铁路	120	800≤R<1 200	0.4
		1 200≤R<1 600	0.3
		1 600≤R<5 000	0.2
		R≥5 000	0.1

表 1.10　有砟轨道高速铁路曲线地段路基路面加宽值

设计速度/(km/h)	曲线半径 R/m	路基路面加宽值/m
250	R<4 000	0.6
	4 000≤R<5 000	0.5
	5 000≤R<7 000	0.4
	7 000≤R<10 000	0.3
	R≥10 000	0.2
300	R<5 000	0.6
	5 000≤R<7 000	0.5
	7 000≤R<9 000	0.4
	9 000≤R<14 000	0.3
	R≥14 000	0.2
350	R<6 000	0.6
	6 000≤R<9 000	0.5
	9 000≤R<12 000	0.4
	R≥12 000	0.3

表 1.11　有砟轨道城际铁路曲线地段路基路面加宽值

设计速度/(km/h)	曲线半径 R/m	路基路面加宽值/m
200	R<3 100	0.5
	3 100≤R<4 000	0.4
	4 000≤R<6 000	0.3
	6 000≤R<10 000	0.2
	R≥10 000	0.1

续表

设计速度/(km/h)	曲线半径 R/m	路基路面加宽值/m
160	R<1 900	0.5
160	1 900≤R<2 700	0.4
160	2 700≤R<3 800	0.3
160	3 800≤R<7 500	0.2
160	R≥7 500	0.1
120	R<1 200	0.5
120	1 200≤R<1 500	0.4
120	1 500≤R<2 200	0.3
120	2 200≤R<5 000	0.2
120	R≥5 000	0.1

表1.12　重载铁路地段路基路面加宽值

曲线半径 R/m	路基面外侧加宽值/m
600≤R<800	0.5
800≤R<1 200	0.4
1 200≤R<1 600	0.3
1 600≤R<5 000	0.2
R≥5 000	0.1

三、路基典型横断面图

典型路基横断面是按照现行《铁路路基设计规范》(TB 10001)对路基边坡的高度与坡度、地面排水设备、路堤基底的处理(如基底横坡较陡的处理等)、路堤的取土坑、路堑的弃土堆位置等内容，做了系统考虑后确定的，仅适用于一般水文、地质条件，填挖高度不大的普通土质路基。

1. 路堤典型横断面图

（1）路堤常用的典型横断面图。

在路基直线地段，普通土质路堤典型横断面图如图1.18及图1.19所示，图中 B 为路基面宽度，D 为线间距，H 为路基高度。

① 当边坡高度不大于8 m时，采用直线形的单一坡率，如1∶1.5。

② 当填方高度大于8 m而小于20 m时，采用上陡下缓的变坡坡率，如上部1∶1.5和下部1∶1.75。

③ 地面横坡大于1:5而小于1:2.5的斜坡，原地面应挖台阶，台阶宽度不应小于2 m。设置台阶的目的是减少路堤沿基底面滑动和克服路堤产生纵向裂缝。

④ 大于1:2.5的陡坡上的路堤要进行个别设计，检算路堤沿基底滑动的稳定性。

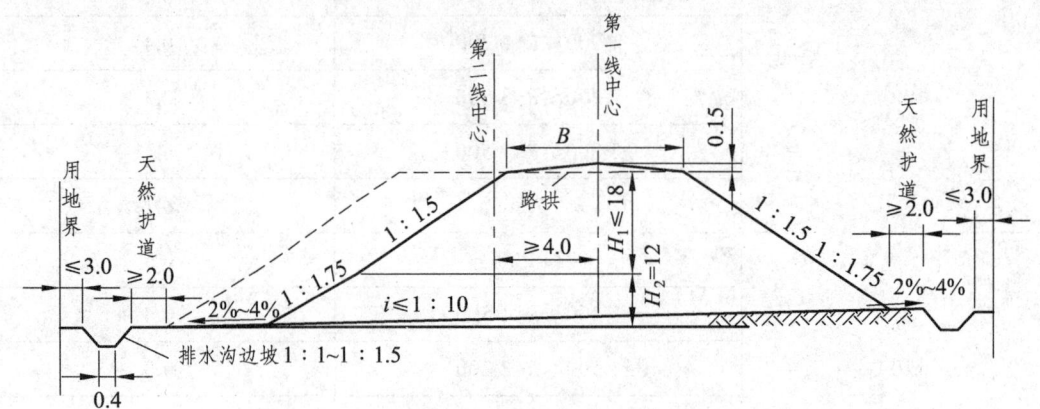

图1.18 有排水沟路堤典型横断面图（单位：m）

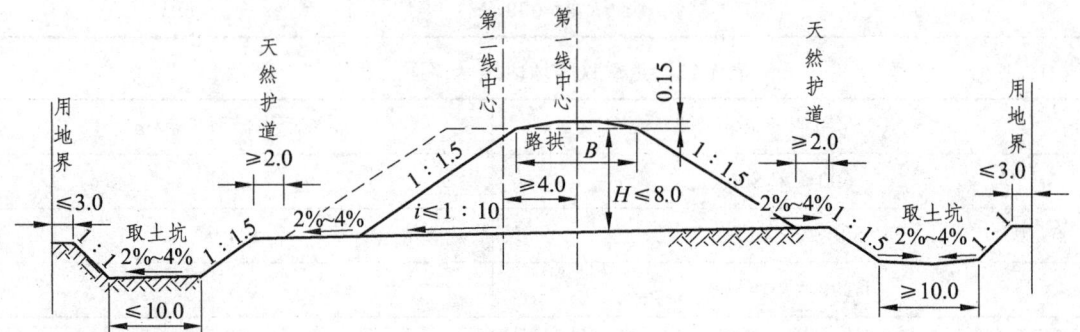

图1.19 有取土坑路堤典型横断面图（单位：m）

（2）护道。

路堤坡脚与排水沟（或取土坑边缘）之间的天然地面称为护道，其宽度不小于2.0 m，以保护路堤坡脚免受排水沟或取土坑中水流的冲刷而危及路堤边坡的稳定性。在经济作物区段，可设宽度不小于1 m的人工护道或坡脚墙。另外，护道表面应平顺，并有2%~4%的向外排水坡。如果天然地面达不到要求应由人工修整。

（3）取土坑。

当无弃土作填土来源或弃土运距太远而不经济时，可在护道以外设取土坑就近取土。取土坑的设置应根据取土数量，结合路基排水、地形、土质、施工方法、节约用地以及未来路基加宽要求等，统一规划，并符合以下规定：

① 取土坑的土质应符合路基填料要求。

② 地形平坦地段，宜设在路堤一侧。当地面横坡陡于1:10时，宜设在路堤上侧，以汇集和排除地表水。

③ 桥头河滩路堤的取土坑必须设在下游侧。

④ 兼作排水的取土坑，应确保水流通畅排出。其深度不宜超过该地区地下水位并应与桥

涵进口高程相衔接，其纵坡不应小于 2‰，平坦地段也不应小于 1‰。

⑤ 当取土坑较深时，边坡坡脚至取土坑距离应保证路堤边坡稳定，取土坑内侧坑壁应采取防护措施。

（4）排水沟。

路堤填筑有弃土可利用时，路堤地表排水应在护道以外迎水一侧或两侧设排水沟。排水沟的设置及纵向坡度的一般规定与取土坑要求相同。路基排水沟的断面除需按流量计算加大外，一般可采用底宽 0.4 m、深度 0.6 m 的梯形断面；干旱少雨地区，深度可减至 0.4 m。此外，为防止水沟冲刷，当流速大于该处土的容许冲刷流速时，应予以铺砌加固，并应注意沟内水下渗影响路基的稳定。

路堤用地界为排水沟、护道或坡脚矮挡土墙墙边缘不大于 3 m。路堑用地界为天沟外缘外 2 m；无天沟时，为路堑堑顶外缘外 5 m。风沙、雪害及特殊地段应根据路基稳定与防护工程需要计算确定用地界。

2. 路堑典型横断面

（1）路堑常见的典型横断面。

有弃土堆和无弃土堆的不同土质路堑典型横断面图如图 1.20 和图 1.21 所示。

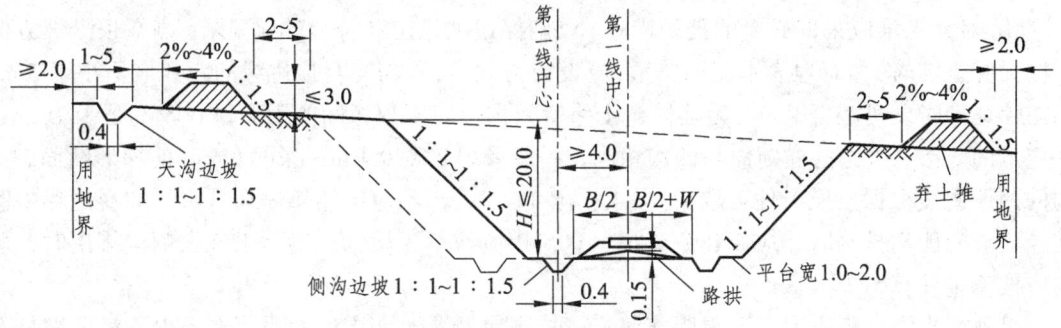

图 1.20　曲线地段一般黏性土路堑典型横断面图（单位：m）

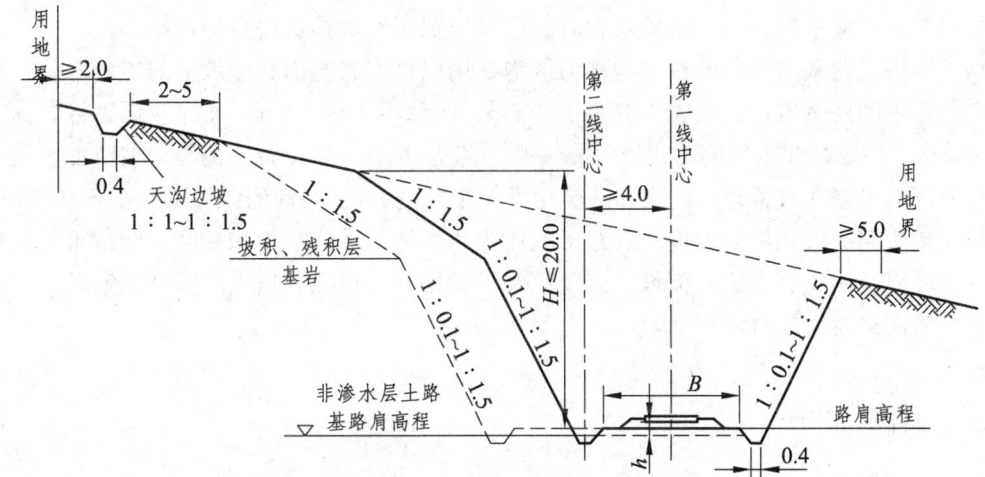

图 1.21　有排水沟岩石路堑典型横断面图（单位：m）

（2）路堑平台（碎落台）。当路堑边坡为碎石等类土、砂类土、易风化岩石或其他不良土质（如膨胀土）时，为防止坍落的土和碎石堵塞侧沟，应在侧沟外侧设置平台。软质岩及强风化的硬质岩最小平台宽度0.5 m，土质路堑最小平台宽度1.0 m，如边坡高度大于20 m时，可酌情增宽至1.5~2.0 m。如边坡已全部设防护加固工程时可不设平台。平台面上应有20%~4%的向侧沟方向的排水坡。

由不同地层组成、高度为15~20 m及以上的路堑边坡，由于坡面流水较大，土层交接处或坡脚易被冲刷淘空，形成边坡坍塌；为便于养护作业，在边坡中部或不同地层分界处设平台，并在平台上设置截水沟或挡水墙，平台宽度不宜小于2 m。在年平均降水量小于400 mm的地区，边坡平台上可不设截水沟，但应设置向坡脚方向不小于4%的排水横坡。

（3）弃土堆。路堑顶缘以外部分称为路堑堑顶，置于堑顶的弃土应建成弃土堆。其边坡不得陡于1∶1，高度不宜超过3 m。一般情况下，置于堑顶两侧的弃土堆应符合以下要求：

① 弃土堆的设置不应影响山体或边坡稳定，弃土堆内侧坡脚至堑顶距离应根据路堑土质条件和边坡高度确定，且不宜小于5 m。

② 陡坡路基和深路堑地段的弃土堆应置于山坡下侧，并间断堆填，以保证弃土堆内侧地面水能顺利排出。

③ 桥头弃土不得挤压桥墩台，阻塞桥孔。

④ 对弃土堆应采取必要的挡护措施，以确保边坡稳定和符合环保要求。当堑顶上坡方向一侧无弃土堆时，如有地表水流向路堑，应设天沟截引，天沟与堑顶边缘的距离应不小于5 m；加防渗铺砌时，可减至2 m。湿陷性黄土路堑天沟至路堑顶缘间的距离，一般不小于10 m，并应加固防渗。天沟的横断面与侧沟相同，一般采用底宽0.4 m，深度0.6 m的梯形断面，天沟的两侧边坡根据土质条件可取为1∶1~1∶1.5。天沟不应向路堑侧沟排水；如受地形限制需经边坡向侧沟排水时，应修建急流槽，急流槽应作单项设计。堑顶水流由侧沟排出时，侧沟应按流量计算，加大截面。

另外，当沿河弃土时，不得阻塞河流，抬高水位及改变水流性质。弃土也不得压缩桥孔或涵管口，改变水流方向，危及桥梁或涵洞安全。在地面横坡陡于1∶1.25的路堤边坡和滑坡路堤边坡上不应堆置弃土，必须堆置时，应采取加强路堤边坡稳定的措施。

（4）侧沟。路基面两侧的排水沟称为侧沟，用以排引路基面和边坡上的地面水。一般黏性土和细砂土的路堑侧沟，底宽不应小于0.4 m，沟深不小于0.6 m；干旱少雨地区，深度可减至0.4 m。一般黏性土的侧沟边坡，靠线路一侧为1∶1，靠田野一侧与边坡陡度一致。岩石路堑的侧沟可修建成槽形，底宽和深度均不应小于0.4 m。侧沟的纵坡不应小于2‰，一般应取与路堑线路纵坡相同的坡度；若路堑地段线路纵坡为零或小于2‰时，侧沟可做成单面坡或双面坡，长路堑宜作成双面坡，以免侧沟下游段开挖过深，增大路堑开挖数量，在困难条件下，侧沟纵坡坡度可减至1‰。

四、路基边坡

路基边坡设计时主要包括边坡形状的设计和边坡坡度的确定。边坡坡度必须保证路基的稳定性。

（一）路堤边坡

路堤边坡形式和坡率应根据轨道类型和列车荷载、填料的物理力学性质、边坡高度及地基工程地质条件等由稳定分析计算确定。当地基条件良好，边坡高度不大于表 1.13 的规定，其边坡形式和坡率可按表 1.13 采用。

表 1.13 路堤边坡形式和坡率

填料名称	边坡高度/m			边坡坡率		边坡形式
	全部高度	上部高度	下部高度	上部坡率	下部坡率	
细粒土、易风化的软块石土	20	8	12	1∶1.5	1∶1.75	折线形或台阶形
粗粒土（细砂、粉砂除外）、漂石土、卵石土、碎石土、不易风化的软块石土	20	12	8	1∶1.5	1∶1.75	折线形或台阶形
硬块石土	8	—	—	1∶1.30		直线形
	20	—	—	1∶1.50		直线形

注：（1）如有可靠资料和经验时，可不受本表限制。
（2）边坡高度较高时可采用台阶型。
（3）路基浸水或填料为粉细砂、膨胀土、盐渍土等时，其边坡形式和坡率应符合《铁路特殊路基设计规范》的相关规定。

路堤边坡稳定性应分别检算路堤施工期及铁路运营期的稳定系数，以运营期的稳定安全系数作为设计指标，以施工期的稳定安全系数作为验算指标。

铁路运营期路堤边坡最小稳定安全系数应符合永久边坡一般工况应为 1.15～1.25，永久边坡地震工况应为 1.10～1.15，临时边坡应不小于 1.05～1.10 的规定。考虑运架设备等施工临时荷载时，稳定安全系数不宜小于 1.10。

路堤边坡高度大于 15 m 时，应根据填料、边坡高度等加宽路基面。

（二）路堑边坡

现行《地铁设计规范》（GB50157）规定路堑边坡高度不宜超过 20 m，路堑设计高度超过 20 m 时，应采用隧道或明洞。对强风化、岩体破碎的石质路堑、特殊岩土和土质路堑的边坡高度，应严格控制，并应采取支挡防护措施。

现行《铁路路基设计规范》（TB10001）规定路堑边坡高度应根据地层岩性、岩体破碎程度、水文条件等综合确定，且不宜超过 30 m。

1. 土质路堑

土质路堑边坡形式及坡率应根据工程地质、水文地质和气象条件、边坡高度、防排水措施、施工方法等，结合自然稳定山坡和人工边坡的调查及力学分析综合确定。

土质路堑边坡高度小于 20 m 时，边坡坡率可按表 1.14 确定；当存在不利地层分界面、滑动面、地下水出露等特殊情况，需通过稳定分析计算确定。

表 1.14　土质路堑边坡坡率

土的类别		边坡坡率
黏土、粉质黏土、塑性指数大于 3 的粉土		1∶1.00～1∶1.50
中密以上的中砂、粗砂、砾砂		1∶1.50～1∶1.75
漂石土、卵石土、碎石土、粗砾土、细砾土	胶结和密实	1∶0.50～1∶1.25
	中密	1∶1.25～1∶1.50

注：（1）特殊土路堑边坡形式及坡率应符合《铁路特殊路基设计规范》TB 10035 的相关规定。
（2）有可靠的资料和经验时，可不受本表限制。

路堑边坡高度大于 20 m 时，边坡坡率、形式等应通过稳定性分析计算确定，最小稳定安全系数应符合规范的相应规定。

黄土、膨胀土、风沙等特殊土路堑设计应符合《铁路特殊路基设计规范》（TB 10035）的相关规定。

2. 岩石路堑

岩石路堑边坡形式及坡率应根据工程地质、水文地质和气象条件、岩性、边坡高度、施工方法，并结合岩体结构、结构面产状、风化程度及自然稳定边坡和人工边坡的调查等因素综合确定，必要时可进行稳定分析方法予以检算。

岩石路堑边坡高度小于 20 m 时，边坡坡率可按表 1.15 确定。

表 1.15　岩石路堑边坡坡率

岩石类别	风化程度	边坡坡率
硬质岩	未风化、微风化	1∶0.1～1∶0.50
	弱风化、强风化	1∶0.3～1∶0.75
	全风化	1∶0.75～1∶1.0
软质岩	未风化、微风化	1∶0.3～1∶0.75
	弱风化、强风化	1∶0.5～1∶1.0
	全风化	1∶0.75～1∶1.5

注：（1）特殊岩路堑边坡形式及坡率应符合现行《铁路特殊路基设计规范》（TB 10035）的相关规定。
（2）存在不利结构面的岩质边坡应通过稳定计算确定。
（3）有可靠的资料和经验时，可不受本表限制。

岩石路堑边坡高度大于 20 m 时，边坡坡率、形式等应通过稳定性分析计算确定，最小稳定安全系数应符合相应规范规定。

【思考及训练】

1. 查阅我国轨道交通路基建设涉及的标准、规范、规程、规定等技术文件。
2. 阐述轨道交通路基的特点，基本要求。
3. 路基工程主要由哪几部分组成？
4. 路基横断面的形式有哪些？
5. 路肩的作用是什么？路肩的最小宽度有哪些规定？
6. 曲线地段路基面为什么要加宽？
7. 路基边坡的形式有哪几种？应根据哪些条件进行确定？

项目二　路堤施工

【学习目标】

（1）掌握路堤施工准备的各项工作；
（2）掌握路堤填料的分类、选用及压实标准；
（3）掌握路堤施工的基本程序及技术要求；
（4）具备路堤施工组织管理的基本能力；
（5）具备路堤施工检测的基本能力。

任务一　施工准备

一、组织准备

（一）施工组织机构人员设置及原则

在整个工程项目施工之前，首先要建立一个能完成施工管理任务、项目经理指挥灵便、运转自如的高效项目组织机构——项目经理部。一个好的组织机构，可以有效地完成施工项目管理目标。

施工项目组织机构的人员设置，以能实现施工项目所要求的工作任务为原则，尽量简化机构，做到高效精干。人员配置要严格控制二、三线人员质量，力求一专多能、一人多职。同时还要增加项目管理人员的知识含量，着眼于使用和学习锻炼相结合，提高管理人员素质。

（二）项目经理部人员组成及分工

项目经理部人数配置视工程规模、施工难度而定。根据工程的大小，一般设置项目经理为工程的项目负责人，负责全面管理工作；项目总工程师负责工程的质量与技术管理工作；临时党支部负责安全生产、后勤服务等工作。项目经理部下设质检、工程技术、工程计划、机料、安全等管理部门。为便于组织施工及管理，在项目经理部的统一指挥下，按工程项目类别分别设置路基土石方、排水及涵洞、防护工程等专业作业组（工区）。项目经理部机构设置见图2.1。

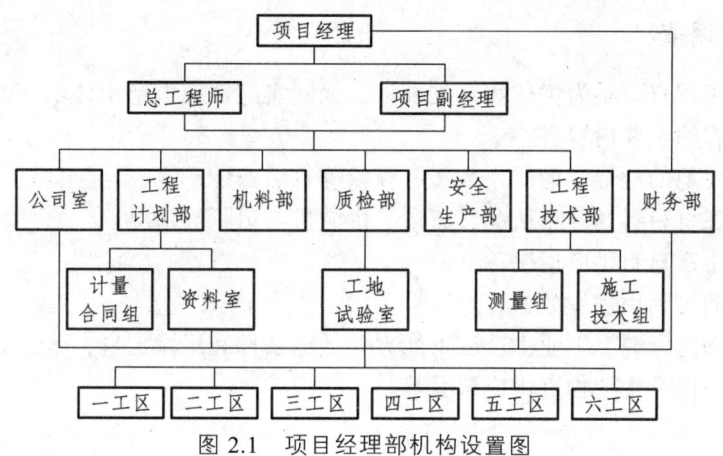

图 2.1 项目经理部机构设置图

二、物质准备

（1）施工现场应设有职工宿舍、会议室、试验及测量用房、项目经理部各机构办公室、食堂等。

（2）施工现场应根据工程规模设置预制场、搅拌站、材料仓库等。

（3）施工现场应满足消防安全的要求，并做好消防培训工作。

（4）施工单位应根据施工项目进度计划合理进行施工设备及劳力配置。

三、技术准备

（一）熟悉设计文件及技术交底

设计文件是组织施工的主要依据，熟悉、审核施工图纸是领会设计意图、明确工程内容、掌握工程特点的重要环节。施工单位在接到施工设计文件后，应立即组织有关技术人员对施工设计文件进行审核，充分领会设计意图，核对地形和地质资料。图纸会审要着重解决以下问题：

（1）核对设计是否符合施工条件；

（2）设计中提出的工程材料、工艺要求，施工单位能否实现；

（3）设计能否满足工程质量及安全要求，是否符合国家相关规范和标准；

（4）设计图纸及说明是否齐全；

（5）设计图纸上的尺寸、工程量计算有无差、错、漏、碰现象。

设计图纸是施工的依据，施工单位和全体施工人员必须按图施工，未经业主和监理工程师同意，施工单位和施工人员无权修改设计图纸，更不能在没有设计图纸的情况下就擅自施工。

技术交底通常包括施工图纸交底、施工技术交底以及安全技术交底等。这项交底工作分别由高一级技术负责人、单位工程负责人、施工队长、作业班组逐级组织进行。

（二）施工调查

进行现场施工调查，是为优化和修改设计、编制实施性施工组织计划、因地制宜地布置施工场地等。调查的主要内容有：

（1）工程所在地的地形、地质、水文、气候等自然条件；

（2）自采加工材料料场分布情况、储量、供应量与运距等情况；

（3）地方性生产材料供应情况；

（4）施工期间可利用房屋数量；

（5）当地劳动力资源、工业生产加工能力、运输条件和运输工具，施工场地的水源、水质、电源、通信，以及生活物资供应状况等。

四、现场准备

（一）施工测量放样

开工前应做好施工测量放样工作，内容包括导线、中线、水准点复测，检查与补测纵横断面，校对和增加水准点等。

线路中线是线路施工的平面控制系统，也是铁路路基的主轴线，在施工时必须保持定测时的位置。由于定测以后往往要经过一段时间才进行施工，在线路施工开始之前，必须进行一次中线复测，恢复定测时的中线，同时还应检查定测资料的可靠性，这项工作称为线路复测。它包括钉好百米标桩、边桩和加桩，打好圆曲线和缓和曲线桩，核对地面高程和原水准基点，并增设施工时需要的临时水准基点等。

开工前应对线路纵横断面进行检查核对，并适当补测。根据已经恢复的中线，按设计文件、施工规定和技术要求等标出路基用地界桩、路提坡脚、路堑坡顶、边沟及路基附属体位置。为方便施工，还应在距中线一定安全距离处设置控制桩，间距不宜大于 50 m，桩上标明桩号及线路中心填挖高度。在线路施工过程中应采取有效措施保护所有测量标志，以免增加测量工作量，减少出现错误的可能。路基工程的填挖方都是根据边桩进行的，正确确定边桩的位置对整个施工都十分重要。

（二）清理施工场地

施工前应清除施工现场范围内所有阻碍或影响工程施工质量的障碍物，其具体工作内容如下：

1）用地划界及房屋和其他建筑物的拆除

交通道路用地的划界工作一般由建设单位（业主）完成。个别地段尚未划定的，施工单位应立即报告监理工程师，并会同建设单位尽快解决。

施工单位在施工前对路基范围内既有房屋、道路、河沟、通信电力设备、坟墓及其他建筑物，均应会同有关部门事先拆迁或移改。

2）清除树木及灌木丛

在路基范围内，对妨碍视线和影响行车的树木和灌木丛，均应在施工前进行砍伐或移栽。砍伐后的树木应堆放在不妨碍施工的地方。

3）施工场地排水

施工场地排水是指排除场地上所积的地面水，保持施工场地干燥，为施工提供正常的条件。通常设置纵、横排水沟，形成排水系统，将水引至沟渠、低洼处予以排除。

任务二 填 料

一、填料及其分类

（一）填 料

填料是构成路基等土工建筑物的原材料，填料质量的好坏直接关系到路基建筑物的强度与变形。

路基填料一般在施工现场就地取材加以利用，要求满足下列条件：便于压实施工；压缩性小，有一定的弹性；在外力（列车荷载、地震、降雨）作用下能保持稳定。

路基填料应通过地质调绘和足够的勘探、试验工作，查明其性质、分布和储量，确定填料来源、分类、分组名称、调配方案、改良措施等。

（二）填料分类

路基填料根据对原土料的使用方法或加工工艺，可分为普通填料、物理改良土、化学改良土和级配碎石。

（1）普通填料根据填料的颗粒组成、颗粒形状及塑性指标进行分类，可将填料分为巨粒土、粗粒土以及细粒土三大类，粒组划分按表2.1确定。母岩饱和单轴抗压强度小于20 MPa的粗粒和巨粒在粒组划分时按细粒考虑。

表2.1 普通填料粒组划分

粒组	颗粒名称		粒径范围/mm
巨粒	漂石（块石）		$200 \leqslant d < 300$
	卵石（碎石）		$60 \leqslant d < 200$
粗粒	砾粒	粗砾	$20 \leqslant d < 60$
		中砾	$5 \leqslant d < 20$
		细砾	$2 \leqslant d < 5$
	砂粒	粗砂	$0.5 \leqslant d < 2$
		中砂	$0.25 \leqslant d < 0.5$
		细砂	$0.075 \leqslant d < 0.25$
细粒	粉粒		$0.005 \leqslant d < 0.075$
	黏粒		$d \leqslant 0.005$

（2）普通填料按工程性能及级配特征可分为 A、B、C、D 组填料，普通填料组别分类见附录 B。母岩饱和单轴抗压强度小于 20 MPa 的粗粒和巨粒土填料组别划分应结合试验和地区经验确定；有机土（有机质含量大于 5%）严禁作为路基填料使用；膨胀土、盐渍土作为路基填料使用应符合现行《铁路特殊路基设计规范》（TB10035）相关规定。

普通填料的分类应符合以下规定：

① A 组填料为良好级配、细粒含量小于 15% 的碎石土和砾石土，分为 A1 和 A2 组，并符合表 2.2 的规定。

表 2.2 普通 A 组填料细分表

分类		项目		
		名称	级配	细粒含量
A1 组		角砾土	良好	<15%
A2 组	1	圆砾土	良好	<15%
	2	碎石土	良好	<15%
	3	卵石土	良好	<15%

② B 组填料分为 B1、B2 和 B3 组，并符合表 2.3 的规定。

表 2.3 普通 B 组填料细分表

分类		项目				
		名称	级配	细粒含量	小于 5 mm 颗粒含量	0.075 mm～5 mm 颗粒含量
B1 组	1	角砾土、碎石土、圆砾土、卵石土	间断	<15%	>35%	—
	2	砾砂、粗砂、中砂	良好	<15%	—	—
B2 组	1	角砾土、碎石土、圆砾土、卵石土	间断	<15%	≤35%	—
	2	角砾土、碎石土、圆砾土、卵石土	均匀	<15%	—	—
	3	角砾土、碎石土、圆砾土、卵石土	—	15%～30%粉土	—	≥15%
	4	砾砂、粗砂、中砂	间断	<15%	—	—
	5	砾砂、粗砂、中砂	—	15%～30%粉土	—	—
B3 组	1	角砾土、碎石土、圆砾土、卵石土	—	15%～30%粉土	—	<15%
	2	角砾土、碎石土、圆砾土、卵石土	—	15%～30%黏土	—	≥15%
	3	砾砂、粗砂、中砂	均匀	<15%	—	—
	4	砾砂、粗砂、中砂	—	15%～30%黏土	—	—

③ C 组填料分为 C1、C2 和 C3 组，并符合表 2.4 的规定。

表 2.4 普通 C 组填料细分表

分类		项目			
		颗粒名称	级配	细粒含量	0.075 mm～5 mm 颗粒含量
C1 组	1	块石土	—	<30%	—
	2	块石土	—	30%～50%粉土	—
	3	碎石土、砾石土	—	15%～30%黏土	<15%
	4	碎石土、砾石土	—	30%～50%粉土	
	5	砾砂、粗砂、中砂	—	30%～50%粉土	
C2 组	1	块石土	—	30%～50%黏土	
	2	碎石土、砾石土	—	30%～50%黏土	
	3	砾砂、粗砂、中砂	—	30%～50%黏土	
	4	细砂	良好	<15%	
C3 组	1	细砂	间断或均匀	<15%	
	2	粉砂	—	—	
	3	低液限粉土	—	—	
	4	低液限黏土	—	—	
	5	低液限软岩	—	—	

④ D 组填料分为 D1 和 D2，并符合表 2.5 的规定。

表 2.5 普通 D 组填料细分表

分类		项目	
		颗粒名称	粗粒含量
D1 组	1	高液限粉土	30%～50%
	2	高液限黏土	30%～50%
	3	高液限软岩土	30%～50%
D2 组	1	高液限粉土	<30%
	2	高液限黏土	<30%
	3	高液限软岩土	<30%

（3）路基填料的粒径或可压实性不满足相应部位要求的巨粒土、粗粒土，可采用破碎、筛分或掺入不同粒径材料等措施进行物理改良，改善颗粒级配、粒径和细粒含量等指标。

路基填料不能满足相应部位要求的细粒土,宜根据土的性质,采用掺入适宜的外掺料进行化学改良,改变土的物理、力学性质。化学改良土应符合下列规定:

① 化学改良土应采用成熟的、可靠的技术。常用的外掺料有水泥、石灰、粉煤灰等无机料,其中粉煤灰不宜单独作为外掺料用于土的改良。

② 填料改良应经过试验提出最适宜掺合料、最佳配比及改良后的强度等指标。

(4)填料根据土质类型和渗水性可分为渗水土和非渗水土。渗水土填料压实后应符合细粒土含量小于10%、渗透系数大于1×10^{-5} m/s 的巨粒土、粗粒土(细砂除外)的规定。

二、填料选用原则

(一)基床表层填料的选用

铁路基床表层填料应根据铁路等级、设计速度、轨道类型等选择,具体选用标准见表2.6。

表2.6 基床表层填料选择标准

铁路等级及设计速度		粒径限值	可选填料类别
客货共线铁路及城际铁路	200 km/h	≤60 mm	级配碎石
	160 km/h	≤100 mm	宜选用砾石类、碎石类中的A1、A2组填料;当缺乏A1、A2组填料时,经济比选后可采用级配碎石
	≤120 km/h	≤100 mm	优先选用砾石类、碎石类中的A1、A2组填料,其次为砾石类、碎石类及砂类土中的B1、B2组填料,有经验时可采用化学改良土
	无砟轨道	≤60 mm	级配碎石
高速铁路		≤60 mm	级配碎石
重载铁路		≤60 mm	应采用级配碎石及A1、A2组填料

注:(1)有砟轨道及非冻土地区无砟轨道基床表层采用Ⅰ型级配碎石。
(2)冻结深度大于0.5 m的冻土地区以及多雨地区无砟轨道基床表层采用Ⅱ型级配碎石。

地铁路堤基床表层应选用A、B组填料。对于表层土质不满足要求时应采用土质改良或者换填等其他措施;填料分类及粒径要求,宜按现行行业标准《铁路路基设计规范》(TB 10001)的有关规定执行。

(二)基床底层填料的选用

铁路基床底层填料应根据铁路等级、设计速度、轨道类型等选择,具体选用标准见表2.7。

表2.7 基床底层填料选择标准

铁路等级及设计速度		粒径限值	可选填料类别
客货共线铁路及城际铁路	200 km/h	≤100 mm	砾石类、碎石类及砂类土中的A、B组填料或化学改良土
	160 km/h	≤200 mm	砾石类、碎石类及砂类土中的A、B组填料或化学改良土

续表

铁路等级及设计速度		粒径限值	可选填料类别
客货共线铁路及城际铁路	≤120 km/h	≤200 mm	砾石类、碎石类及砂类土中的 A、B、C1、C2 组填料或化学改良土
	无砟轨道	≤60 mm	砾石类、砂类土中的 A、B 组填料或化学改良土
高速铁路		≤60 mm	砾石类、砂类土中的 A、B 组填料或化学改良土
重载铁路		≤100 mm	砾石类、碎石类土及砂类土中的 A、B 组填料或化学改良土

注：（1）无砟轨道及严寒寒冷地区有砟轨道冻结深度影响范围内基床底层填料的细粒含量不应大于5%，渗透系数应大于 5×10^{-5} m/s。
（2）在有可靠资料和工程经验的情况下，采取加固或封闭措施，设计速度 160 km/h 铁路基床底层可采用 C 组填料。

地铁路堤基床底层填料可选用 A、B、C 组填料。当采用 C 组填料时，在年平均降水量大于 500 mm 的地区，其塑性指数不大于 12，液限不大于 32%，否则应采取土质改良或加固措施；填料分类及粒径要求，宜按现行行业标准《铁路路基设计规范》(TB 10001)的有关规定执行。

（三）基床以下路堤填料的选用

铁路路基基床以下路堤填料选用时应符合如下规定：

（1）重载铁路和设计速度 200 km/h 及以下的有砟轨道铁路基床以下部位填料可选用 A、B、C 组填料或化学改良土。

（2）无砟轨道铁路和设计速度 200 km/h 及以上的有砟轨道铁路基床以下部位填料宜选用 A、B、C1 和 C2 组填料或化学改良土。

（3）由于 D 组填料遇水易于崩解软化、强度剧烈降低，如为膨胀土还具有吸水膨胀、失水收缩和反复变形的特性。因此，设计速度 200 km/h 及以下的有砟轨道铁路基床以下部位填料采用 D 组填料时，除了做好排水工程，还应根据 D 组填料的特性进行改良或采取加固措施。

（4）基床以下路堤填料采用 C2 组中的砂类土及 C3 组时，应采取加强防护措施。

（5）重载铁路和设计速度 200 km/h 以下的有砟轨道铁路基床以下部位填料最大粒径不应大于摊铺厚度的 2/3，且不应大于 300 mm。

（6）设计速度 200 km/h 的有砟轨道铁路基床以下部位填料最大粒径不应大于 150 mm。

（7）无砟轨道铁路和设计速度 200 km/h 及以上的有砟轨道铁路基床以下部位填料最大粒径不应大于 75 mm。

地铁基床以下部分的填料可选用 A、B、C 组填料。填料的最大粒径不得大于 300 mm 或摊铺厚度的 2/3。路堤浸水部分的填料应选用渗水土填料。

三、压实标准

（一）路基压实控制指标

现行《铁路路基设计规范》(TB 1001) 中基床填料的压实控制指标应符合以下规定：

（1）无砟轨道铁路、高速铁路及重载铁路采用的级配碎石、砾石类、碎石类及砂类土应采用压实系数、地基系数、动态变形模量作为控制指标；其余铁路采用的级配碎石、砾石类、碎石类及砂类土应采用压实系数、地基系数作为控制指标。化学改良土填筑压实施工控制应以掺料剂量、压实系数和7d饱和无侧限抗压强度作为控制指标。

（2）地基系数 K_{30} 分别与压实系数 K、无侧限抗压强度一起，对细粒土、砂类土、砾石类土、碎石类土、改良土的压实度进行双层控制，以互相验证，确保工程质量。

现行《铁路路基设计规范》（TB 10001）中基床以下路堤填料的压实控制指标应符合以下规定：

（1）细粒土、砂类土、砾石类土、碎石类土、块石类土等应采用压实系数和地基系数作为控制指标。

（2）改良土应采用压实系数和7d饱和无侧限抗压强度作为控制指标。

压实系数采用重型击实试验标准，实现与国内外相关规范一致，扩大适用范围。

现行《地铁设计规范》（GB 50157）基床填料，基床以下填料参考旧《铁路路基设计规范》（TB 10001），压实控制指标为：细粒土、粉砂、改良土都采用压实系数和地基系数作为控制指标；对砂类土（粉砂除外）都采用相对密度和地基系数作为控制指标；对砾石类、碎石类、级配碎石或级配砂砾石采用地基系数作为控制指标。

（二）基床各层压实标准

铁路路基基床表层填料和基床底层填料压实标准符合表2.8和表2.9的规定。

表2.8 铁路路基基床表层压实标准

铁路等级及设计速度		填料	压实标准			
			压实系数 K	地基系数 K_{30}/(MPa/m)	7d饱和无侧限抗压强度/kPa	动态变形模量 E_{vd}/MPa
客货共线铁路及城际铁路	200 km/h	级配碎石	≥0.97	≥190	—	—
	160 km/h	级配碎石	≥0.95	≥150		
		A1、A2组 砾石类、碎石类	≥0.95	≥150		
	120 km/h	A1、A2组 砾石类、碎石类	≥0.95	≥150		
		B1、B2组 砾石类、碎石类	≥0.95	≥150		
		砂类土（粉细砂除外）	≥0.95	≥110		
		化学改良土	≥0.95	—	≥500(700)	
	无砟轨道	级配碎石	≥0.97	≥190		≥55
高速铁路		级配碎石	≥0.97	≥190		≥55
重载铁路		级配碎石	≥0.97	≥190		≥55
		A1组 砾石类	≥0.97	≥190		≥55

注：括号内数值为严寒地区化学改良土考虑冻融循环作用所需强度值。

表 2.9 铁路路基基床底层填料的压实标准

铁路等级及设计速度		填料	压实标准			
			压实系数 K	地基系数 K_{30}/(MPa/m)	7d饱和无侧限抗压强度/kPa	动态变形模量 E_{vd}/MPa
客货共线铁路及城际铁路	200 km/h	A、B组 粗砾土、碎石类	≥0.95	≥150	—	—
		A、B组 砂类土(粉砂除外)细砾土	≥0.95	≥130	—	—
		化学改良土	≥0.95	—	≥350(550)	—
	160 km/h	A、B组 砾石类、碎石类	≥0.93	≥130	—	—
		A、B组 砂类土(粉细砂除外)	≥0.93	≥100	—	—
		化学改良土	≥0.93	—	≥350(550)	—
	120 km/h	A、B、C1、C2组 砾石类、碎石类	≥0.93	≥130	—	—
		A、B、C1、C2组 砂类土、细粒土	≥0.93	≥100	—	—
		化学改良土	≥0.93	—	≥350(550)	—
	无砟轨道	A、B组 粗砾土、碎石类	≥0.95	≥150	—	≥40
		A、B组 砂类土(粉砂除外)细砾土	≥0.95	≥130	—	≥40
		化学改良土	≥0.95	—	≥350(550)	—
高速铁路		A、B组 粗砾土、碎石类	≥0.95	≥150	—	≥40
		A、B组 砂类土(粉砂除外)细砾土	≥0.95	≥130	—	≥40
		化学改良土	≥0.95	—	≥350(550)	—
重载铁路		A、B组 粗砾土、碎石类	≥0.95	≥150	—	≥40
		A、B组 砂类土(粉砂除外)细砾土	≥0.95	≥130	—	≥40
		化学改良土	≥0.95	—	≥350(550)	—

注:括号内数值为严寒地区化学改良土考虑冻融循环作用所需强度值。

地铁路基基床各层填料的压实标准如表 2.10 所示。

表 2.10 地铁基床各层填料的压实标准

位置	压实指标	填料类别			
		细粒土和粉砂、改良土	砂类土(粉砂除外)	砾石类	碎石类
基床表层	压实系数 K_h	(0.93)	—	—	—
	K_{30}/(MPa/cm)	(1.0)	1.1	1.4	1.4
	相对密度 D_r	—	0.8		

续表

位置	压实指标	填料类别			
		细粒土和粉砂、改良土	砂类土（粉砂除外）	砾石类	碎石类
基床底层	压实系数 K_h	0.91	—	—	—
	K_{30}/(MPa/cm)	0.9	1.0	1.2	1.3
	相对密度 D_r	—	0.75	—	—

注：(1) K_h 为重型击实试验的压实系数；
(2) K_{30} 为直径 30 cm 直径平板荷载试验的地基系数，取下沉量为 0.125 cm 的荷载强度；
(3) 细粒土和粉砂、改良土一栏中，有括号的仅为改良土的压实标准。

（三）基床以下路堤压实标准

铁路路基基床以下路堤压实标准应符合表 2.11 的规定。

表 2.11 基床以下路堤填料的压实标准

铁路等级及设计速度		填料	压实标准		
			压实系数 K	地基系数 K_{30}/(MPa/m)	7 d 饱和无侧限抗压强度/kPa
客货共线铁路、城际铁路有砟轨道	200 km/h	细粒土	≥0.90	≥90	—
		砂类土、粗砾土	≥0.90	≥110	—
		碎石类及粗砾土	≥0.90	≥130	—
		化学改良土	≥0.90	—	≥250
	160 km/h、120 km/h	细粒土、砂类土	≥0.90	≥80	—
		砾石类、碎石土	≥0.90	≥110	—
		块石类	≥0.90	≥130	—
		化学改良土	≥0.90	—	≥200
高速铁路及无砟轨道客货共线铁路、城际铁路		砂类土及细砾土	≥0.92	≥110	—
		碎石类及粗砾土	≥0.92	≥130	—
		化学改良土	≥0.92	—	≥250
重载铁路		细粒土、砂类土	≥0.92	≥90	—
		细砾土	≥0.92	≥110	—
		碎石类及粗砾土	≥0.92	≥130	—
		化学改良土	≥0.92	—	≥250

地铁路基基床以下路堤压实标准应符合表 2.12 的规定。

表2.12 基床以下路堤填料的压实标准

填筑部位	压实指标	填料类别			
		细粒土和粉砂、改良土	砂类土（粉砂除外）	砾石类	碎石类
基床以下不浸水部分	压实系数 K_h	0.9	—	—	—
	K_{30}/(MPa/cm)	0.8	0.8	1.1	1.2
	相对密度 D_r	—	0.7	—	—
基床以下浸水部分	K_{30}/(MPa/cm)	—	0.8	1.1	1.2
	相对密度 D_r	—	0.7	—	—

四、不同填料路基断面形式

路堤尽量用同一种填料填筑，以免产生不均匀沉降。不同性质填料混杂填筑，会使其接触面形成滑动面，或在路堤内造成水囊。如条件困难，不得不采用性质不同的填料填筑时，不同性质的填料应分开逐层填筑。基床底层的顶面和基床以下填料的顶面应设不小于4%的人字排水坡。当采用两种性质不同的填料填筑时，一般采用如下断面形式：

（1）渗水土填在非渗水土上时，非渗水土层顶面应向两侧设4%的人字排水横坡，如图2.2所示。

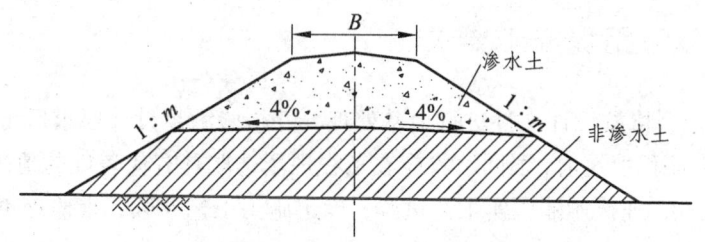

图2.2 渗水土在非渗水土上时路堤断面形式

（2）非渗水土填在渗水土上时：

① 当上下层填料的粒径满足 $D_{15}<4d_{85}$ 的要求时，如图2.3所示。（D_{15} 为较粗一层土小于该粒径的质量占总质量的15%含量的颗粒粒径，mm；d_{85} 为较细一层土小于该粒径的质量占总质量的85%含量的颗粒粒径，mm）

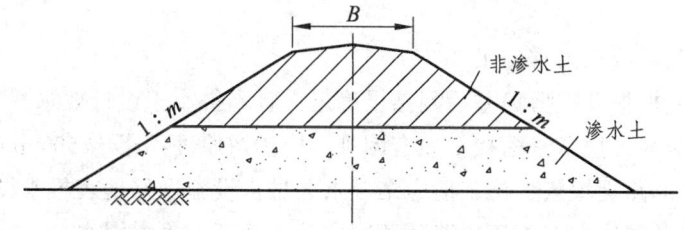

图2.3 非渗水土在渗水土上且粒径差在规定范围内时路堤断面形式

② 当上下层填料的颗粒粒径大小相差悬殊时,应在分界面上设置隔离垫层或采用其他措施,如图2.4所示。当下层填料为化学改良土时,可不受此条限制。

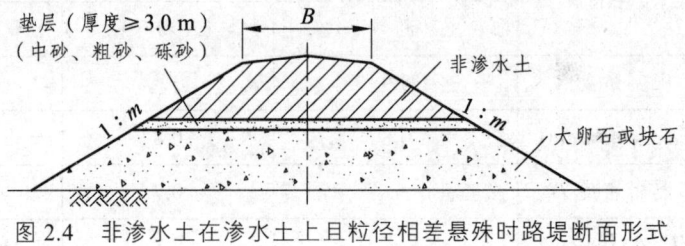

图2.4 非渗水土在渗水土上且粒径相差悬殊时路堤断面形式

任务三 路堤填筑施工

一、路堤施工概述

铁路路基的填筑施工,根据路基图纸标注高程由下向上依次分为基床以下路堤施工、基床底层路基施工、基床表层施工三部分。

若路基为高度小于基床厚度的低路堤,设计需换填时,换填后的地基压实质量应符合基床压实标准。

二、基床以下路堤施工要求

(1)路堤必须严格按设计文件进行地基处理,并检验满足设计要求后再开始填筑。

(2)在进行大面积填筑前,不同填料应在工程现场选取具有代表性的地段作为试验段(长度宜不小于100 m),进行摊铺压实工艺试验,确定施工工艺参数,报监理单位确认后,方可进行施工。

(3)路堤填筑前应做好路基两侧排水,填筑施工不得破坏农田和环境。

(4)路堤雨季施工时,每次作业收工前应将铺填的松土层摊铺压实完毕,且填筑的每一压实层面均做成向路基两侧2%~4%的横向排水坡。严禁雨天进行非渗水土的填筑。

(5)膨胀土地基上的路堤填筑应符合以下规定:

① 施工前应结合永久排水设施做好地表排水设施,排水沟应随挖随砌,铺砌必须及时完成。

② 膨胀土路基不应在雨季施工。

③ 换填厚度应根据开挖后地基检测结果确定,且不得小于设计要求。

④ 基底换填应与开挖紧密衔接。如有困难,应预留厚度不小于50 cm的保护层。

(6)黄土地区的路堤填筑,施工前应结合永久排水设施做好地表排水设施,排水沟应随挖随砌,铺砌必须及时完成。施工中路基范围内黄土地基上不得浸水。

（7）盐渍土地基上的路堤填筑，当盐渍土地基的含盐量大于规定要求时，应铲除表层盐渍土，铲除厚度根据开挖后地基检测结果确定，且不得小于设计要求，铲除宽度应包括护道，并应有路基中线向两侧不小于2%的横向排水坡。

（8）浸水路堤施工应尽量选择在枯水季节进行。路堤浸水部分及护道施工应在汛期前完成。

（9）取土场的位置、深度、边坡符合设计要求，并结合当地土地利用、环保规划进行布置，不得随意取土及在水下取土。取土时应保护环境，取土后的裸露面按设计采取土地整治或防护措施。风景区或有特殊要求的施工地段，按设计要求及时配套完成环保工程。

三、基床以下路堤质量控制

（1）每一水平层的全宽应用同一种填料填筑。

（2）不同填料每层的具体摊铺厚度及碾压次数按试验段工艺试验确定并经监理工程师批准的参数进行控制。

（3）当上下相接的填筑层使用不同种类或颗粒条件的填料时，其粒径应符合 $D_{15} < 4\,d_{85}$ 的要求。当不符合时，应采取过渡措施，或铺设起反滤和隔离作用的土工合成材料。当下部填料为化学改良土时，可不受此规定限制。

（4）碾压时，各区段交接处应互相重叠压实，纵向搭接长度不得小于 2.0 m，纵向行与行之间的轨迹重叠不小于 40 cm，上下两层填筑接头应错开不小于 3.0 m。

四、基床以下路堤施工工艺

（一）试验段填筑

在进行大面积填筑前，在地质条件、断面形式均具有代表性的地段，按不同种类填料进行摊铺压实工艺试验，确定机械最佳组合方式、碾压速度、碾压次数、工序、松铺厚度、填料的最佳含水率等施工工艺参数，并报监理单位确认，据此进行全面施工。

（二）施工工艺流程

采用"三阶段、四区段、八流程"的施工工艺组织施工。

首先划分作业区段，划分作业区段的原则是保证施工互不干扰，防止跨区作业，每一作业段宜在 200 m 以上或以构筑物为界。各区段或流程内严禁几种作业交叉进行。

三阶段：准备阶段、施工阶段、整修验收阶段。

四区段：填筑区段、平整区段、碾压区段、检验区段。

八流程：施工准备、基底处理、分层填筑、摊铺平整、碾压夯实、检验签证、路面整形、边坡整修。基床以下路堤填筑压实施工工艺流程如图2.5所示。

施工中，采取措施保护线路两侧地表植被和地表硬壳。

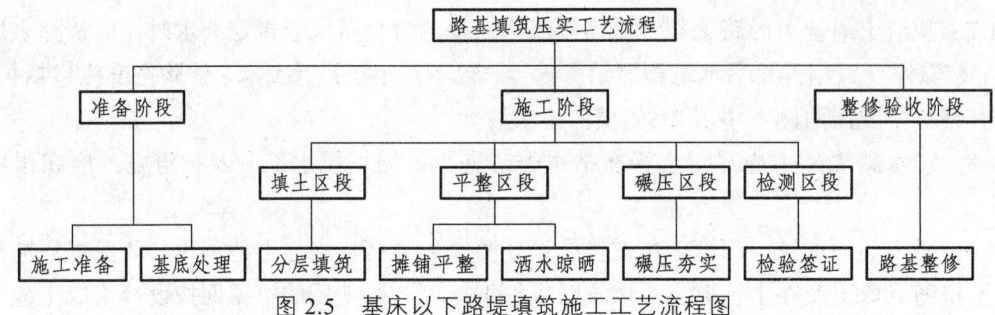

图 2.5 基床以下路堤填筑施工工艺流程图

(三) 路堤填筑

1. 施工准备

测量放线,组织有关人员学习设计文件和设计及施工技术规范,依据填料和施工机械编制施工组织,建立土工试验室,做有关土工试验,准备好现场质量测试仪器设备。

2. 基底处理

设计不做特别处理的地基,经平整、夯压后,其表面应无杂草、树根、腐殖土。

(1) 稳定斜坡地段路堤的基底表层处理应符合下列规定:

① 地表坡率缓于 1∶5 时,应清除地表植被。

② 地表坡率为 (1∶5) ~ (1∶2.5) 时,应在原地表挖台阶,台阶宽度不应小于 2 m。当基岩面上的覆盖层较薄时,宜先清除覆盖层后再挖台阶;覆盖层较厚且稳定时,可直接在原地面挖台阶。

(2) 地面横坡陡于 1∶2.5 地段的陡坡路堤,基底及基底下软弱层滑动稳定安全系数不应小于 1.25。当符合要求时,应在原地面设计台阶;否则应采取改善基底条件或设置支挡结构等防滑措施。陡坡路堤靠山侧应设排水设施,并采取防渗加固措施。

(3) 基底有地下水影响路堤稳定时,应采取拦截引排至基底范围以外或在路堤底部填筑渗水填料等措施,但不能恶化基底条件。

(4) 软土及其他类型厚层松软地基上路堤的稳定性、工后沉降不满足要求时,应进行地基处理并与基底处理相协调。

3. 填土路堤施工

(1) 分层填筑。采用按横断面全宽纵向水平分层填筑压实。每一水平层的全宽应用同一种填料填筑。先填边后填心,填筑虚铺厚度按照试验段确定的参数控制。

基床以下路堤填筑碎石类土和砾石类土,每层填筑压实厚度不超过 40 cm,砂类土每层填筑压实厚度不超过 30 cm,每层最下填筑压实厚度不小于 10 cm。

为了控制好松铺厚度,在摊铺前应先在下承层上用石灰打出方格网,根据松铺厚度、运输车辆每车所载方量,计算出每格内应卸车数,指定专人指挥卸车。

为了保证边坡压实质量,填筑时路基两侧各加宽 40~50 cm,竣工时刷坡整平。当原地面高低不平时,先从最低处分层填筑,由两边向中心填筑。

（2）摊铺平整。填料摊铺平整使用推土机进行初平，再用平地机进行终平，控制层面无显著的局部凹凸。平整面做成坡向两侧 4%的横向排水坡。为有效控制每层虚摊厚度，初平时用水平检测仪控制。

（3）洒水晾晒。填料碾压前控制含水率在最佳含水率-3%～2%范围内。用细粒土或含细粒成分较多的粗粒土填筑路堤时，必须严格控制其填料的含水率在工艺试验确定的施工允许含水率范围内。填料含水率较低时，应及时采用洒水措施，洒水可采用取土场内提前洒水闷湿和路堤内搅拌的方法。填料含水率过大时，宜采用场内开挖沟槽降低水位和用推土机、松土器翻松晾晒相结合的方法，或将填料运至路堤摊铺晾晒。

（4）碾压夯实。路基整形完成，填料含水率接近最优含水率时，用压路机在路基全宽范围内静压，压路机应由两侧路肩向路中心碾压。路基经过稳压后，用大吨位重型振动压路机进行压实，压实原则为"先轻后重、先慢后快、先弱后强"。各种压路机的最大碾压行驶速度不宜超过 4 km/h。由两边向中间循序碾压，碾压时各区段交接处应重叠压实，纵向搭接长度不得小于 2 m，纵向行与行之间的轮迹重叠压实不小于 0.3 m，横向同层接头重叠压实不小于 1 m，上下两层填筑接头应错开不小于 3 m。每层压实面应有不小于 2%的横坡且平整，无积水、无明显碾压轮迹、无明显局部凸凹等现象。路肩两侧应按一定加宽值填筑，且应将路基两侧边缘碾压密实。

压路机碾压过程中，禁止在已完成或正在碾压的路段上"掉头"或者"急刹车"，停车时应先减振，再使压路机自然停振，以保证表层不受破坏。碾压过程中，如发现局部有松软现象，应及时挖除，用合格填料换填，以保证路基整体强度。

（5）压实质量检验。碾压完成规定作业次数后，按填料种类采用灌砂法、环刀法、核子密度仪 K_{30} 检测仪对压实土的含水率、压实系数、地基系数进行检测。分层摊铺压实厚度施工单位应每 100 m 检查 3 处，监理单位每 100 m 见证检验 1 处。施工单位对压实质量的检验数量应符合表 2.13 的规定；监理单位应按施工单位检验数量的 20%见证检验或 10%平行检验。检测合格并经监理工程师签证后方可进行上层填筑。

表 2.13 基床以下路堤填筑压实质量的检验数量和检验方法

填料种类	检验数量	检验方法
各种土类	每填高 0.9 m，纵向每 100 m 检查 2 个断面 4 点，距路基边缘 2 m 处 2 点、中间 2 点，不足 0.9 m 亦检查 2 个断面 4 点	K_{30} 平板载荷仪
细粒土和砂类土中的黏砂土、粉砂土	每层沿纵向每 100 m 等间距检查 2 个断面 6 点，每断面左、中、右各 1 点，左、右点距路基边缘 1 m 处	环刀法、核子密度仪
粗粒土、细粒土		灌砂法、气囊法
粗粒土、细粒土、碎石类、最大粒径小于 60 mm 的块石类土		灌水法

（6）路基整形。路基刷坡宜采用机械刷坡。机械刷坡时应根据路肩线用坡度尺控制坡度。人工刷坡时应采取挂方格网控制边坡平整度和坡度，方格网桩距以 10 m 控制，并用坡度尺随时检测实际坡度（图 2.6）。当锤球垂线与坡度尺上的对准线重合时表示坡度符合要求，反之则不符合设计要求。路基成形后边坡按设计要求种草籽或植树。

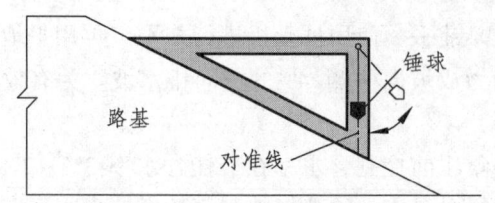

图 2.6 边坡坡度尺检查示意图

4. 填石路堤施工

（1）分层填筑。填料石块的最大尺寸不得大于层厚的 2/3，严禁倾填施工。当填料的岩性相差较大时，应将不同岩性的填料分层填筑。填料采用级配较好的硬质岩石及不易风化软岩，将石块逐层水平填筑，填筑厚度按试验段确定的松铺厚度控制，每层填料的松铺厚度不得大于 0.8 m。施工单位每检测层每 100 m 等间距检查 3 点；监理单位每检测层每 100 m 见证 1 点。边坡码砌应随路堤施工同步进行。填筑施工时石块应大小搭配，较大粒径石块均匀地分布于填筑层中，大面向下，小面向上，摆放平稳，用小石块找平，石屑塞缝，做到层厚均匀，顶面平整。

（2）摊铺平整。填料用推土机摊铺平整，使石块间无明显的高差，个别不平的地段人工配合使用细粒料找平。

（3）碾压夯实。填石路基使用重型振动压路机分层洒水压实，碾压速度不大于 4 km/h。压实后继续用小石块或石屑填缝，直到压实层顶面稳定、不再下沉（无轮迹）、石块紧密、表面平整为止。压实机械碾压行走方式同填土路堤施工。施工中压实度由压实次数控制，压实次数由现场试验确定。

（4）压实质量指标。

填石路堤填筑层压实质量指标见本部分任务二中的压实标准。施工单位每层纵向每 100 m 检查 2 个点，检查点应布置在中部 1 个点，距填筑层边沿 2 m 处 1 个点，按左、中、右大致均匀分布；监理单位每 200 m 见证检验 1 个点。

五、质量保证措施

（1）路基地质情况复核是工程开工前的首要任务，制定切合实际的基底处理方案提高地基承载力和路基整体稳定性，减小工后沉降，为轨道提供有效的载体。

（2）通过路基试验段填筑，了解填料性质，确定填料虚铺厚度、机械碾压组合方案及机具设备，工人能熟悉施工工艺，这对提高工程质量具有重要意义。

（3）路基相邻作业段以横向结构物划分时，一定要注意两侧填筑速率，桥涵过渡段填筑应与路基填筑按水平分层一体同时进行，以保证路基整体的连续性。

（4）实验人员在取样或测试前必须检查填料是否符合要求，碾压区段是否压实均匀，填筑厚度是否超过规定厚度。

六、基床表层施工

基床表层每一压实层全宽必须使用同一种类且条件相同的填料。基床表层严禁在雨天进行填筑作业。

基床表层应按验收基床底层区段、搅拌运输区段、摊铺碾压区段及检测整修区段分段施工，各区段施工要求如下：

1. 验收基床底层区段

测量中线水平、检查几何尺寸，核对压实标准、使其达到基床底层验收标准。对不符合标准的基床底层进行修整，使其达到基床底层标准要求。

2. 搅拌运输区段

（1）如表层填料采用拌合料时，原材料必须进行材质及级配试验，材质和级配符合设计及规范要求。

（2）拌和前，必须先调试所用厂拌设备，使混合料颗粒组成及含水率符合规定要求。

（3）拌和好的混合料要尽快运到铺筑现场，并进行碾压。用平地机摊铺混合料时，应根据运输车的运输能力，计算每车混合料摊铺面积，等距离堆放成堆。用摊铺机摊铺时，则应与摊铺机能力相互协调，减少停机待料时间。

3. 摊铺碾压区段

（1）第一层混合料摊铺。用平地机将混合料按松铺厚度摊铺均匀，对不均匀处及坑洼处人工进行调整。

（2）第二层混合料摊铺。采用摊铺机摊铺，摊铺方法由试验段试验确定。

（3）碾压。采用振动压路机碾压，先静压后振动碾压，碾压时要先轻后重、先慢后快。直线段由两侧路肩向路中心碾压，即先边后中；曲线段由内侧向外侧路肩进行碾压。碾压时沿纵向重叠 0.4 m，横缝衔接处应搭接，搭接长度不少于 2 m。基床填筑层压实质量的检验数量、检测方法与基床以下路堤填料检测一致。

4. 检测修整区段

（1）基床表层检测。按照基床表层压实质量标准及检测方法和频度进行检测。若达不到压实要求，应分析原因，重新补压，直到满足要求。

注意路基面应按设计测量放样，与基床表层一并填筑压实，做到肩棱明显、路拱符合设计，并符合下列要求：

① 线路中线至两侧路肩边缘的宽度不应小于设计值。

② 预留沉降量后的路肩高程：允许偏差 ±3 cm。

③ 在每 100 m 长度内，用 2.5 m 长直尺垂直于线路中线，间距大致均匀地抽测 10 次，其最大凸凹差，细粒土、粗粒土路基面均不应大于 15 mm 岩块路基面不应大于 50 mm。

当表面整平补填厚度小于 10 cm 时，应将原压实层翻挖至少 10 cm 深，再补填压实。

（2）基床表面修整养护。局部表面不平整时要洒水补平并补压，使其外形尺寸和质量达到设计要求。已经施工好的基床表面禁止任何车辆通行。

七、路堤沉降变形观测

1. 路堤沉降变形量要求

减少路基工后沉降是保持线路稳定平顺的基本前提，是列车高速、安全运行的基础。为此要对可能产生工后沉降大于允许值的地段进行沉降分析，以便在必要时采取处理措施，使路基的工后沉降小于允许值。路基的允许工后沉降量需根据以下两条原则确定：

（1）保证列车按预定的速度安全、舒适地运行。

（2）在上述前提下做到经济上合理，即因减少工后沉降需增加的投资与因工后沉降而需增加的养护维修费用的总和最小。

路基工后沉降应不大于工后沉降控制限值，工后沉降控制限值按表2.14取值。

路基工后沉降 = 有荷状态下地基总沉降量 + 铺轨工程完成后路堤填料的剩余沉降量 − 施工期沉降量

铺轨工程完成后路堤填料的剩余沉降量 = 施工沉降量完成比例系数 × 无荷状态下地基总沉降量

施工期沉降量 = 路基填料的沉降比 × 路堤边坡高度

表2.14 路基工后沉降控制限值

铁路类别			一般地段工后沉降/mm	桥台台尾过渡段工后沉降（差异沉降）/mm	沉降速率/(mm/年)
有砟轨道	客货共线铁路	200 km/h	≤150	≤80	≤40
		200 km/h以下 Ⅰ级	≤200	≤100	≤50
		200 km/h以下 Ⅱ级	≤300	≤150	≤60
	高速铁路	300 km/h、350 km/h	≤50	≤30	≤20
		250 km/h	≤100	≤50	≤30
	城际铁路	200 km/h	≤150	≤80	≤40
		160 km/h、120 km/h	≤200	≤100	≤50
	重载铁路		≤200	≤100	≤50
无砟轨道			≤15	5	—

注：（1）无砟轨道铁路不仅应满足差异沉降要求，还应满足不均匀沉降造成的折角不应大于1/1 000的规定。

（2）无砟轨道路基沉降比较均匀且调整轨面高程后的竖曲线半径大于$0.4V^2$时（V为设计速度），工后沉降控制限值为30 mm。

由于桥台与台后路基的工后沉降不同会造成静态的轨道不平顺，这对列车的平稳运行非常不利，同时使该处的轨道结构不易保持稳定，维修工作量大增，列车速度越快，其不利影响越明显。因此对台后过渡段的路基，建议的允许工后沉降值比一般地段的小。

2. 路堤施工预留沉降量

预留沉降量是为弥补路堤填完后路堤和地基的沉降量而预先加筑的填土高度。

填筑路堤时，应根据路堤高度、填料种类、压实条件、地基情况、施工季节及延续时间等因素，估计填筑后路堤和地基的总沉降，预先加筑沉降量，并考虑与桥台及两端线路纵坡顺接，适当调整预留量；待路堤竣工（铺轨）时，再根据路面沉降观测推算的剩余沉降量修正预留量。

路堤预留沉降量可按下列范围取值：

（1）路堤高度小于或等于 5 m 时，可按平均堤高的 0.5%~2%预留沉降量；路堤高度大于 5 m 时，5 m 范围内仍按以上规定计算，另计入超过部分平均堤高 0~1%的预留沉降量。

（2）用级配良好的不易风化块石填筑，并用重型机械压实的路堤，预留沉降量可按堤高的 0~0.5%取值。

预留沉降量后，路堤坡脚位置仍按设计路肩高程及边坡坡度测定，路基面设计宽度不变。

对边坡高度大于 12 m 的路堤，应在填筑完成后选有代表性的断面进行路基面沉降观测。观测点宜设在边坡较高一侧的路肩附近，定期进行观测，用拟合沉降曲线法推算最终沉降量和剩余沉降量，并据以修正预留沉降量。对边坡高度等于和小于 12 m 及停放期较短的路堤，可按上述影响因素比照同类路堤的观测推算结果取值，修正预留沉降量。

预留沉降提高路基面地段的两端，应向相邻的填挖交界或桥台以及预留沉降量较小的地段顺坡递减；顺坡后的坡度不应大于线路限制坡度加 2‰。

3. 路堤沉降观测与评估

高速铁路、无砟轨道铁路路基应进行沉降评估；重载铁路、设计速度 200 km/h 及以下有砟轨道铁路在软土、湿陷性黄土等地段，宜进行路基沉降评估。

路基变形观测应以路基面沉降和地基沉降观测为主，软土地段路堤填筑期间尚应对路基坡脚水平位移进行观测，控制填筑速率，保证路基稳定。

变形观测断面及观测设施的布置应根据地形地质条件、地基处理方法、路基类型、路堤高度等因素结合施工工期综合确定，观测断面间距宜为 50 m~100 m。

变形观测方法和精度应满足不同等级铁路相关规范要求，路基施工开始后应进行连续观测，路基填筑完成或施加预压荷载后沉降观测时间不宜少于 6 个月。观测数据不足以评估或工后沉降评估不能符合要求时，应延长观测期，必要时可采取加速沉降或控制沉降的措施。

地基在荷载作用下，沉降将随时间发展，其发展规律可以通过土体固结原理进行数值分析来估算。但是由于固结理论的假定条件和确定计算指标的试验技术上的问题，地基沉降的实测数据在某种意义上较理论计算更为重要。根据现场施工沉降观测数据，路基沉降预测宜采用曲线回归法来推算最终沉降量，判断路基的工后沉降量是否在设计范围之内。

路基工后沉降的评估应结合路基各断面之间的相互关系以及相邻桥隧的沉降情况进行综合分析。当推算的地基沉降与设计有出入时，可以根据实测数据采取相应的措施完善设计，使地基处理达到预定的目标，并为铺轨前路基评估提供依据。

【思考与训练】

1. 路堤施工前要做哪些准备工作？
2. 路堤填料如何分类及其选用原则是什么？
3. 简述基床以下路堤及路堤基床施工要求。
4. 简述路堤填筑施工的"三阶段、四区段、八流程"的内容。
5. 路堤施工预留沉降量如何取值？
6. 如何进行路堤沉降观测？

项目三　路堑及过渡段施工

【学习目标】

(1) 掌握土质路堑的开挖方法及特点；
(2) 掌握土质路堑施工流程及注意事项；
(3) 掌握石质路堤爆破方法及特点；
(4) 掌握石质路堑施工流程及注意事项；
(5) 掌握各种过渡段的设置、施工程序及技术要求；
(6) 具备路堑和过渡段施工组织管理的基本能力。

任务一　土质路堑施工

一、概　述

土质路堑开挖是将路基范围内设计高程之上的天然土体挖除，并运到填方地段或其他指定地点的施工活动。深长路堑往往工程量巨大，开挖作业面狭窄，常成为一段路基施工进度的控制性工程，因此需因地制宜，以加快施工进度、保证工程质量和施工安全为原则，综合考虑工程量大小、路堑深度和长度、开挖作业面大小、地形与地质情况、土石方调配方案、机械设备等因素，制定切实可行的开挖方式。

二、土质路堑开挖方法

根据路堑深度和纵向长度，土方路堑开挖可分为横挖法、纵挖法和混合挖掘法。

(一) 横挖法

以路堑整个横断面的宽度和深度，从一端或两端逐渐向前开挖的方式称为横挖法。根据路堑深浅又分为单层横挖法和多层横挖法。

1. 单层横挖法

单层横挖法时从路堑的一端或两端按路堑横断面全高和全宽，逐渐向前开挖，挖出的土石一般向两头运送。这种开挖方式因工作面小，仅适用于短而浅的路堑，可一次挖到设计高程,如图 3.1(a)所示。

2. 多层横挖法

多层横向全宽挖掘法适用于开挖面短而深的路堑,土方工程数量较大时,各层应纵向拉开,做到多层、多方向出土,可安排较多的劳动力和施工机械以加快施工进度。每层挖掘深度根据工作方便和施工安全而定,人力横挖法施工时,挖掘深度一般为 1.5~2.0 m;机械横挖法施工时,每层台阶深度可加大到 3~4 m,多层横挖法适用于机械化施工,以推土机推土配合装载机和自卸车运土较为有利,边坡应配以平地机或人工分层修刮平整,如图 3.1(b)所示。

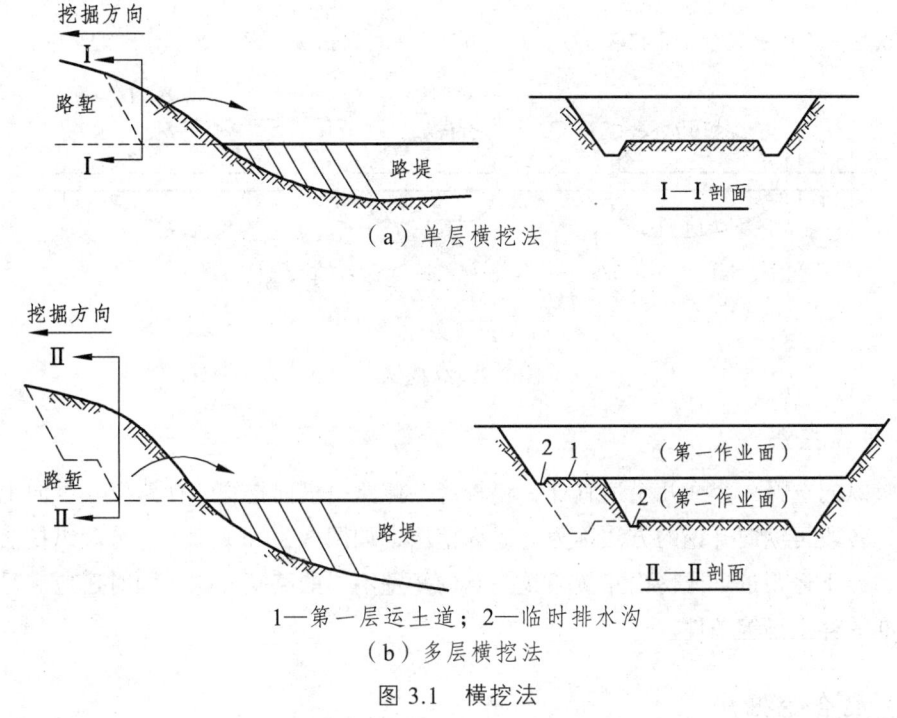

(a)单层横挖法

1—第一层运土道;2—临时排水沟
(b)多层横挖法

图 3.1 横挖法

(二)纵挖法

路堑较长的地段,采用分层或分段向纵深方向开挖的施工方法称为纵挖法。根据具体条件又分为分层纵挖法、通道纵挖法和分层纵挖法。

1. 分层纵挖法

沿路堑全宽以深度不大的纵向分层挖掘的方式称为分层纵挖法。如图 3.2(a)所示。分层纵挖法适用于较长的路堑开挖。施工中当路堑的长度较短(≤100 m),开挖深度不大于 3 m,地面较陡时,宜采用推土机作业,其适当运距为 20~70 m,最远不宜大于 100 m。当地面横坡较平缓时,表面宜横向铲土,下层的土宜纵向推运。当路堑横向宽度较大时,宜采用两台或多台推土机横向联合作业;当路堑前傍陡峻山坡时,宜采用斜铲推土。

2. 通道纵挖法

先沿路堑纵向挖掘一通道向两侧扩宽，上层通道拓宽至路堑边坡后，再开挖下层通道，如此方向纵深开挖到路基顶面高程的方法称为通道纵挖法，如图3.2（b）所示。通道纵挖法适用于路堑较长、较深，两端地面纵坡较小的路堑开挖。这是一种快速施工的有效方法，通道可作为机械通行、运送土方车辆的通道，便于土方挖掘和外运的流水作业。

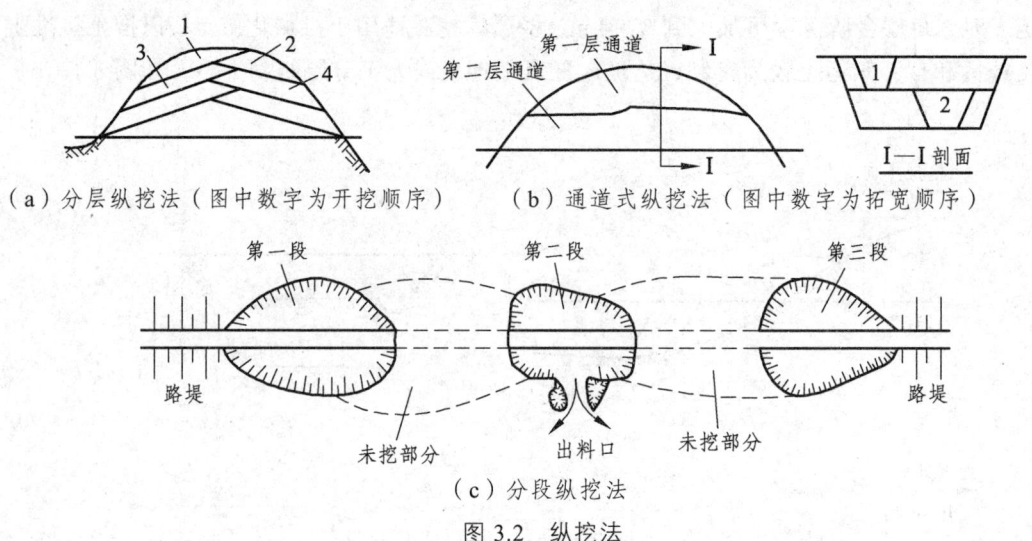

（a）分层纵挖法（图中数字为开挖顺序） （b）通道式纵挖法（图中数字为拓宽顺序）

（c）分段纵挖法

图 3.2 纵挖法

3. 分段纵挖法

沿路堑纵向选择一个或几个适宜处，将较薄一侧路堑横向挖穿，使路堑在纵向上分成四段或数段，各段再纵向开挖的方法称为分段纵挖法，如图3.2（c）所示。分段纵挖法适用于路堑过长，弃土运距过远或傍山路堑，或一侧的堑壁不厚的路堑开挖，同时还应满足其中间段有经批准的弃土场等条件。

（三）混合挖掘法

当路堑纵向长度和挖深都很大时，宜采用混合挖掘法，即将横挖法与通道纵挖法混合使用。先沿路堑纵向开挖通道，然后沿横向坡面挖掘，以增加工作面，如图3.3所示。每一坡面应设一个施工小组或一台施工机械。

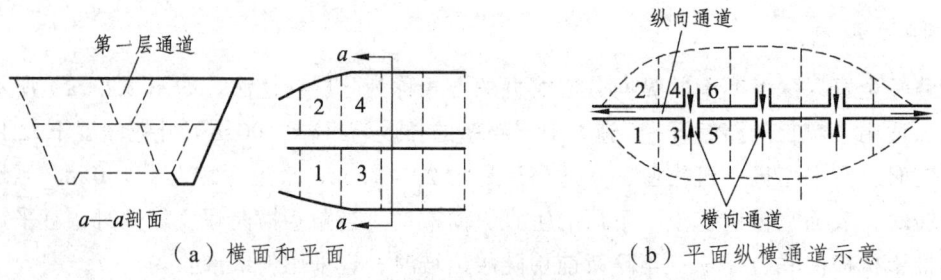

（a）横面和平面 （b）平面纵横通道示意

图 3.3 混合挖掘法

三、土质路堑开挖施工

(一) 施工准备

1. 施工调查与设计复核

路堑开挖施工前做好施工调查和设计资料的核查工作,重点是以下内容:
(1) 路基工程范围内的地质、水文、气象、冻结深度等情况;
(2) 核对土石方等级及其分布,施工环境条件及弃土位置和运土条件。

2. 编制施工方案

施工前,应根据地形情况、岩层产状、断面形状、路堑长度、施工季节和环境保护要求,编制详细的开挖、弃土施工方案,并逐级上报审批。

3. 排水系统施工

根据以往经验,路堑中发生的问题,多数是水造成的,因此,在开挖路堑的施工过程中,无论采用哪种开挖方法,均应保证在开挖过程中及竣工后的顺利排水。

(二) 施工工艺流程

土质路堑开挖应采用推土机配合挖掘机装车,自卸车运输进行。开挖前首先做好路堑顶的天沟等排水设施,再自上而下开挖,分段流水作业。施工中做好临时排水设施,保持排水畅通和边坡稳定。

施工时根据测设边桩位置,采用机械开挖,并留设 0.2~0.3 m 的保护层以利于人工修坡。施工时边坡逐层控制,边坡上若有坑穴,采用挖台阶浆砌片石嵌补。

路堑开挖至路肩设计高程以上 0.6 m 时,表面做成 4% 的人字排水坡,表面以下地层不得被扰动和泥化,可预先保留 10~20 cm 厚暂不开挖,待基床施工时,将其挖除。一般土质路堑开挖施工工艺流程如图 3.4 所示。

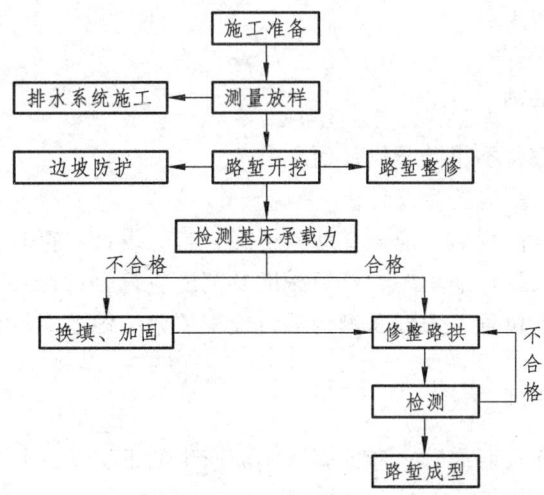

图 3.4 土质路堑开挖施工工艺流程图

（三）施工要求

（1）路堑施工应根据地形、地质、水文实际情况合理安排施工，膨胀土、黄土路堑不宜在雨季施工，且基床换填、边坡防护封闭应与开挖紧密衔接，当不能紧跟着开挖防护时，应留设厚度不小于 50 cm 的保护层。

（2）路堑开挖施工前、开挖过程中均应核对地质资料，开挖后如发现与地质资料不符时应及时反馈相关单位。

（3）路堑开挖应根据地形情况、岩层产状、断面形式、路堑长度、施工季节和环境保护要求，结合土石方调配选择开挖方式，并符合下列规定：

① 路堑开挖应自上而下纵向、水平分层开挖，纵向坡度不得小于 4%，严禁掏底开挖；
② 平缓地面上短而浅的路堑宜采用全断面挖开；
③ 平缓横坡上的一般路堑宜采用横向台阶开挖，较深路堑应分层开挖；
④ 土质路堑宜逐层顺坡开挖；
⑤ 傍山路堑宜采用纵向台阶开挖，边坡较高时宜分级开挖、路堑较长时可适当开设马口；
⑥ 对于多级路堑边坡，开挖一级验收一级，上级边坡未验收，下级路堑边坡不得开挖施工；
⑦ 边坡较高的软弱、松散岩质路堑，应分级开挖、分级支挡、分级防护；
⑧ 设有支挡结构的路堑边坡应分段开挖、分段施工。支挡工程施工应与开挖紧密衔接。当不能紧密衔接时应留设厚度不小于 50 cm 的保护层。

（4）路堑排水系统施工应符合下列规定：

① 路堑施工前应先做好堑顶截水、排水。堑顶为土质或有软弱夹层的岩石时，应及时铺砌天沟或采取其他防渗措施；
② 开挖区应保持排水系统通畅，临时排水设施宜与永久性排水设施相结合，并与原排水系统相适应；
③ 排水设施不应损害路基及附近建筑物地基、道路和农田，并不应引起淤积或冲刷；
④ 影响边坡的地表水和地下水应及时引排，施工过程中路堑开挖表面宜设排水坡，以利排水。开挖路基面不应积水。

（三）施工质量控制

（1）路堑开挖边坡坡率不得陡于设计值。
（2）路堑边坡变坡里程应符合设计。
（3）路堑开挖至设计高程后，应核查地质情况，当与设计不符时，应提出变更设计。
（4）路堑基床底层按设计换填时，换填深度及宽度应符合设计要求。
（5）路堑边坡变坡点位置、边坡及侧沟平台施工的允许偏差应符合规范要求。

（四）开挖注意事项

（1）土方地段的基床顶面高程，考虑因压实而产生的下沉量，其值由试验确定。基床顶面以下 30 cm 的压实度不小于 95%。
（2）采用推土机作业时，每一铲挖地段的长度应能满足一次铲切达到满载的要求，一般为 5~10 m，铲挖宜在下坡时进行。对于普通土，下坡坡度宜为 10%~18%，不得大于 30%；对于松土，下坡坡度不宜小于 10%，同时不得大于 15%；傍山卸土的运行道应设有向内稍低的横坡，但应同时留有向外排水的通道。

（3）当采用分层纵挖法挖掘的路堑长度超过 100 m 时，宜使用铲运机作业。

（4）对于拖式铲运机和铲运推土机，铲斗容积为 4~8 m³ 的适宜运距为 100~400 m，容积为 9~12 m³ 的适宜运距为 100~700 m。自行式铲运机的适宜运距可照上述运距加倍。铲运机在路基上的作业距离不宜小于 100 m。有条件时，宜配备一台推土机（或使用铲运推土机）配合铲运机作业。

任务二 石质路堑施工

一、概 述

石质路堑开挖是将路基范围内设计高程之上的天然岩体挖除，并运到填方地段或其他指定地点的施工活动。由于岩石坚硬，石质路堑的开挖往往比较困难，这对路基的施工进度影响很大，尤其是工程量大而集中的山区石方路堑更是如此。因此，采用何种开挖方法以加快工程进度，是石质路堑开挖需要解决的重要问题。通常，根据岩石的类别、风化程度、节理发育程度、施工条件及工程量大小等确定其开挖方式。对于软石和强风化石，能用机械直接开挖的均应采用机械开挖。凡不能采用机械开挖或人工直接开挖的石方，应采用爆破（光面爆破或预裂爆破）方法开挖。

边坡高度大于 20 m 的岩石路堑应根据边坡工程地质条件，结合机械化施工工艺的特点，采用分层开挖、分层稳定和坡脚预加固的方式施工。

二、石质路堑爆破方法

（一）常规爆破

常规报爆破的炮孔直径一般为 38~150 mm，炮孔深度不大于 15 m。其中炮孔直径小于 75 mm、炮孔深度不大于 4 m，称为浅孔爆破。钻孔直径在 75 mm 以上，钻孔深度超过 5 m 时，即为深孔爆破。

（二）光面爆破

光面爆破是一种爆出的新壁面保持平整而不受明显破坏的控制爆破技术。其特点是在设计开挖轮廓线上钻凿一排孔距与最小抵抗线相匹配的光爆孔，并采用不耦合装药或者其他特殊的装药结构，在开挖主体爆破后，光爆孔内的装药同时起爆，从而形成一个贯穿光爆炮孔且光滑平整的开挖面。

开挖前要求清理场地，复测地面高程，复核填挖断面。人工清理危及施工安全的所有危石及树木。工地布置时应尽可能增加开挖工作面和运输线，充分利用和保持装运地势高差，加快装车速度。

光面爆破的效果是爆破后壁面光滑平整,开挖轮廓线能大致符合设计要求,并且减少爆破对边坡岩石的扰动,减少超挖及欠挖量。目前,铁路石质路堑开挖为减少爆破对成形边坡的扰动和刷坡整形的工作量,在靠近边坡附近多采用光面爆破技术。

(三)预裂爆破

预裂爆破是一种精细的在地表或近地表出露岩体中进行开挖的爆破方法。该爆破的主要目的是移去岩体以形成开挖面,适用于需要形成高质量的最终开挖面。

进行预裂爆破时,需要严格控制爆破离平行于爆炸孔坡面的自由面的距离、岩体内部非连续面与预裂面的夹角以及主应力方向与预裂面的夹角。这是影响预裂效果的主要因素。

三、石质路堑爆破施工

(一)施工工艺流程

爆破施工工艺流程如下:施工准备→平整台阶→钻孔→爆破器材检查→炮孔检查、清除废渣→装药、安装引爆器→布置安全防护人员→炮孔堵塞→施爆区人畜撤离→起爆→清除瞎炮→解除警戒→测定爆破效果→做好爆破记录。

1. 常规爆破

(1)根据工程特点及现场实际情况进行爆破设计。确定爆破参数、装药参数及结构、起爆程序。爆破设计方案必须报有关部门(上级主管部门、监理、当地公安机关)审核批准后方可实施,监理单位应参与审核每次爆破设计且与现场核对。

孔网参数主要包括:钻孔直径 d、梯段高度 H、底盘抵抗线 W、孔距 a、排距 b、钻孔深 L、超钻 h、钻孔边距 c。

① 钻孔直径 d:根据工程数量、进度要求和机械设备情况确定。

② 梯段高度 H:需要综合考虑钻孔机械、工程规模、开挖深度、装载设备能力、边坡稳定和技术经济效益等因素。在浅孔爆破中,凿岩机钻孔时为 2~4 m,人工钻孔时为 1~2 m;深孔爆破时,一般为 7~10 m。当路堑深度大于 10 m 时,梯段应分层。

③ 底盘抵抗线 W:炮孔的实际抵抗线 W 值结合装药直径、炮孔孔距、炸药爆力和装药密度等因素通过计算或试验确定。

$$W = K_d d$$

式中　d——钻孔直径(cm);
　　　K_d——孔径系数。

④ 孔距 a:孔距在 (0.7~1.3)W 范围内选取。

⑤ 排距 b:布孔宜取梅花形,在多排孔交错布孔时

多排齐发:$b = 0.87a$ (m)

多排微差:$b = (0.8~1.0)W$ (m)

⑥ 钻孔深度 L:

$$L = (H+h)\sin\beta \quad (\beta \text{ 为钻孔倾角})$$

⑦ 超钻 $h = (0.1 \sim 0.3)W$。

装药参数包括：线装药密度 q（kg/m）、装药程度 L_1 和堵塞长度 L_2、每孔装药量 Q_0 和总装药量 Q（kg）。

① 线装药密度 q：大小取决于钻孔直径和装药密度。

$$q = \frac{1}{4}\pi d^2 \Delta$$

式中　Δ——装药密度（g/cm³）

由于各种炸药包装条件不一样，同时实际孔眼直径往往大于钻机直径，因此线装药密度宜通过试装确定。

② 每孔装药量 Q_0：单排孔爆破时

$$Q_0 = WqHa$$

多排孔齐发爆破时，后排每孔装药量

$$Q_{0后} = 1.2qb'Ha$$

式中　b'——排距（可等于或略小于孔距 a）。

多排孔微差爆破时，后排每孔药量。

$$Q_{0后} = qb'Ha$$

③ 堵塞长度 L_1：不得小于 W 或 20 倍炮孔直径。

（2）平整台阶。在钻机进入工地作业前，应做好台阶平整。台阶工作面要有足够的宽度并保持平坦，保证钻机安全作业、移动自如并能按设计方向钻凿炮孔。平整台阶可采用手风钻凿眼，浅孔爆破，推土机整平。

（3）孔位选择与布孔。布孔从台阶边缘开始，边孔与台阶边缘要保留一定距离以保证钻机作业安全。孔位根据设计测定，但要避免在岩石被震松、节理发育或岩性变化大的地段布孔。

（4）钻孔。在浅孔或深孔爆破，均宜采用有一定倾角的倾斜炮孔。钻孔作业中，必须重视钻孔检查和堵孔处理工作。使用硝胺类炸药爆破时，还要检查孔内是否有积水，然后采取排水措施。对有地下水的钻孔，装药时必须对硝胺类炸药进行防水处理，水量大时，应使用抗水炸药，如水胶炸药、乳化油炸药、浆状炸药等。

（5）装药。装药前要检查并清理炮孔堵塞物和水分。着重检查炮孔的最小抵抗线与原设计有无变化，防止过小的抵抗线引起冲炮。还应检查孔深有无变化。干燥的孔可装散装硝胺类炸药，潮湿的孔要对炸药进行防水处理或使用防水炸药。

装药基本工具是炮棍，须用木头、竹竿或塑料制作。使用散装粉状炸药填干时，要注意粉碎炸药结块，防止结块堵塞炮孔。装药要慢速向孔内倾倒，以利用重力增加底部炸药的装药密度。在水中使用防水炸药时，由于这些炸药可塑性大，装药过程中能自然填满炮孔，不需用炮棍捣实。

装药过程中，必须十分小心地安放起爆药包。在干孔中使用硝胺类炸药，可把雷管放在药卷中制成起爆体。水孔中的起爆体要做好防水处理。

（6）堵塞。堵塞材料可用砂或黏土或砂黏土混合物，并有一定的含水率。在水中也可用水作堵塞材料。堵塞工程中要经常检查起爆线，防止因堵塞损坏起爆线路而引起瞎炮。

（7）起爆网络。有多个或多排炮孔起爆时，采用微差爆破。

（8）瞎炮处理。发生瞎炮要设立防护标志，禁止在其附近作业，未经处理不得拆除防护标志。

① 应由原装炮人员当班处理，如不可能时，装炮人员应在现场将装炮情况、炮眼方向、装药数量交代给处理人员。

② 只有对瞎炮孔内的爆破路线、导火索、导爆管等检查完好后方可重新起爆。

③ 重新起爆前应检查瞎炮的抵抗线情况，并布置警戒。

④ 严禁拉动导火索或雷管脚线的方法取出雷管。

⑤ 硝胺类炸药可用水冲灌炮眼，使炸药失效。

⑥ 禁止在瞎炮的残孔内重新打眼爆破。

⑦ 瞎炮处理后，应认真检查、清理残余未炸的爆破器材，安全后方可撤出警戒标志。

2. 光面爆破与预裂爆破

（1）根据工程特点及现场实际情况进行爆破设计。

光面和预裂爆破的主要孔网参数有钻孔直径、孔间距和最小抵抗线；装药参数主要有线装药密度。

① 钻孔直径：在路堑边坡施工中，一般采用与主爆孔一样的钻孔直径。

② 炮孔间距：在施工中应根据工程特点、岩石特征、炮孔直径等决定。预裂爆破的炮孔间距可选用炮孔直径的 8～12 倍；光面爆破的炮孔间距 a 可选用炮孔直径的 10～16 倍，并满足 $a = W/m$（m 为炮孔密集系数，$m>1$）。

靠近预裂孔的主炮孔距预裂面应不小于 1.5～2.0 倍预裂孔间距。

（2）开凿作业面。清除地面杂物和覆盖土层。

（3）布孔。根据设计要求放出开挖轮廓线和各炮孔孔位，并予以编号，逐孔写明孔深、孔径、倾斜方向及角度。

（4）钻孔。钻孔是保证爆破质量的重要一环，严格按爆破设计的位置、方向、角度进行钻孔，钻孔时应先慢后快。钻孔过程中，必须仔细操作，严防卡钻、欠钻、漏钻和错钻。

（5）钻孔检测。装药前必须检查孔位、深度、倾角是否符合设计要求，孔内有无堵塞，孔壁是否有石块以及孔内是否有积水。发现孔位和深度不符合设计要求时应进行补孔。严禁少打眼，多装药。清除孔口周围的碎石、杂物，孔口岩石破碎不稳固段应进行维护，避免孔口形成喇叭状，钻孔结束后应封盖孔口或设立标志。

（6）装药与堵塞。严格按设计的炸药品种、规格及数量进行装药并堵塞。炮孔堵塞长度大于最小抵抗线，堵塞材料采用 2/3 砂和 1/3 黏土堵塞。

（7）爆破网路敷设。网路敷设前应检验起爆器的质量、数量、段别并对其进行编号和分类，严格按敷设网路敷设；严格遵守《爆破安全规程》（GB 6722）中有关起爆方法的规定，网路要经检查确认完好，起爆点应设在安全地带。

（8）起爆。在网路检测无误、防护工程检查无误、各方警戒正常的情况下，指挥员即可在规定时间起爆，起爆采用非电起爆。

（9）安全检查。爆破完成并在规定的时间后，若安全检查无误，即可进行机械施工。

（10）总结分析。爆破后对爆破效果进行全面检查，综合评定各项技术指标是否合理，进一步确认已暴露岩石的结构、产状、地质构造和岩石的物理力学性质，综合分析岩石的单位耗药量并做好爆破记录。

（二）施工要求

（1）路堑开挖严禁使用硐室药包爆破。

（2）路堑中间部分开挖爆破必须控制好爆破边线，使爆破区控制在距离路堑设计边线 4 m 左右。

（3）爆破设计参数的选择很关键，它直接影响到光面爆破的效果。为使爆破取得良好效果，在设计时应抓住如下几点：

① 根据岩石特点，合理选定周边眼的间距和最小抵抗线，提高钻眼质量。

② 严格控制周边眼的装药量，尽可能将装药量沿眼长均匀分布。

③ 周边眼宜使用小直径卷和低猛度、低爆速的炸药。为满足装药结构要求，可借助导爆索来实现空气间隔装药。

④ 采用毫秒微差有序起爆，使爆破具有良好的临空面。

（4）严格控制周边眼的药量，采用合理的装药结构并尽量使炸药沿孔深均匀分布。常用的装药结构有以下几种：

① 连续装药。将计算药量按装药集中度连续均匀地装入炮眼，起爆包置于眼底。

② 间隔装药。为使爆炸力沿炮眼均匀分布，需将炸药沿炮眼全长布设，当所需炸药药卷连续长度短于炮眼长度较长时，应采用间隔装药。

③ 不耦合装药。采用卷装炸药时，多为不耦合装药结构，不耦合系数为 1.4~2.0。

（5）爆破应确保基床、边坡和堑顶山体稳定，不应对路堑各部和相邻建筑物造成损伤和产生隐患。爆出的坡面应平顺、底板平整、无根坎。

（6）爆破工程施工必须严格按《爆破安全规程》（GB 6722）要求执行。

（三）施工质量控制

（1）采用机械开挖或光面、预裂爆破应保证开挖面完整平顺、无危石和坑穴。边坡坡面应平整且稳定无隐患。凸出边坡设计线的石块，其凸出尺寸不应大于 20 cm，超爆凹进尺寸也不得大于 20 cm。对于软质岩，凸出及凹进尺寸均不应大于 15 cm，边坡防护封闭无变形、开裂，否则应进行处理。

（2）挖方边坡应从开挖面往下分级清刷边坡。下挖 2~3 m 时，应对新开挖边坡刷新。对于软质岩石边坡可用人工或机械清刷；对于坚石或次坚石边坡，可使用爆破清刷，同时清除危石、松石。清刷后的石质路堑边坡不应陡于设计规定。

（3）石质路堑边坡过量开挖影响上部岩体稳定时，应用浆砌片石或混凝土补砌超挖的坑槽。边坡变坡点位置及平台位置、宽度施工允许偏差应按规范的要求控制。

（4）石质路堑基床底高应符合设计要求，开挖后基床基岩高程与设计高程之差应符合规定要求。如过高，应凿平；如过低，应填平。路基面施工的允许偏差、路堑基床表层厚度、边坡允许偏差均按规范的要求控制。

（5）石质路堑基床顶面宜使用密集小型排炮施工，炮眼底高程宜低于设计高程 10～15 cm。装药时，宜在孔底留 5～10 cm 的空眼，装药量按松动爆破计算。

（6）石质基床超挖大于 10 cm 的坑洼，当有裂隙水时，应采用渗沟连通。渗沟宽不小于 10 cm，渗沟底略低于坑洼底。如渗沟底低于坑洼底，坡度不宜小于 6%，使可能出现的裂隙水或地表渗水由浅洼渗入深坑洼，并与边沟连接。如渗沟底低于边沟底，则应在路肩下设纵向渗沟，沟底应低于深坑洼底至少 10 cm，宽不宜小于 60 cm；纵向渗沟由填方路段引出。渗沟中应填碎石，并与基床同时碾压到规定的要求。

（7）路堑侧沟施工允许偏差应按规范要求控制。

（四）开挖注意事项

（1）对参加施工的人员进行安全教育及爆破规则培训。

（2）石方爆破工程的施工方案在报请当地公安机关批准后，方可组织实施；爆破员须经当地公安机关培训，考试合格后，持公安机关核发的有效操作证上岗作业。

（3）爆破施工时，指定一名负责人在现场负责全面工作。

（4）爆破作业区段与既有建筑物之间应设排架及防护网防护。

（5）施爆前，应规定醒目、清晰的爆破信号并发布通告，及时疏散危险区内的人员、牲畜、设备及车辆等。对不能撤离的建筑物应采取保护、加固措施，并在危险区周围设警戒，严禁人、畜、车辆进入；爆破后，对危及人身安全的危石、落石应及时清除。

（6）起爆后 15 min，由指定的爆破专业人员进入爆破区内进行安全检查，确认无拒爆现象和其他问题后，方能解除警戒。

（7）对每次爆破的地质状况、主要参数、爆破效果等做详细记录，为改进爆破方案提供可靠依据。

（8）为预防瞎炮现象发生，应采取合格的爆破器材，装药前要清理炮孔积水。装药时要小心以防止损坏药包连线，连接网路时要仔细操作并按规定检查。

（9）要注意妥善处理瞎炮。处理方法见前文。

（10）爆破施工的路段，应查明有无空中缆线和地下管线，同时调查开挖边界线外的建筑物结构类型、完好程度、距爆破施工点的距离，然后制定爆破方案。任何爆破方案的制定都必须确保空中缆线、地下管线和施工区边界外建筑物的安全。

任务三　过渡段施工

一、概　述

路基与桥台、横向结构物、隧道及路堤与路堑等衔接处，需作特殊处理的地段叫过渡段。即路基与其他线下结构物、不同路基结构、不同地基处理形式连接处可能导致轨道基础沉降变形及刚度差异时，应设置过渡段。

桥梁，涵洞及隧道等结构工程之间的路基，有砟轨道城际铁路、重载铁路及客货共线铁路长度小于 20 m，高速铁路、无砟轨道城际铁路长度小于 40 m 时，应按过渡段进行特殊设计。

无砟轨道与有砟轨道路基连接处应在有砟轨道范围设置过渡段，过渡段地基处理、填料及压实标准应满足无砟轨道路基技术条件。

轨道下横跨挖方与填方的半填半挖路基，可通过换填挖方部分调整与填方部分的刚度差异，换填厚度宜根据地基条件及填方部分的高度确定。

桥台背及横向结构物两侧设置的过渡段，需挖除硬质岩时，宜结合铁路等级、挖方高度等进行特殊设计，可采用回填混凝土处理。

二、路基与桥头过渡段

（一）路桥过渡段变形不一致的原因

路桥过渡段受到高速运行车辆动荷载的作用时，往往会出现较大的跳车现象，产生这种现象的主要原因有以下几个方面。

1. 路基与桥涵的结构差异

桥涵结构一般是刚性的，而路基则是柔性的。由于这两种结构的差异，在路基与桥（涵）之间必然存在着变形差异。路桥（涵）过渡段由于刚性、自重、强度的不同，在列车荷载作用下又是应力集中区域，必然产生变形的不一致。

2. 路堤填料原因

普通铁路的路堤填料一般是填土，压实标准相对较低。同时，过渡段往往作业面相对狭小，碾压质量不易控制，其压实度达不到设计要求。

3. 地基原因

地基土的性质及结构不同，所产生的沉降和沉降达到稳定所需要的时间也不同。桥头路基一般填筑较高，地基土承受的附加应力较大，地基的沉降变形较其他路段要大，软弱地基路段尤其如此。

4. 施工原因

施工时，对工期或工序安排不当，以致过渡段的填土碾压工作安排在施工工期尾部，被迫赶工期，不能够很好地控制填土压实质量，使得过渡段路基产生较大的下沉变形。

5. 重桥轻路意识的原因

设计和施工中重桥轻路的意识是影响路桥过渡段施工质量的又一因素。目前在铁路建设工程中，往往是路桥分家，重桥轻路。桥梁施工中集中了大量精干的工程技术人员，而路基施工却未能投入必要的技术人员，在设计中没有把路桥过渡区段作为一种结构物来考虑，没有较为合理的设计要求，而在施工过程中路桥过渡区段又是质量控制的薄弱环节。

（二）路基与桥头过渡段设置

路基与桥台过渡段宜采用沿线路纵向倒梯形过渡形式，如图 3.5 所示；过渡段施工先于邻近路基时，可采用沿线路纵向正梯形过渡形式，如图 3.6 所示。

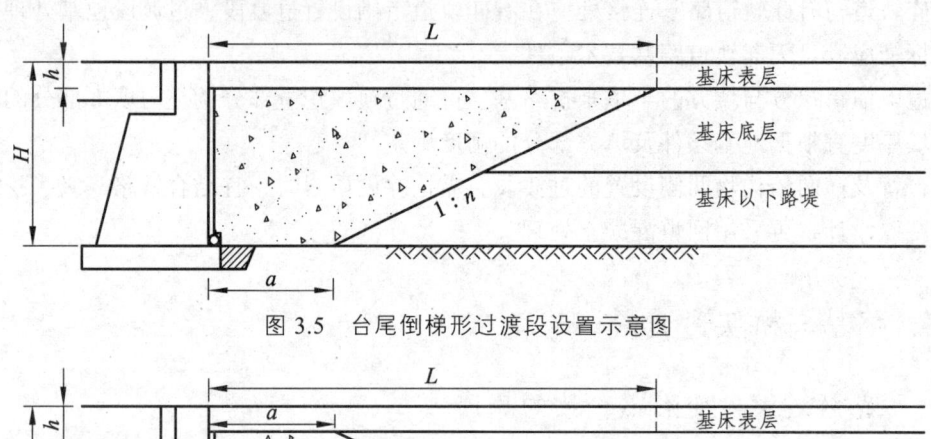

图 3.5　台尾倒梯形过渡段设置示意图

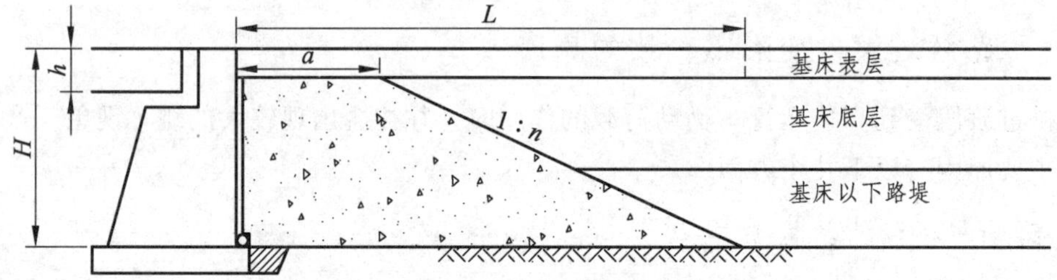

图 3.6　台尾正梯形过渡段设置示意图

过渡段长度按下式确定，高速铁路、无砟轨道铁路过渡段长度不应小于 20 m。

$$L = a + (H - h)n$$

式中　L——过渡段长度（m）；

　　　H——台后路堤高度（m）；

　　　h——基床表层厚度（m）；

　　　a——过渡段梯形底部（或顶部）沿线路方向长度，高速铁路、无砟轨道城际铁路、重载铁路、设计速度 200 km/h 的有砟轨道城际铁路和客货共线铁路取 3 m ~ 5 m，设计速度 200 km/h 以下的有砟轨道城际铁路和客货共线铁路取 3 m；

　　　n——常数，高速铁路、无砟轨道城际铁路、重载铁路、设计速度 200 km/h 的有砟轨道城际铁路和客货共线铁路取 2 ~ 5；设计速度 200 km/h 以下的有砟轨道城际铁路和客货共线铁路取 2。

（三）路基与桥头过渡段填筑

过渡段路基基床表层应符合基床表层填料的要求。过渡段基床表层以下梯形部分的填料及填筑压实符合下列规定：

（1）高速铁路、无砟轨道及设计速度 200 km/h 的有砟轨道城际铁路应分层填筑掺入不小于 3% 水泥的级配碎石，压实标准应符合压实系数 $K \geqslant 0.95$、地基系数 $K_{30} \geqslant 150$ MPa/m、动态变形模量 $E_{vd} \geqslant 50$ MPa。

（2）设计速度 200 km/h 的客货共线铁路可分层填筑级配碎石，距离结构物 2.0 m 范围应掺入不小于 3%水泥，压实标准应符合压实系数 $K \geq 0.95$、地基系数 $K_{30} \geq 150$ MPa/m。

（3）重载铁路应分层填筑 A 组填料，压实标准应符合压实系数 $K \geq 0.95$、地基系数 $K_{30} \geq 150$ MPa/m、动态变形模量 $E_{vd} \geq 40$ MPa。

（4）设计速度 200 km/h 以下的有砟轨道城际铁路和客货共线铁路应填筑 A 组填料，压实标准应符合基床底层的相关规定。

高速铁路、无砟轨道及设计速度 200 km/h 的有砟轨道城际铁路过渡段桥台基坑应以混凝土回填或以碎石、改良土分层填筑，其他铁路的过渡段桥台基坑应以碎石、改良土分层填筑。混凝土应满足设计强度要求，碎石、改良土填筑应满足 $E_{vd} \geq 30$ MPa。

（四）路基与桥头过渡段施工

1. 试验段

选择有代表性的过渡段作为试验段，进行基床表层以下过渡段摊铺压实工艺试验。填料分层压实。采用大型压路机械碾压时，每层的最大压实厚度不宜超过 30 cm，最小压实厚度不宜小于 15 cm；采用小型振动压实设备碾压时，填料的虚铺厚度不应大于 20 cm，根据现场实际情况对比填筑试验，确定压实机型、摊铺厚度、压实遍数、压实速度等施工工艺参数，报监理单位确认。

2. 路基与桥头过渡段施工流程

施工前，应做好桥头路基的排水施工，防止水流对填料的浸泡或冲刷。对桥台台后基坑进行清理，做到基坑底部无桥台施工所产生的垃圾及松土（杂土）。基坑内一次连续浇筑素混凝土（素混凝土强度以施工图设计为准），浇筑后的高程与桥台基础顶部高程一致。混凝土浇筑严格遵照混凝土施工操作规程进行。混凝土施工完成后做好养护工作。待桥台基坑素混凝土达到一定强度后，对过渡段其他先期已经处理过的地基表面再做必要的清理，然后进行施工放线。施工放线时，首先对路基中线进行定位，对高程进行精确测量，并计算出过渡段所要填筑的实际高程，以此为依据并同时参照路桥过渡段连接形式示意图上的相关数据，对其同一水平填筑层的不同填料所填筑范围进行详细计算，并进行实际测量放样。根据过渡段不同部位填料的不同，由桥台向路基方向、由中心线向路基两侧按顺序依次进行填料的填筑工作。每层填料的松铺厚度应以预先试验所得数据为准。每层填料利用人工及推土机松铺填筑完成之后，根据试验段所得出的压实数据及标准进行碾压，达到过渡段实际规定的压实标准。过渡段基床表层以下的级配碎石碾压以静压和弱振为主，不宜过多采用强振。在过渡段的桥台台尾后 2 m 范围内，为防止碾压机械挤碰桥台，不应使用大型压实设备进行碾压，可采用内燃式冲击夯或其他小型夯实机具进行夯实，其振压遍数以达到设计要求的压实标准为准。待该填筑层压实工作完成之后，对设计要求各项指标进行检测，检测合格后进行下一层施工。

路基与桥头过渡段施工流程如图 3.7 所示。

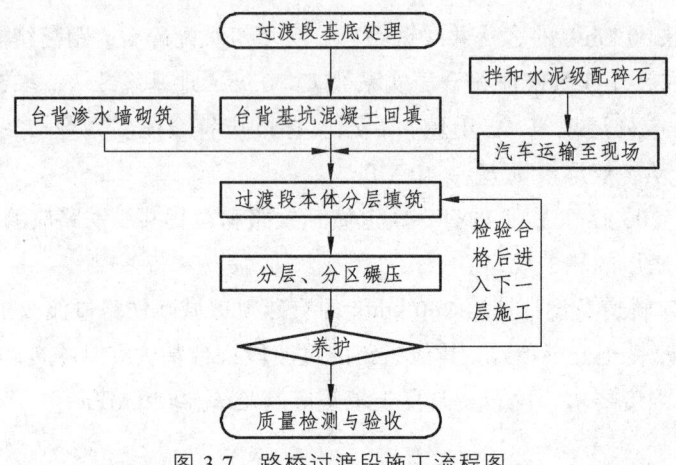

图 3.7 路桥过渡段施工流程图

三、路基与横向结构物过渡段

（一）路堤与横向结构物过渡段设置

横向结构物指的是立交框构、箱涵、圆涵等与路基纵向轴线相交的结构。横向结构物一般由混凝土、砖石砌体等材料制成，其刚度与路基材料大不相同，两者连接在一起容易造成不均匀沉降、连接部分开裂、轨道变形等问题。因此，路基与横向结构物连接处，应根据地形、地质条件设置过渡段。

过渡段宜采用沿线路纵向倒梯形过渡形式，如图 3.8 所示；过渡段施工先于临近路基时，可采用沿线路纵向正梯形过渡形式，如图 3.9 所示。

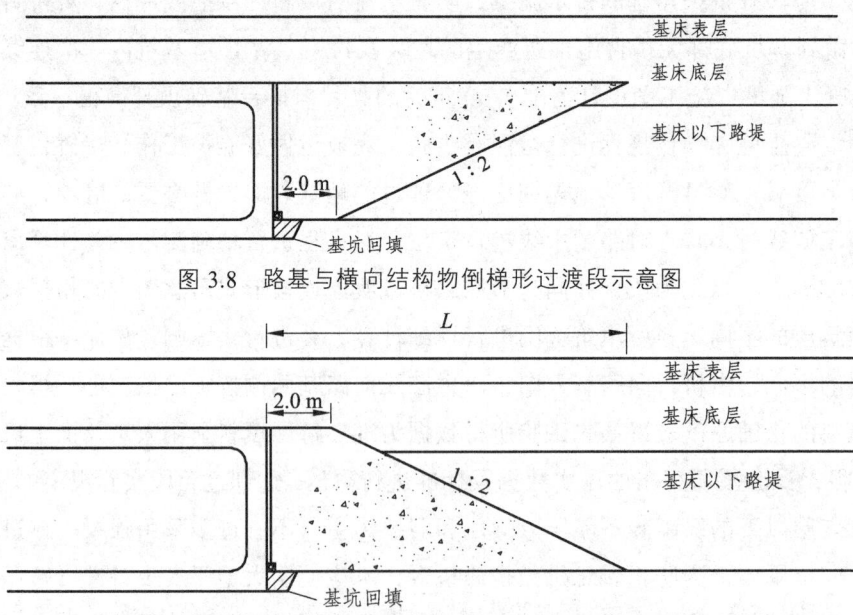

图 3.8 路基与横向结构物倒梯形过渡段示意图

图 3.9 路基与横向结构物正梯形过渡段示意图

有砟轨道铁路横向结构物顶面填土高度大于 3 m，且大于路堤高度的 2/3 时可不设过渡段。

（二）路堤与横向结构物过渡段填筑

（1）横向结构物两端的过渡段填筑必须对称进行，并应与相邻路堤同步施工。

（2）涵背两端大型压路机能碾压到的部位宜采用大型压路机械碾压。大型压路机碾压不到的部位应采用小型振动压实设备进行压实；靠近横向结构物的部位，应平行于横向结构物进行横向碾压；大型压路机碾压时，不得影响结构物的稳定。

（3）横向结构物的顶部填土厚度小于 1 m 时，不得采用大型振动压路机进行碾压。

（4）路基与横向结构物过渡段填料、压实标准、基坑回填及施工应符合规范要求。

（5）大型压路机碾压不到的部位应用小型振动压实设备进行碾压，填料的松铺厚度不宜大于 20 cm，碾压遍数应通过试验确定。

（6）沉降观测应按设计要求进行，沉降观测装置埋设、沉降观测精度及频率应符合相关规定。

四、路堤与路堑过渡段

（一）路堤与路堑过渡段设置

路堑部分主要以开挖土石方为主，在天然土层上修筑基床，路堤部分主要以填筑土石方为主，填筑的土石虽经压实，但其性质与天然土层常常不同，两者连接也会造成不均匀沉降，因此施工过程中要设置过渡段。

当路堤与硬质岩石路堑连接时，在路堑一侧顺原地面纵向开挖台阶，每级台阶宽度不应小于 1.0 m，并在路堤一侧设置过渡段，如图 3.10 所示。过渡段填筑要求符合规范要求。

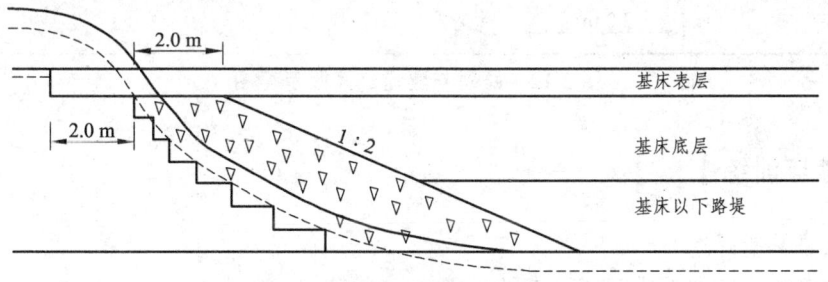

图 3.10　硬质岩石路堑过渡段示意图

当路堤与软质岩石或土质路堑连接时，应顺原地面纵向开挖台阶，每级台阶宽度不小于 1.0 m，如图 3.11 所示。开挖部分填筑要求应与路堤相应位置相同。

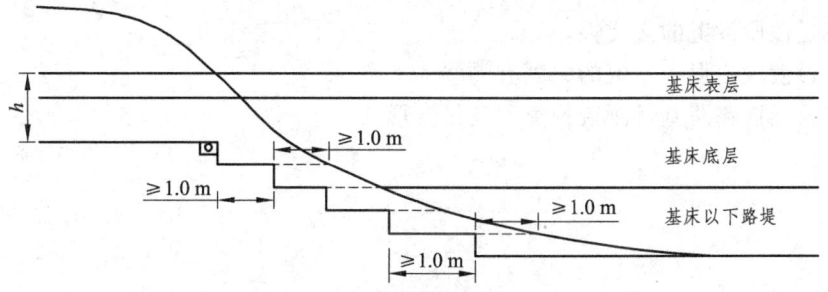

图 3.11　软质岩石或土质路堑过渡段示意图

注：图中 h 为路堑基床换填厚度，单位 m。

（二）路堤与路堑的过渡段填筑

（1）过渡段填筑前，应平整地基表面，碾压密实；并应挖除堤堑交界坡面的表层松土，按设计要求做成台阶状。

（2）过渡段的填筑施工应与相邻路堤同步进行。

（3）沿堑坡边缘进行横向碾压。

（4）大型压路机碾压不到的部位应采用小型振动压实设备进行碾压，填料的松铺厚度不宜大于 20 cm，碾压遍数应由试验确定。

（5）沉降观测应按设计要求进行。沉降观测装置埋设、沉降观测精度及频率应符合相关规定。

五、路堑与隧道过渡段

高速铁路、无砟轨道城际铁路、设计速度 200 km/h 的有砟轨道城际铁路及客货共线铁路土质、软质岩石路堑与隧道连接处，应设置过渡段，宜采用沿线路纵向倒梯形过渡形式，如图 3.12 所示。

过渡段路基填料、压实标准应满足相应规范的规定。

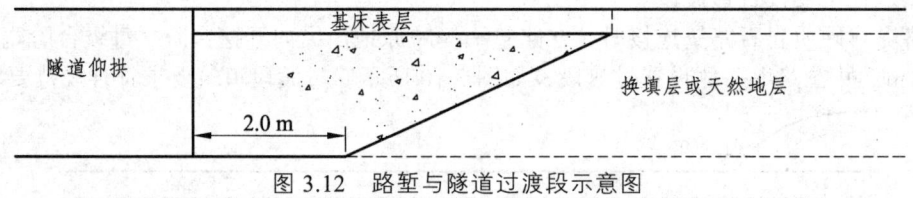

图 3.12　路堑与隧道过渡段示意图

【思考与训练】

1. 什么是路堑开挖？
2. 石质路堑开挖与土质路堑开挖的区别？
3. 简述土质路堑开挖方法及其适用范围。
4. 石质路堑的爆破方法有哪些？
5. 简述爆破施工工艺流程。
6. 简述过渡段设置的必要性。
7. 路桥过渡段变形不一致的原因有哪些？
8. 简述我国铁路路基过渡段的类型及设置形式。

项目四 路基排水设备施工与维护

【学习目标】

（1）能说出路基面排水的目的、原则及排水设备；
（2）能识读排水工程施工图，确定各部分结构尺寸，计算工程量；
（3）能列举地面、地下排水设备的适用范围及施工要点；
（4）能整理路基排水工程施工工艺流程；
（5）能独立完成排水工程的质量检测和评价，填写质量检验评定资料。

水是造成路基病害的主要因素。水对土体的浸泡、饱和、冲刷作用是路基病害发生的重要原因之一。路基的强度与水的关系十分密切，路基排水的目的在于确保路基始终处于干燥、坚实和稳定的状态。路基范围内排水处理的好坏对路基的整体稳定影响很大。

路基施工时，应校核全线路基的排水系统是否完备和完善，必要时应予以补充或修整，重视排水工程的质量和使用效果，及时设置施工现场的临时性排水措施，保证路基工程质量，提高施工效率。危害路基的水可分为地面水和地下水两大类，因此，将路基排水设备分为地面排水设备和地下排水设备。

任务一 地面排水设备施工与维护

一、地面排水设备的类型

路基地面排水结构物常见的类型有排水沟、侧沟、天沟、截水沟、跌水及急流槽等，如图 4.1 所示。各种沟渠分别设置在路基的不同部位，各自的主要功能、布置要求或构造形式，均有所差异。

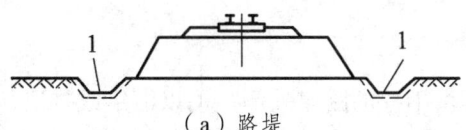

（a）路堤

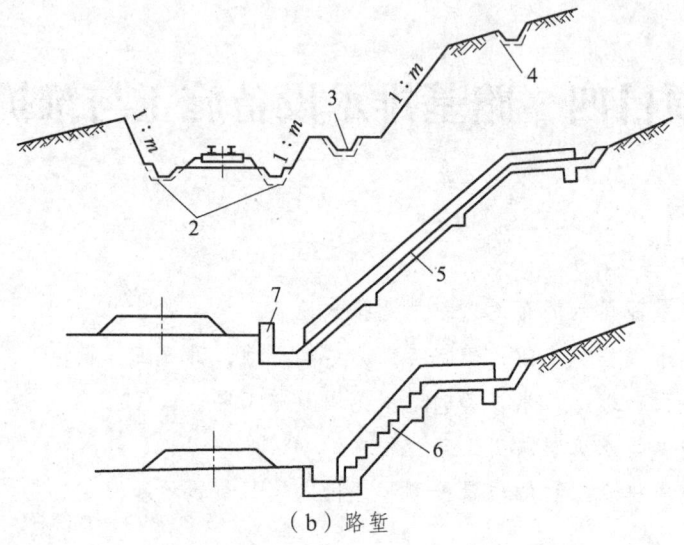

（b）路堑

图 4.1 地面排水设备示意图

1—排水沟；2—侧沟；3—截水沟；4—天沟；
5—急流槽；6—跌水；7—挡水墙

（一）排水沟

排水沟设于路堤护道外侧，用以排除路堤范围内的地表水和拦截从田野方面流向路堤的地表水，如图 4.2 所示。在平坦地带，横坡不明显且路堤高度小于 2.5 m 时，宜在路堤两侧设排水沟；路堤高度大于 2.5 m 时，可只在横坡方向的上方设单侧排水沟拦截地表水。紧靠路堤护道外侧的取土坑，如能适当控制其深度，以连接上、下游的流水，则可用来排除地面水。排水沟的断面形式一般为梯形或矩形。

图 4.2 排水沟

（二）侧　沟

侧沟位于路堑或路基不填不挖的路肩外侧。用以汇集或排泄从路基面和路堑边坡上留下来的地面水。

（三）天　沟

天沟设于路堑堑顶边缘以外，视需要可设一道或几道，用于截排堑顶上方流向路堑的地表水。天沟距堑顶边缘的距离不宜过大，否则未被截住的地表水较多，对边坡稳定不利；但也不宜过小，否则有因渗漏而影响稳定的危险。一般情况下不宜小于 5 m。当土质良好、堑坡不高或沟内铺砌时，不应小于 2 m。如有遇水易于溶蚀和形成陷穴特性的土质，天沟距堑顶边缘的距离一般不应小于 10 m，并应进行铺砌加固。若堑顶有弃土堆，天沟一般应设在弃土堆上坡方向以外 1~5 m。

（四）截水沟

截水沟设在台阶形路堑边坡的平台上及排水沟、侧沟、天沟所在部位以外必须截除地表水的地方，用以截拦上方流来的地面水，如图 4.1 所示。

（五）跌水和急流槽

跌水和急流槽亦称吊沟，设于高差很大而平距很短即坡度陡的排水地段，多设于天沟出口、排水沟或侧沟通往桥涵建筑物处，如图 4.3 和图 4.4 所示。跌水沟底为台阶形，台阶的高度与宽度之比大致等于地面坡度。急流槽槽身坡度一般大于10%。为使通过急流槽的水流能贴着槽底流下而不发生飞溅，槽身坡度不应陡于 1∶0.75。急流槽的进口宜做成喇叭口状；槽身一般为矩形，常设消力槛，以降低流速，防止冲刷与之相连的下游水沟。在吊沟靠路肩一侧，需设挡水墙，以防止水流冲刷路肩和道床。

在纵坡陡峻地段的截水沟、排水沟，可用单级、多级跌水或急流槽连接。

图 4.3 跌水

图 4.4 急流槽

路基施工过程中应随时保持一定的排水横坡或纵向排水通道，施工作业面不得有积水，按照截、排、疏的原则，防止水流冲刷边坡。排水沟的施工应从下游出口向上游进行施工。

地面排水设备宜选用水泥混凝土预制或现浇、浆砌片块石砌筑、干砌块石砌筑等进行加固。

二、地面排水设备的加固处理

地面排水设备的加固措施应结合轨道级别、地形、地貌、地质、纵坡等条件，因地制宜，就地取材，经济适用，目前常采用三合土简易加固、干砌片石加固、浆砌片石加固、混凝土加固施工。

对于土质地段，当沟底纵坡大于 3% 时，排水沟必须采取加固措施。采用干砌片石对排水沟进行铺砌时，应选用有平整面的片石，各砌缝要用小石子嵌紧；采用浆砌片石铺砌时，砌缝砂浆应饱满，沟身不漏水；若沟底采用抹面时，抹面应平整压光。

路基排水设备外观质量施工要求如下：
（1）线性美观，纵坡顺直，曲线线形圆滑。
（2）沟壁平整、稳定，无贴坡；沟底平整，排水畅通，无冲刷和阻水现象。
（3）各类防渗、加固设备坚实稳固。
（4）浆砌片石工程，嵌缝均匀、饱满、密实，勾缝平顺无脱落、密实、美观，缝宽均衡协调；砌体咬扣紧密；抹面平整、压光、顺直、无裂缝、空鼓。
（5）干砌片石工程，砌筑咬合紧密，无叠砌、贴砌和浮塞。
（6）水泥混凝土砌块的强度符合设计要求，砌体平整，勾缝整齐牢固。

三、地面排水设备施工要求

（一）地面排水设备施工应符合下列规定

（1）对平原区和重丘山岭区，排水沟和侧沟应分段设置出水口。
（2）侧沟、路堤横向排水沟采用混凝土预制构件砌筑，砌缝砂浆应饱满，沟身不漏水。预制混凝土构件强度、尺寸应符合设计要求，有破损、裂缝的构件严禁使用。
（3）路堤横向排水沟沟底纵坡由中心向两侧倾斜坡度为 4%；横向排水沟与路堤边坡排水沟相接将水流排出路基。路堤横向排水沟和路堤边坡上的排水沟均应在路堤处于稳定后方可施工。
（4）采用浆砌片石加固排水沟和侧沟时，砌缝砂浆应饱满，沟身不漏水；若沟底采用抹面时，抹面应平整压光。
（5）天沟和截水沟应进行严密的防渗和加固，防止水流下渗和冲刷。地质不良地段和土质松软、透水性较大或裂隙较多的岩石路段，对沟底纵坡较大的土质截水沟及截水沟的出水口，均应采用加固措施，防止渗漏和冲刷沟底及沟壁。
（6）急流槽、平台截水沟应随路基防护圬工同步砌筑，排水坡度、沟槽断面不得小于设计要求，流水面宜采用水泥砂浆抹面压光。
（7）当路堤基本成型或跨雨季填筑时，路堤边坡高度大于 5.0 m 的地段宜每隔 30 m 左右于路堤边坡上设置临时排水沟，路堤面边缘设置土埂，以免冲毁路基。

（二）排水沟施工要求

（1）排水沟的线形要求平顺，尽可能采用直线形，转弯处宜做成弧形，其半径不宜小于 10 m。排水沟长度根据实际需要而定，通常不宜超过 500 m。

（2）排水沟沿路线布设时，应离路基尽可能远一些，距路基坡脚不宜小于 3~4 m。

（3）当排水沟、截水沟、侧沟因纵坡过大导致水流速度大于沟底、沟壁土的容许冲刷流速时，应采用表面加固措施。

（三）截水沟施工要求

（1）在无弃土的情况下，截水沟的边缘离开挖方路基坡顶的距离视土质而定，以不影响边坡稳定为原则。如系一般土质，至少应离开坡顶 5 m；对黄土地区，不应小于 10 m，并应进行防渗加固。截水沟挖出的土，应及时平整夯实，使沟两侧形成平顺的斜面。

（2）路基上方有弃土堆时，截水沟应离开弃土堆坡脚 1~5 m，弃土堆坡脚离开路基挖方坡顶不应小于 10 m，弃土堆顶部应设 2%倾向截水沟的横坡。

（3）山坡上路堤的截水沟应离开路堤坡脚至少 2 m，并用挖截水沟的土填在路堤与截水沟之间，修筑向沟倾斜坡度为 2%的护坡道或土台，使路堤内侧地面水流入截水沟排出。

（4）截水沟长度超过 250 m 时，应选择适当地点设出水口，将水引至山坡侧的自然沟中或桥涵进水口；截水沟必须有牢靠的出水口，必要时需设置排水沟、跌水或急流槽；截水沟的出水口必须与其他排水设备平顺衔接。

（5）为防止水流下渗和冲刷，截水沟应进行严密的防渗和加固处理。地质不良地段和土质松软、透水性较大或裂隙较多的岩石路段以及沟底纵坡较大的土质截水沟和截水沟的出水口等，均应采取加固措施防止渗漏和冲刷沟底及沟壁。

（四）跌水与急流槽施工要求

（1）跌水与急流槽必须采用浆砌圬工结构。跌水的台阶高度可根据地形、地质等条件决定，多级台阶的各级高度可以不同，其高度和长度之比应与原地面坡度相适应。

（2）急流槽的纵坡应按图纸所示进行施工，一般不宜超过 1∶1.5，同时应与天然地面坡度相配合。较长的急流槽，槽底可设几个纵坡，一般是上段较陡向下逐渐放缓。

（3）当急流槽较长时，应分段砌筑，每段不宜超过 10 m，接头用防水材料填塞，密实无空隙。

（4）急流槽的砌筑应使自然水流与涵洞进、出口之间形成一个过渡段，其基础应嵌入地面以下，其底部应按图纸要求砌筑抗滑平台并设置端护墙。

（5）路堤边坡急流槽的修筑，应能为水流入排水沟提供一个顺畅通道，路缘石开口及流水进入路堤边坡急流槽的过渡段应连接圆顺，如采用喇叭口接入。

（6）侧沟、急流槽接入涵洞进口处，应加设消力池，当急流槽水流大且流速较大时，为防止溅水上路基，宜在急流槽下部槽口上加设盖板。

四、地面排水设备施工工艺流程

地面排水设备根据加固材质不同，施工工艺和施工方法有很多相似的地方，本文以浆砌排水沟为例，具体的施工工艺流程为：施工准备→施工放样→撒灰线→开挖沟槽→人工修整→验槽→砌筑沟槽→养护→质量检验→交工验收。

1. 施工准备

排水设备应与路基同步施工，路基施工工程中临时排水与永久排水系统应协调，并应注意排水系统与自然水系相衔接。具体工作为：

（1）组织相应的材料、配套施工机械进场，并进行进场报验。

（2）对参与排水工程砌筑施工人员进行技术交底工作，详细的讲解砌筑施工过程中的各项要点与难点。

2. 施工放样

根据设计图纸尺寸，现在通常用全站仪定出排水沟的中心控制线。中心桩在直线段每 50 m 一个，曲线段 20 m 一个桩，误差不超过 1/1 000；其次，按四等水准要求控制高程，闭合精度要求控制在 20 mm，每 200 m 留一个临时高程控制点；最后，根据中心线和高程控制点，放样出排水沟底脚线和沟口线共四条控制线。

施工过程中如发现坑洞应用原土补填夯实。雨季施工时必须采取防止沟外的雨水流入，沟放样时，应该根据地面线检查排水沟设计位置、纵坡是否合理，如果涉及存在不合理的地方需要及时向监理单位汇报，对设计进行修改和改善。

3. 沟槽开挖

沟槽开挖前应对原地面整平、压实，表层 30 cm 的压实度不小于 90%。一般采用人工配合空压机开挖，先用风镐将石头打破，人工将风镐破碎石头挖出。在纵向上，应从下游向上游开挖。施工时一般采用分段开挖的方法，每一段可以分层开挖，从上至下，逐渐成形。排水沟开挖时应随开挖随夯拍，以免土中水分消失，不易夯拍坚实，沟内的雨水应及时排出。

4. 整修验槽

开挖时尽量不扰动原状土，沟底及沟壁部分均少挖 5 cm。后期排水沟施工时采用人工夯实或人工凿除。修正时按照设计尺寸拉线定标，逐段检查，反复修正。开挖清理完毕后，由监理检验。基坑开挖后，准备好抽水机，保证基坑不受水浸泡。

5. 排水沟砌筑

（1）根据排水沟形状加工一个坡架，砌筑表面拉线砌筑，确认正确无误后进行报验，经测量专业监理工程师现场检验合格后方可进行排水沟砌筑。

（2）砌筑排水沟基础时，先铺一层砂浆，再选用无风化，表面干净的片石直接坐浆砌筑，砌筑每分层高度 10~15 cm（2 层卧片石）分层与分层间的砌筑砌缝应大致找平，各工作层应相互错开，不得贯通。

（3）分层砌筑时，应先铺一层坐浆，然后将石块安放在砂浆上，用手推紧，空隙处先填满砂浆，用灰刀或者捣棒插实，再用小石块填塞紧密；然后再铺上层坐浆，以相同的方法继续砌筑；砌筑时，应长短相间并与里层石块紧咬，石块应交错、坐实挤紧，尖锐凸出部分应清理敲除。

（4）片石砌筑时，应设置拉结石，并均匀分布，一般每 0.7 ㎡ 至少设置一块。

（5）砂浆凝固前应将外露缝勾好。

（6）注意砌筑整个过程中不允许水浸泡刚砌的砂浆，保证基坑内无水作业。

6. 质量检验

（1）石料要求：石料立方体的极限抗压强度不小于 30 MPa。石料应坚韧、密实、耐久、表面无水锈，无风化剥落、裂纹以及结构缺陷。石料不得含有妨碍砂浆的正常粘结或有损于外露外观的污泥、油质或其他有害物质。

（2）砂浆要求：砌体及勾缝砂浆均采用 7.5 号砂浆。砂浆所用水泥采用 P·O32.5R 水泥，砂采用中砂或粗砂，要求颗粒洁净，级配良好。

（3）片石质量要求：片石的厚度不应小于 150 mm，卵形和薄片者不得使用。镶面石料应选择尺寸稍大并具有较平整表面，且应稍加粗凿。在角隅处应使用较大石料，大致粗凿方正。

（4）所有新进场的原材料必须进行报验，经抽样检验合格后方可使用；对于不合格材料坚决清理出施工场外。严格按照砂浆配合比拌制砂浆。

（5）必须做好新砌砌体养生工作，在砂浆尚未凝结的砌体，不可使其承受荷载；如发现砌体在砂浆凝结后有松动现象时，应拆除、洗净、重新砌筑。

（6）砌体冬季施工时，砂浆强度应以在标准条件下养护 28 天的试件试验结果为准。试件制取组数不应少于常温下施工的试件组数。每一单元砌体应同时制取与砌体同条件养护的试件，以检查砂浆强度实际增长情况。砂浆强度的评定方法与常温施工的砂浆相同。为保证砂浆的强度，砂浆配制时必须按配合比进行，砌筑中每工作班应至少配制试块 1 组，每组 6 块。

（7）已加水拌和的砂浆，应于开始凝结前全部用完，一般宜在 3~4 小时用完，气温超过 30 ℃时，宜在 2~3 小时内用完。在运输过程中或在贮存中发生离析、泌水的砂浆，砌筑前应重新拌制，凝结的砂浆禁止再使用。

（8）片石与片石之间均应有砂浆隔开，不得直接接触。

（9）使用片石应有计划，角石和面石应首先选出备用，砌体下层应选用较大石块，向上逐渐用较小尺寸石块。石块应大小搭配，相互错叠，咬接紧密，并备有各种尺寸的小石块，作挤浆填缝用。

7. 交工验收

工程预验收前，承包商组织有关人员按设计施工图和施工标准的要求对其施工工程进行全面的检查，如有不符立即进行整改。当全部工程完工并符合合同规定时，承包商应向业主或监理申请交工验收。承包商对业主或监理组织的预验收提出的问题，应在业主或监理规定的期限内整改完，再次提出交工申请。交工资料由业主或监理组织验收，验收后办理交工资料交接手续。

五、地面排水设备维护

地面排水设备应加强养护，经常保持顺畅，无积水、无阻塞、无渗漏。原有设备不完善的应有计划地增建、改建或加固。当流水纵坡过缓发生大量淤积或纵坡过大造成冲刷，或有渗漏现象影响路基稳定时，应及时加以改建或加固。

地面排水设备的养护应注意下列事项：

（1）经常清除杂草、积土等杂物。

（2）对铺砌的沟体，如发现有裂缝、小块损坏、灰浆脱落、石块松动时，应及时修补。

（3）当天沟上方来水较大以致发生漫溢时，应在原天沟上方增设一道或多道天沟。

（4）天沟附近，特别是天沟与堑顶之间应经常平整夯实，不容许有坑洼和积水现象。

（5）吊沟（跌水和急流槽）的养护应注意以下三个方面：

① 严防吊沟水流冲刷路肩。

② 吊沟进出口与土质水沟衔接的地方如因冲淘产生坑洞穴时，务必及时填平夯实，防止铺底淘空和设备损坏。

③ 急流槽形式的吊沟必要时可改为跌水形式。

任务二　地下排水设备施工与维护

路基范围内的地下水及其活动，往往给路基的稳定性带来很大的危害。例如，对于一般的黏性土及泥质岩石的路堑，由于地下水的存在，增加了路基土体中的含水率，降低了其抗剪强度，在列车荷载及其他外力的作用下，产生路基病害或严重变形；地下水浸湿基床土，将引起翻浆冒泥、冻胀、路肩隆起等基床病害；地下水在边坡中的活动，可引起表土滑动、坍塌等边坡变形；地下水浸湿路堤下部及基床，引起路堤溃爬甚至沿倾斜基底滑动；路基傍山的土体中地下水的活动是促进滑坡、崩塌等山体变形的重要原因之一。因此在路基范围内的地下水，必须给予足够的重视，及时采取排除措施。在地下水危及路基稳定或严重降低土体强度的情况下，应根据具体情况采用不同的地下排水设备来拦截、疏干地下水或降低地下水水位。

一、地下排水设备的类型

地下排水设备按其作用和使用条件的不同分为明沟、槽沟（排水槽）、渗水暗沟、边坡渗沟、支撑渗沟、渗水隧洞、渗井、渗管或平式钻孔等。

当地下水埋藏浅或无连续的含水层时，可采用明沟、槽沟（排水槽），渗沟（排水暗沟）等；当地下水埋藏较深或为固定、连续的含水层时，可采用渗水隧洞、渗井、渗管或平式钻孔等；在有多层含水层时，宜用立式排水设备（如渗井或渗管）与其下的平式排水设备（如排水隧洞或渗沟）相配合，以集引和排除有危害的地下水。

1. 明沟和槽沟

明沟和槽沟是敞开式地下排水设备，如图 4.5 所示，主要用于拦截、引排或降低埋藏不深（一般在 2~3 m 以内）的潜水及上层滞水，并可兼排地表水，常设置在山坡上较平缓的斜坡地带或路基两侧,严寒地区不宜使用。明沟的深度一般不宜超过 1.2~1.5 m,排水槽的深度一般在 2.0 m 以内,最深不超过 3.0 m,沟底均应埋在不透水层内。若透水层太深,沟底置于透水层,内侧沟底及水沟边坡应用不透水材料做护层,以免沟中水渗入土中。明沟通常采用梯形断面,底宽 0.4~1.0 m,沟壁边坡按所在土层选用,并用厚约 0.3 m 的 M5 浆砌片石铺砌。槽沟通常采用矩形断面,底宽 0.6~1.0 m,也可以浆砌片石修筑。明沟和槽沟与含水层相接触的沟壁上需设置向沟内倾斜的渗水孔或缝隙;沟壁与含水层之间应设置反滤层;沿纵向每隔 10~15 m 应设置伸缩缝(兼沉降缝)一道。

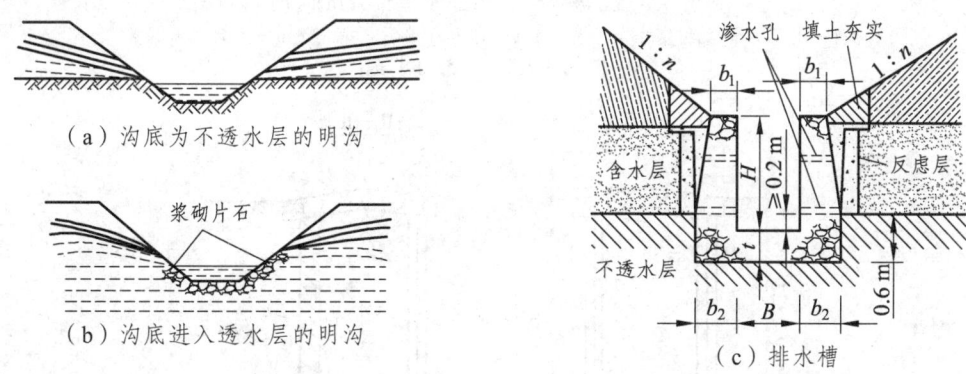

图 4.5 明沟和槽沟

2. 边坡渗沟

边坡渗沟用于疏干潮湿的边坡和引排边坡局部出露的上层滞水或泉水,并起到支撑边坡的作用,适用于边坡不陡于 1∶1 的土质路堑边坡和易发生表土坍滑的潮湿土质边坡。边坡渗沟应垂直嵌入边坡。

边坡局部潮湿时平面形状可采用条带形和分岔形,边坡表土普遍潮湿时采用拱形布置。局部湿土或泉水出露处,宜用条带形布置,对于较大范围湿土,宜用分岔形布置,主沟间距约 6~10 m,如图 4.6 所示。渗沟的基底通常采用 0.3 m 厚的 M5 浆砌片石,埋置在潮湿土层以下较干燥而稳定的土层以内不小于 0.5 m,并按潮湿带的厚度做成带有泄水坡的阶梯形。出水口一般采用干砌片石垛的形式,根据坡脚到侧沟间的距离,设置在边坡线以内或以外。主沟纵断面及出水口的形式见图 4.7。渗沟横断面常采用矩形,其宽度不宜小于 1.3~1.5 m,深度按边坡潮湿土层的厚度而定。渗沟的填料可全部采用干砌片石或只在底部约 0.5 m 的范围内用干砌片石,其余空间充填洗净的砂石,如图 4.8。渗沟填料与土壁之间应设置反滤层,但渗沟分岔部分及拱部的断面下侧则不应作反滤层,而采用厚约 0.3 m 的 M5 浆砌片石或夯填黏土隔渗。

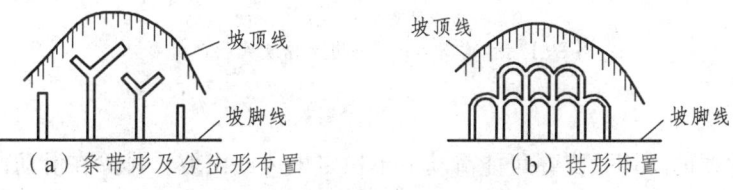

图 4.6 边坡渗沟布置示意图

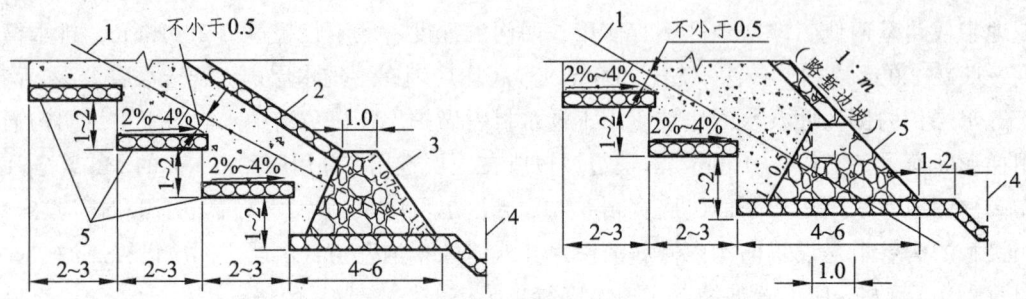

图 4.7 边坡渗沟纵断面（单位：m）

1—潮湿与干燥稳定土层分界线；2—单层干砌片石覆盖；3—干砌片石垛；
4—侧沟中线；5—浆砌片石

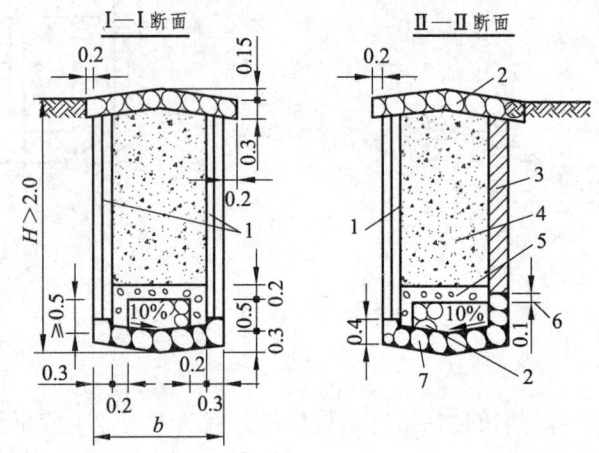

（a）条带形及分岔形边坡渗沟断面

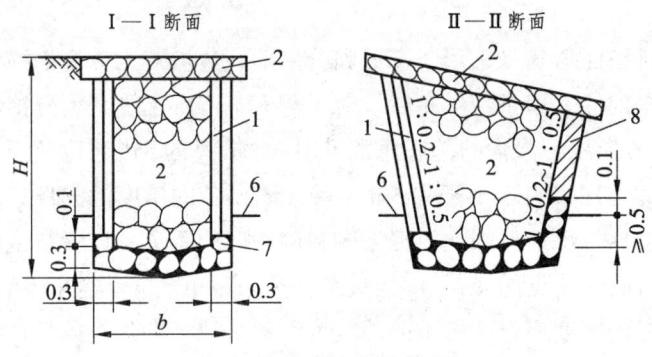

（b）拱形边坡渗沟断面

图 4.8 边坡渗沟横断面示意图

1—反滤层；2—干砌片石；3—夯填黏土或 M5 浆砌片石；4—填充洗净砂石；5—2～5 cm 卵碎石；
6—干湿土层分界线；7—M5 浆砌片石封底；8—夯填黏土
b—渗沟宽度；H—渗沟深度
Ⅰ—Ⅰ 为主沟断面；Ⅱ—Ⅱ 为岔沟或拱部断面

3. 支撑渗沟

支撑渗沟主要的作用是支撑可能滑动的不稳定土体或山坡，排除在滑动面附近活动的地下水和疏干潮湿的土体。它常与抗滑挡墙配合使用，作为整治滑坡的措施。通常采用成组的条带形布置,并与山体(土体)的滑动方向大致平行。

断面多采用矩形,宽度一般不少于 2~3 m,适宜间距如表 4.1 所示。一般深度为数米到十几米,渗沟底必须埋置到可能的滑动面(带)以下稳定地层中不小于 0.5 m,采用 M5 浆砌片石砌筑并顺滑动面形状做成阶梯形。基顶应有 1%~2%的流水坡,基底可做成石牙粗糙面以增加抗滑力。渗沟内用密度较大的石块充填。支撑渗沟的断面形式如图 4.9 所示。

表 4.1 支撑渗沟的适宜间距

滑体岩土性质	支撑渗沟的适宜间距/m	滑体岩土性质	支撑渗沟的适宜间距/m
普通黏土夹少量砂砾卵石	6~10	普通粉质黏土夹砂砾卵石	10~15
粉土夹砂砾卵石	8~10	破碎岩层	15

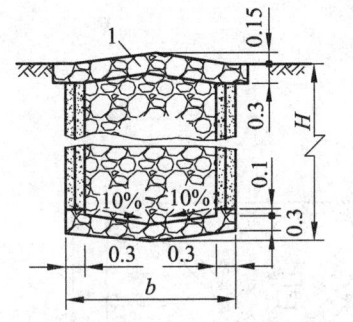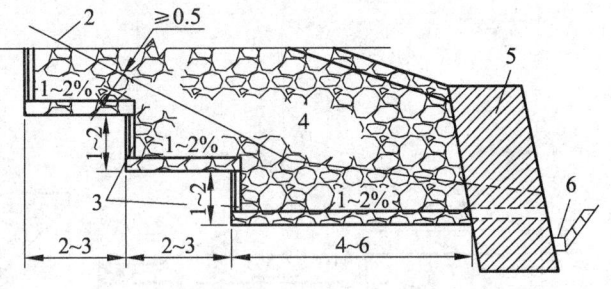

图 4.9 支撑渗沟断面示意图(单位:m)
1—单层干砌片石表面沟缝;2—表层滑动面线;3—反滤层;4—干砌片石;5—挡墙;6—侧沟
B—渗沟宽度;H—渗沟高度

4. 截水渗沟和引水渗沟

截水渗沟用于拦截地下水,不使其流入路基区。引水渗沟用于引排山坡、洼地或路基内的地下水,以便疏干附近土体或降低地下水位。截水渗沟宜与地下水的流向垂直,引水渗沟宜与地下水的流向平行,一般沿着线路方向设在路基的两侧。

渗沟流水孔的纵向坡度不得小于一般不小于 5‰,受地形限制的困难地段不得小于 2‰。

截水渗沟在进水口的一侧与土层之间设反滤层,另一侧与土层之间设隔水层,而引水渗沟的两侧均用反滤层,其他结构形式相同。

渗沟深度在 2~6 m 时,称为浅埋渗沟,深度大于 6 m 时称为深埋渗沟。渗沟断面一般采用矩形,内部充填筛洗干净的渗水材料,底部设排水通道,常用盖板箱涵或混凝土圆管。矩形水沟盖板及圆管上应根据需要留出进水孔眼或裂隙。浅埋渗沟箱涵孔径采用 0.38*0.4 m,圆管内径采用 0.3~0.5 m;对于深埋渗沟,为了检查和维修,箱涵孔径采用 0.8~1.2 m,圆管内径采用 1.0 m;渗沟顶部用单层浆砌片石,表面用水泥砂浆勾缝,其上再填土,厚度不小于 0.5 m,夯实后与地面平齐。渗沟出水口通常为重力式挡墙的端墙,基础应埋入较坚实的稳定地层内,两侧应嵌入沟岸土层内不小于 0.5 m。端墙下部排水孔的底面至少应高出墙外排水沟底面 0.2~0.3 m。为防止淤积,墙外排水沟应采用较陡的坡度,但应予以适当加固。截(引)水渗沟断面及出水口如图 4.10 所示。

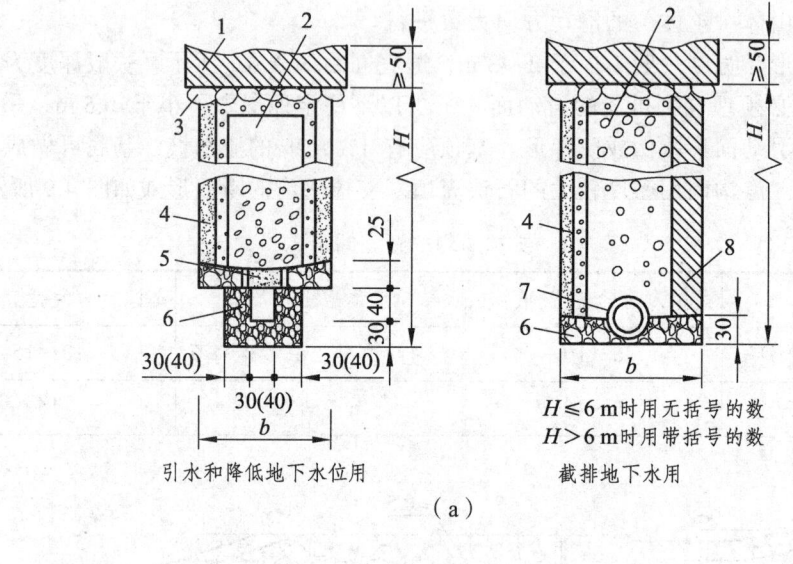

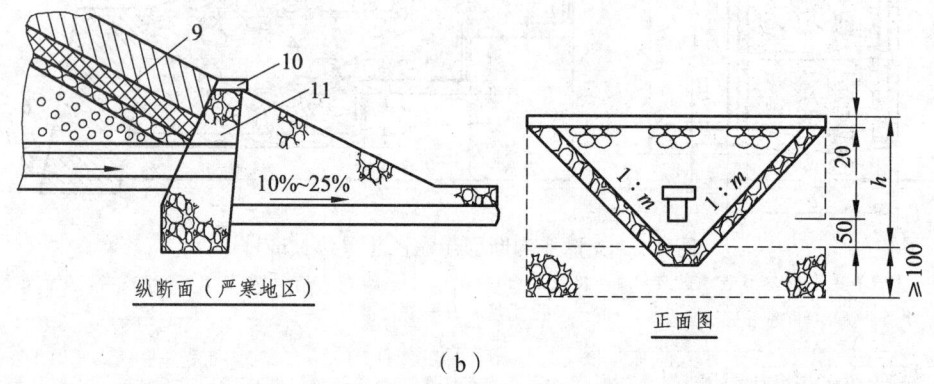

图 4.10 截（引）水渗沟断面及出水口示意图（单位：cm）

1—夯填黏土；2—填洗净碎（卵）石；3—单层干砌片石；4—反滤层；5—C15 混凝土盖板；6—M5 浆砌片石；7—C15 混凝土管（$\phi 30$）；8—夯填黏土隔渗层；9—保湿层；10—混凝土帽石；11—浆砌片石端墙

b—渗沟宽度；H—渗沟深度；h—出水口高度

如果渗沟较长，应每隔 30~50 m 设一口检查井，在拐弯处以及纵坡由陡变缓的地方也应各设一口检查井。井身为内径 1.0 m 的圆形结构，在井壁上设工作人员使用的上下梯，井顶应高出地面 0.3~0.5 m，在其上加盖，如图 4.11 所示。

5. 无砂混凝土渗沟

无砂混凝土渗沟主要用于排降、截引地下水。它由无砂混凝土壁板、钢筋混凝土横撑及盖板组成。无砂混凝土壁板是由水泥浆、粗集料（级配卵砾石或碎石）粘结在一起，具有良好透水性和过滤能力，并可承受一定荷载（土压力）。它可代替施工比较困难的反滤层和泄水孔。无砂混凝土渗沟结构如图 4.12 所示。

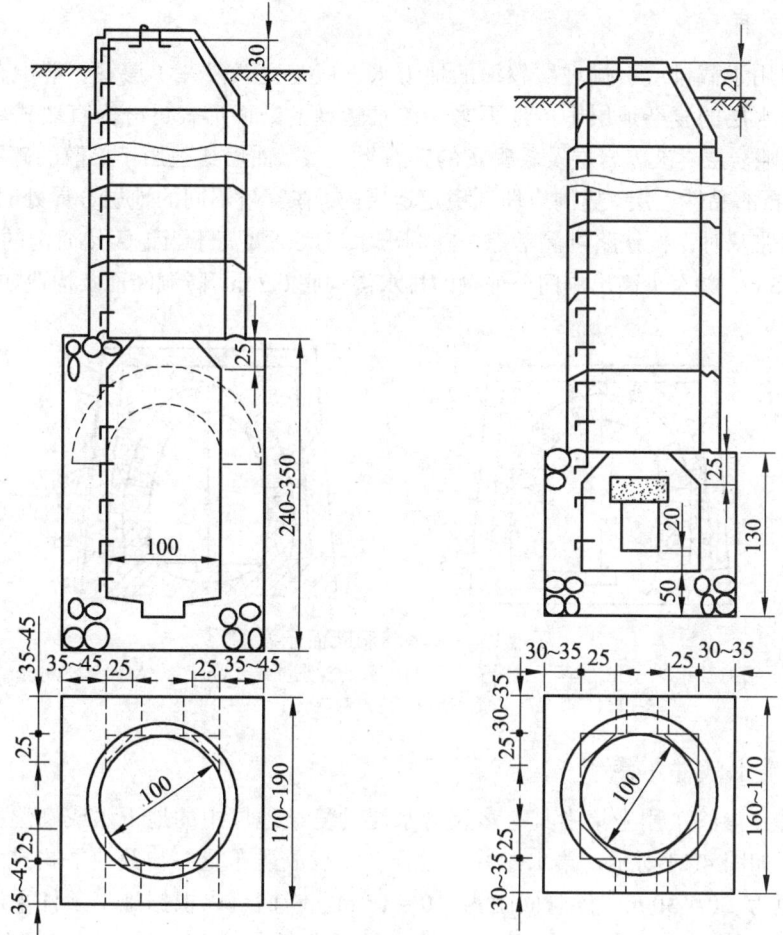

图 4.11 检查井示意图

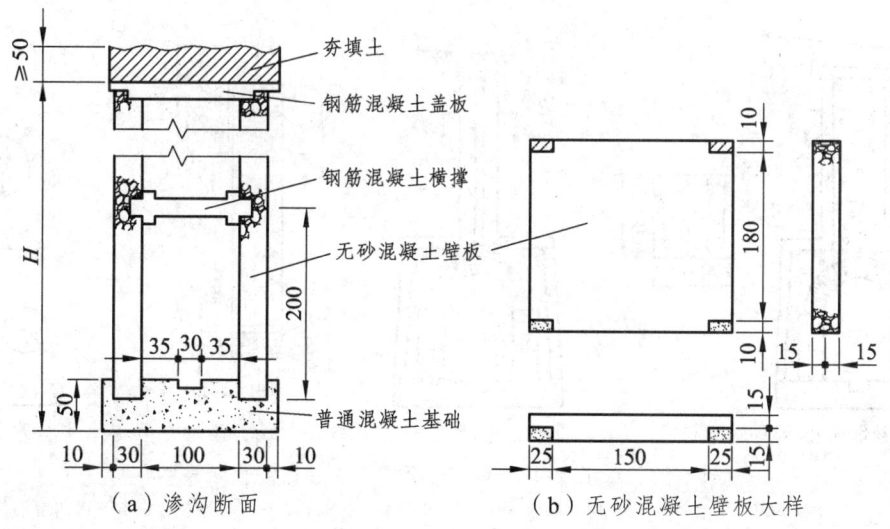

(a)渗沟断面　　(b)无砂混凝土壁板大样

图 4.12 无砂混凝土渗沟结构示意图（单位：cm）

6. 渗水隧洞

渗水隧洞用于截排或引排埋藏较深的地下水，或与立式渗井（渗管）群配合使用，以排除具有多层含水层的复杂地层中的地下水。渗水隧洞的断面形式可分为直墙式和曲墙式。直墙式适用于裂隙岩层、破碎岩层及较密实的碎石类土层。曲墙式适用于松散的碎石类土层或有少量卵石、碎石的黏性土层。隧洞应埋入稳定地层内，在穿过不同的地层分界处时应设沉降缝。

隧洞穿过路基时，按铁路拱涵考虑。隧洞出水口底部要高于当地天然河沟的设计洪水位，高差不小于 0.5 m，并至少高出洞门外铺砌的排水沟沟底 0.2 m。隧洞断面及构造如图 4.13 所示。

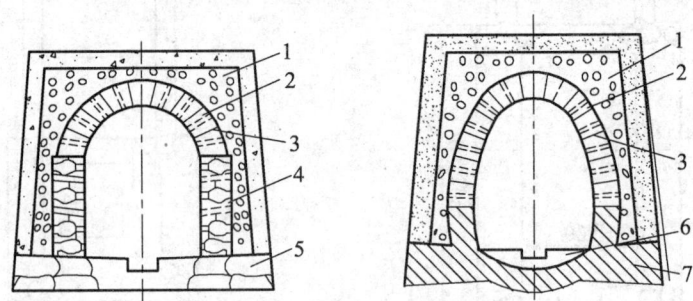

图 4.13 渗水隧洞断面示意图
1—反滤层；2—C13 混凝土拱砖；3—M10 水泥砂浆灰缝 1 cm；4—M10 浆砌片石边墙；
5—M10 浆砌片石底板；6—C8 混凝土；7—C13 混凝土

7. 立式集水渗井（渗管）

集水渗井（渗管）用来集引具有多层含水层的复杂地层中的地下水或潮湿土体中的重力水和毛细水，如图 4.14 所示。集水渗井（渗管）一般成群布置并与其他平式排水设备配合使用，渗井间距为 20~30 m，渗管间距为 10~15 m。断面可以根据施工条件采用 1.0~1.5 m 的圆形或边长为 1.0~1.5 m 的正方形，渗管直径通常不小于 25 cm。渗井及渗管的顶部应用足够厚度的隔渗材料妥为覆盖，防止地面污水流入。

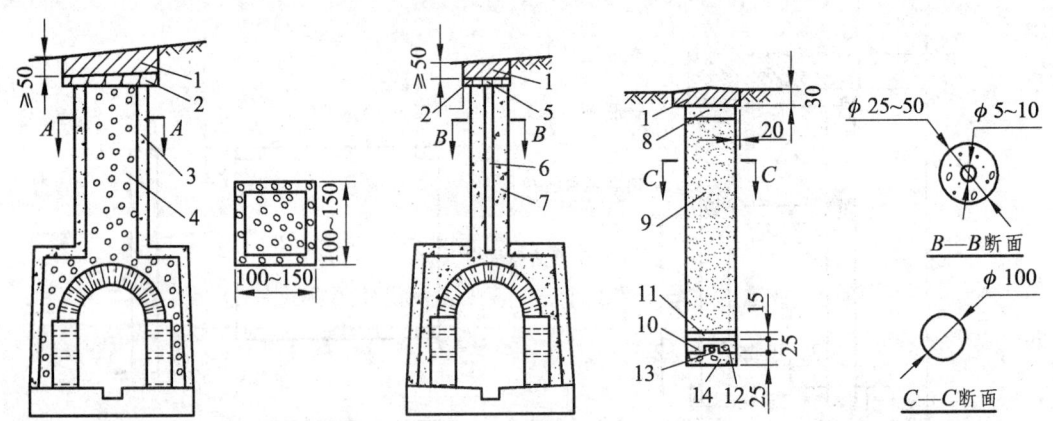

（a）方形集水渗井与隧洞配合　（b）圆形集水渗井与隧洞配合　（c）集水渗井与水平排水钻孔配合

图 4.14 集水渗井（管）与平式排水设备配合示意图
1—夯填土；2—单层干砌片石；3—反滤层；4—填卵石；5—圆形铁盖；6—钢滤管；
7—填砾石卵石；8—填细砂；9—填粗砂；10—泄水盖板；11—填砾石；
12—填碎（卵）石；13—平式排水钻孔；14—C15 混凝土封底

8. 平孔排水

平孔排水是用钻机在地层中钻出带有一定仰坡的平孔,然后装入滤水管及集水管所构成的地下排水设备,也可作为下卧通道和立式渗井配合使用,如图4.15所示。

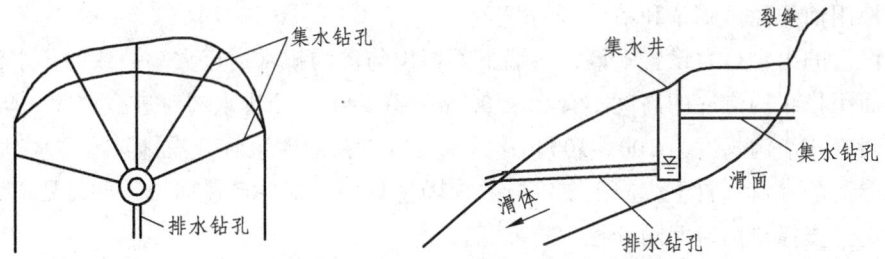

图 4.15 集水渗井—水平钻孔联合排水图

当滑体中地下水埋藏较深或多个含水层时,可用大口径竖井(直径可达 3.5 m)和水平钻孔配合使用,以降低地下水和疏干其附近的土体。集水井或渗管的顶部应用隔渗材料覆盖,以防淤塞,圆形集水井也可以采用无砂混凝土结构代替设置反滤层和填充渗水材料。

永久性的水平钻孔(如图 4.16 所示),其集水部分可用镀锌钢料或硬质韧性塑料的渗水滤管加固,排水通道部分可用同样材料的套管加固。钻孔的平均仰坡一般可采用10% ~ 15%。临时或半永久性的钻孔,可不进行加固,而用风压吹砂填充其集水部分。

为加强排水设备的泄水能力,防止泥土堵塞泄水孔,一般在明沟、边坡渗沟、支撑渗沟、深埋和浅埋渗沟、挡墙等建筑物的泄水孔与墙后不渗水性土层间加设反滤层。反滤层的作用是让水流过,而把固体颗粒截留下来。反滤层种类很多,可采用级配砂卵石、无纺土工纤维等。使用时,可根据墙后土层情况具体选择。

当地下平式排水建筑物延伸较长时,一般每隔一定距离设检查井一个,供维修人员下去对排水设施进行检查和维修。

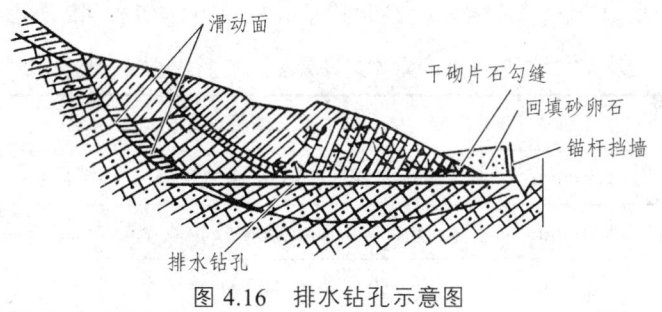

图 4.16 排水钻孔示意图

二、地下排水设备施工要求

地下排水设施施工应符合下列规定:

(1)当地下水位较高、潜水层埋藏不深时,可采用排水沟或暗沟截流地下水及降低地下水位,沟底宜埋入不透水层内。沟壁最下一排渗水孔的底部宜高出沟底不小于 0.2 m。

（2）排水沟或暗沟采用混凝土浇筑或浆砌片石砌筑时，应在沟壁与含水地层接触面的高度处，设置一排或多排向沟中倾斜的渗水孔。沟壁外侧应填以粗粒透水材料或土工合成材料用作反滤层。沿沟槽每隔 10~15 m 或当沟槽通过软硬岩层分界处时应设置伸缩缝或沉降缝。

（3）排除地下水的渗沟均应设置排水层、反滤层和封闭层。渗沟沟内用作排水和渗水的填充料在使用前须经过筛选和清洗。

（4）渗沟的出水口宜设置端墙，端墙下部留出与渗沟排水通道大小一致的排水沟，端墙排水孔底面距排水沟沟底的高度不宜小于 0.2 m；端墙出口的排水沟应进行加固，防止冲刷。

（5）当管式渗沟长度为 100~300 m，其末端宜设横向泄水管分段排除地下水。

（6）渗沟的开挖宜自下游向上游进行，应随挖随即支撑并迅速回填，不可暴露太久，以免造成坍塌。支撑渗沟应间隔开挖。

（7）用于排水隔离层的土工合成材料的种类性能指标和其上铺筑的材料应符合设计要求。

（8）施工过程中遇有与设计情况出入较大的承压水时，应报监理和设计单位，采取妥善处理措施。

三、地下排水设备施工工艺流程（以厦深铁路工程支撑渗沟为例）

厦深铁路工程支撑渗沟断面采用矩形，排水层采用干砌片石填充，排水层与渗水的沟壁土体之间需设置反滤层，反滤层采用砂砾石和卵砾石，各层厚 0.15 m。

渗沟基底应置于边坡潮湿带以下较稳定干燥的土层内，基底应铺砌防渗。渗沟顶部覆以单层浆砌片石，表面用 M10 水泥砂浆抹面，防止地表水流入沟内。

渗沟的出水口应与纵线排水设施或挡土墙上的排水孔衔接，保证排水畅通。

地下排水设施应置于稳定的地基上，基底应密实、平整，且无草皮、树根等杂物，无积水，压实质量应符合设计要求。

基底、沟底垫层、反滤层、设置位置、厚度以及渗沟内渗水材料填充位置、厚度应符合设计要求。地下排水设施的允许偏差、检验数量及检验方法如表 4.2 所示。

表 4.2 地下排水设施的允许偏差、检验数量及检验方法

检验项目	允许偏差	检验数量	检验方法
沟中心位置	±50 mm	沿线路每 100 m 抽样检验 3 个检查井	经纬仪测量
沟底高程	±20 mm	沿线路每 100 m 抽样检验 4 个检查井，8 点	水准仪测量
渗沟断面尺寸	$^{+50}_{-20}$ mm	沿线路每 100 m 抽样检验 2 处	尺量

（一）施工方法

1. 材料准备

（1）根据设计要求，组织所需材料进场，并及时对所有进场材料进行送检，合格后方可用于本工程。对于不合格的材料要即时清出场地，不允许不合格的材料留在施工场地内。

（2）所有材料必须堆码整齐，并做好相应的标识牌。

2. 施工工艺流程

支撑渗沟施工工艺流程图如图 4.17 所示。

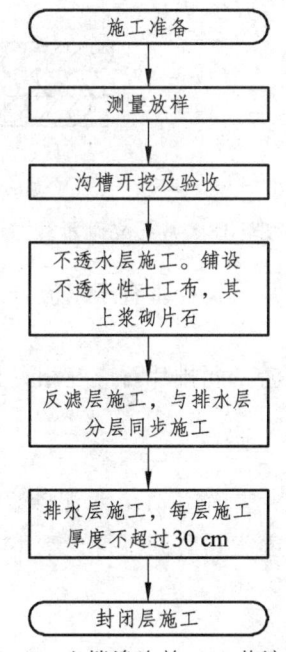

图 4.17 支撑渗沟施工工艺流程图

1）现场放样及复合

对照施工图纸及技术交底的要求，结构物的具体位置，进行现场放样，并复核地下排水系统与地表排水系统以及新建排水系统与原灌排系统的连接是否顺畅，不顺畅的或不能满足排水要求的，要及时向技术部门反映，以便技术人员对排水系统的进一步调整。

2）沟槽开挖

沟槽采用人工配合机械开挖。土质地段机械开挖至沟槽底时，预留 10~20 cm 采用人工开挖。石质地段开挖时，先爆破或机械松动后再人工整形。

沟槽开挖宜自下游向上游进行开挖，应随挖随机进行支撑，并迅速回填，不可暴露太久，以免造成坍塌，渗沟应间隔进行开挖。沟槽开挖必须保证两壁平顺，基础表面应平整，严禁出现反坡或凹凸不平现象。

3）不透水层施工

不透水层采用不透水土工布和浆砌片石时，不透水土工布铺设应铺入沟槽，紧贴地面，略有松弛，其上按设计砌筑浆砌片石。

4）反滤层和排水层施工

用作排水和渗水的填充料在使用前必须经过筛选和清洗。反滤层采用人工填筑，随排水层分层同步施工。采用两种不同粒径的集料时不应混填，严禁采用非渗水性土代替。排水层采用干砌片石时，每层施工厚度不宜超过 30 cm。干砌时，除应断面整齐，砌筑紧密，互相错缝和同层（排）片石大小一致外，尚应符合下列规定：

（1）排水层应选用扁形和易于衔接的片石，其长轴线应垂直斜坡。

（2）片石应长卧扁立。分层立砌时，接缝应错开。当片石不易互相衔接时，上下邻层应向相反方向略为倾斜（如图4.18所示）。

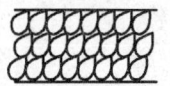 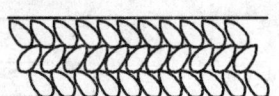

扁立的片石，　　　　　　　　　不易衔接的片石，
接缝错开立砌　　　　　　　　　略成人字形的砌法

图4.18　片石立砌示意图

（3）片石铺底可采用横砌（即片石长径垂直于水流方向）或纵砌（即片石长径平行于水流方向）。

（4）砌筑时，应由下游砌向上游，同排片石应互相夹紧，略向下游倾斜，不得砌成逆水砌缝。

5）封闭层施工

封闭层采用单层浆砌片石砌筑，表面用M10水泥砂浆抹面，防止地表水流入沟内。施工完后，采用保水材料覆盖，并洒水养生，时间不得少于14天。

（二）质量保证措施

（1）支撑渗沟沟槽施工完毕检验合格满足设计要求，监理同意施工后方可开始砌筑。

（2）砌筑材料质量应符合设计要求，砌体工程的石料应质地坚硬，不易风化，无裂纹，无水锈。有规则棱角，并保证至少有一面平整，能作为砌面。水泥为甲供材料，检验报告要齐全，并且按每个批次及批号报检，合格后方允许使用。砂浆用砂粒径小于5 mm，过筛或水洗，无草根泥块等杂物，拌合用水采用饮用水或洁净的其他水源，现场材料整齐码放，按检验状态分为已检和待检区。不合格材料不得进入施工作业区。

（3）水泥码放：搭设距地面30 cm高的水泥码放平台，铺设防水材料，搭设防雨棚，做好防雨防潮措施。

（4）计量器具管理：每座砂浆拌和站必须配备500 KG磅秤一台，磅秤须经质量技术监督局检测所标定合格，并贴上计量合格证；磅秤安装必须平稳、牢固。磅秤台面上应安放一块能够放置手推车的组合木板（简称基座）。

（5）砂浆配合比管理：砂浆配合比应由实验室通过试配确定，根据配合比制作标示牌以标明每盘砂浆掺入各种材料用量。手推车的皮重和一车砂子的重量可标注在车身上，每次开盘须以水泥整袋数计量，拌和机必须有加水计量仪。

（6）砂浆应采用机械拌合，并具有适当的流动性和良好的和易性，随拌随用；其配合比应采用重量比，由实验室按设计试配确定，自投料完算起，拌合时间不得少于2 min；搅拌好的砂浆应在3 h内使用完毕，当施工期间温度最高气温超过30℃时，应在拌成后2 h内使用完毕。

（7）施工前由技术人员按照设计准确测量放线，控制好坡脚及护坡位置，保证厚度，方可施工。

(8)支撑渗沟施工前,坡面应稳定、平整密实。

(9)支撑渗沟开挖时设支撑防护,开挖过程中注意施工安全,需要对已开挖的沟槽用薄膜进行保护并做好排水保护,以防雨水冲刷垮塌,开挖完成进行底部 M7.5 砂浆砌筑片石。

(10)支撑渗沟施工时,应由出水口向上开挖,边挖边撑,并应间隔进行,以保证安全及边坡的稳定。

(11)浆砌片石采用挤浆法分层,分段砌筑。

(12)砂浆砌体,应在砂浆初凝后,及时洒水覆盖养生 7~14 天。

四、地下排水设备维护

地下排水设备维护应注意以下事项:
(1)雨季前后,上冻期前后要定期进行排水量、出水清浊程度的观察。
(2)与地下排水设备有联系的各种地面及地表排水设备,如发生下沉、断裂、破损等变形现象,可能影响到地下排水设备的状态和使用时,应予以紧急处理,挖开检查并适当翻修。
(3)排水设备出口处应特别注意除草、清淤、填平坑洼等工作。

任务三 站场排水设备及其养护

一、站场排水设备的类型

一般站场的径流顺序为:路基雨水(站台雨水)→纵向排水设备→横向排水设备→站场排水回流管网→排水出口。因此,纵向和横向排水设备的主要作用:前者是汇集线路间的积水;后者是把纵向沟内的水排出站外。规划站场排水系统时,纵向、横向排水设备应紧密结合。为了使站内积水迅速、畅通地排出站外,应使水流径路最短,并尽量顺直。

站场排水设备包括位于股道间的纵向排水设备、穿过股道的横向排水设备、站台墙脚排水沟和站坪内盖板沟等,如图 4.19 和图 4.20 所示。

(一)站场纵向排水沟

站场纵向排水沟设在站场路基面横向坡度的坡底位置,用于集引和排除路基上的地面水,常用砟底式或砟顶式盖板沟。

(1)砟底式盖板沟设在不填道砟的股道间,水沟盖板面的高度略低于路基面或与路基面相平,以便路基面的水通过盖板泄水孔流入水沟。

(2)当股道间填满道砟时,采用砟顶式盖板沟。水沟盖板面比轨枕底面低 2~3 cm。路基面的水通过水沟边墙上的泄水孔流入水沟。

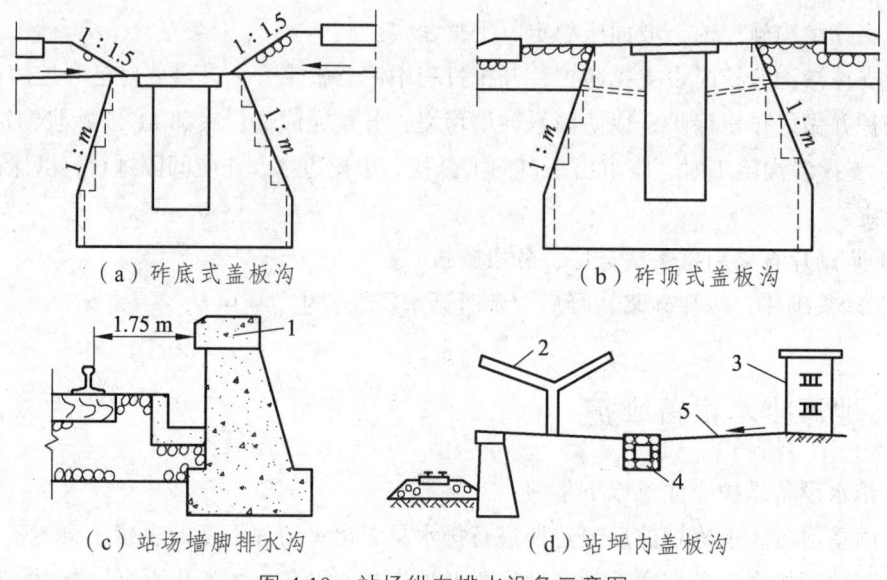

（a）砟底式盖板沟　　　　　（b）砟顶式盖板沟

（c）站场墙脚排水沟　　　　（d）站坪内盖板沟

图 4.19　站场纵向排水设备示意图

1—站台；2—雨棚；3—站房；4—盖板沟；5—站坪

（二）站场横向排水设备

站场横向排水设备用于将站场纵向排水沟内的水引过股道并将其排至站场外。常用的有盖板枕间渠、道床下盖板排水槽、预制钢筋混凝土方（圆）涵等。

（1）盖板枕间渠：用于排水沟横过次要站线线路，如图 4.20（a）所示；

（2）道床下横向排水槽或沟：为了便于施工，横向排水槽一般埋置在两枕木间相应位置上，如图 4.20（b）所示；

（3）预制钢筋混凝土方（圆）涵，如图 4.20（c）所示；

（4）横向排水管：把铸铁管、钢筋混凝土管或塑料管埋设于道床下时，应考虑列车荷载压力。要排除地表水时，用有孔管。如图 4.20（d）所示；

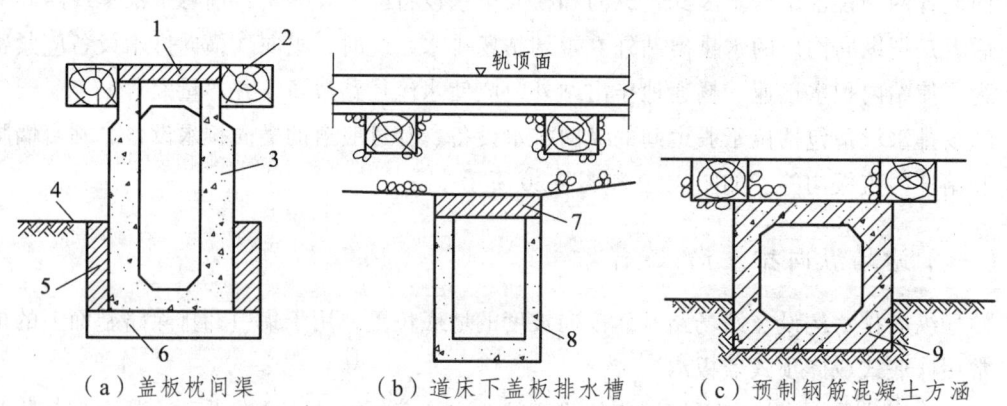

（a）盖板枕间渠　　　（b）道床下盖板排水槽　　　（c）预制钢筋混凝土方涵

1—盖板；2—枕木；3—C20 钢筋混凝土；4—路基面；5—填黏土；6—碎石垫层；
7—钢筋混凝土盖板；8—钢筋混凝土排水槽；9—钢筋混凝土方涵

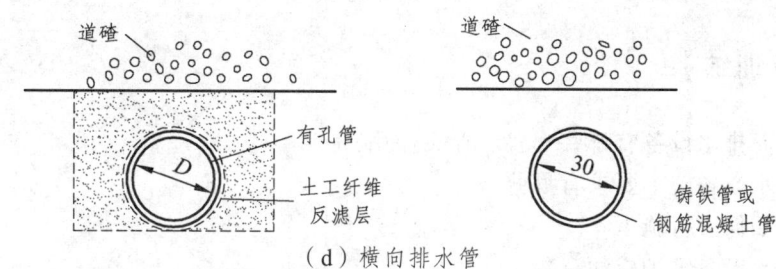

(d)横向排水管

图 4.20　站场横向排水设备示意图

(三)站台墙脚排水沟

站台墙脚排水沟用以排除站台面及雨棚水,当沟底低于基床面时可兼排道床的水。

(四)站坪内盖板沟

站坪内盖板沟主要用来排除站坪内的水流,一般设在雨棚和站房之间的适当位置,并平行于线路布置,站坪面应做成向盖板沟倾斜的流水坡。

二、站场排水设备的一般要求

(1)站场排水设备应符合地面排水设备的一般要求;
(2)在多雨地区的站场内,根据需要可适当增设股道间纵向排水沟和横向排水设备;
(3)为避免淤积,站内穿越股道的横向排水设备的坡度不应小于5‰,最好大于8‰;
(4)纵横排水沟的底宽一般不应小于0.4 m,沟深不宜大于1.2 m,如沟深大于1.2 m时,应适当加大沟宽;
(5)排水沟、排水槽位于调车、装卸作业区和人员通行的地点时,应加设盖板;
(6)纵横排水设备交汇点、转弯处,应设检查井或集水井。

三、站场排水设备的养护

站场排水设备临近股道或在轨下,直接承受轨道恒载及列车活载时,其具体尺寸需经计算后确定。站场排水设备的养护工作主要有:
(1)加强盖板沟两侧线路道床的清筛工作。保持盖板沟上部及两侧线路的道床清洁,使其排水性能良好;
(2)由于站场内沟底纵坡一般较小,容易淤积,维修时应定期揭开盖板清除淤泥及其他杂物。若有抹面剥落、盖板损坏、石块松动脱落时应及时补修;
(3)站场内若有枕间排水槽等设备,应经常检查。如发现有接缝脱开、个别管节下沉变形时应及时整修;
(4)站场排水设备的排水出口如为站内路堑侧沟时,应特别加强侧沟的清理、养护维修工作,使排水畅通。

【思考及训练】

1. 路基地面排水设备有哪些？各起什么作用？
2. 地面排水设备施工要求有哪些？
3. 排水沟如何进行施工？
4. 地面排水设备维护应注意什么？
5. 路基地下排水设备有哪些？其设置的位置及所起的作用是什么？
6. 地下排水设备施工要求有哪些？
7. 地下排水设备维护应注意什么？
8. 站场排水设备有哪些类型？各起什么作用？

项目五 路基防护设备施工与维护

【学习目标】

(1) 能说出路基防护设备的类型、作用;
(2) 能识读防护设备施工图,确定各部分结构尺寸,计算工程量;
(3) 能够合理地进行施工准备,完成施工方案设计;
(4) 能合理组织施工,完成相关资料填写;
(5) 能独立完成防护工程的质量检测和评价,填写质量检验评定资料。

路基坡面病害类型主要有:边坡溜坍、边坡坍塌、风化剥落和坡面冲刷四种类型。坡面防护主要就是保护路基边坡表面免受雨水冲刷,减小温度及湿度变化的影响,防止或延缓软弱岩土表面的风化、剥落等演变过程,从而保证路基边坡的整体稳定性。

由岩土修筑的路基,大面积的暴露于自然中,长期遭受雨、雪、日晒等自然因素的强烈作用,在这种不利的水、温度条件下,岩土的物理力学性质常发生较大变化,如路基浸水后含水率增大,强度降低,饱和土的强度将急剧下降。岩性差的岩体,在水、温度变化条件下,会加剧其风化过程,路基表面在温差作用下形成胀缩循环,在湿差作用下形成干湿循环,也可导致强度的衰减和剥蚀。雨水冲刷和地下水浸入,使路基浸水和表层失稳,易造成和加剧路基的水毁病害。在近旁河流的冲击、淘刷和侵蚀作用下,路基也会被损坏。因此,路基的防护就显得非常重要。路基防护是保证路基强度和稳定性的重要措施之一,其防护的重点是路基边坡，必要时也包括路肩表面，以及同路基稳定有直接关系的近旁河流与山坡。

路基防护分为坡面防护和冲刷防护两种。

任务一　路基坡面防护施工

路基边坡破坏最主要的原因是水的影响。路基边坡的表面并不是绝对平整的，而总是有一些凹槽，水在边坡上流动时会使之逐渐冲成小沟，水流也随之更加集中，造成小沟的加深和扩大，最后导致边坡的破坏。此外，在温度和湿度的交替变化作用下，再加上风吹日晒的影响，也会造成坡面的风化、剥落及坍塌等破坏。因此，路基坡面病害可归纳为边坡溜坍、边坡坍塌、风化剥落和坡面冲刷四种类型。

边坡溜坍是黏土质边坡的常见病害，主要有两种表现形式：一是黏土质边坡在长期阴雨和暴雨后，雨水沿边坡上的裂隙下渗，致使边坡表层土的含水率增大，抗剪强度降低，失去稳定，沿着下部未软化的土层发生溜坍；二是边坡表层为黏土质覆盖层，下部为倾斜岩层，表层的黏土受地表水下渗和地下水的影响，产生沿基岩面的溜坍。边坡溜坍，轻者堵塞侧沟，重者掩埋线路，病害继续发展将会造成整个边坡的破坏。

边坡坍塌常发生于边坡坡度陡于天然休止角的节理发育、岩层破碎、风化严重的石质路堑或土质路堑。这种病害发展过程时间较长，开始在堑顶附近出现裂纹，并缓慢地逐渐扩大，当扩大到一定程度时，在坡面水或地下水等自然因素以及列车震动等的配合下，突然顺边坡坍塌下来。在大坍塌之前，常有小的局部坍塌发生。每次坍塌都不按固定的面移动，但坍塌体的下缘均在临空面以上，一直坍到边坡坡度接近岩层或土层休止角为止。由于这种变形具有突然大量坍塌的性质，常易造成行车事故。

风化剥落是指整个边坡比较稳定，但边坡表层由于风化作用，边坡表面的土层或岩层从坡面上剥离下来的变形现象。风化剥落常发生在易风化的岩质边坡、黄土路堑边坡的下部或软硬互层的松软层。这种病害，初期对行车影响不大，仅增加路基的养护维修工作量，但继续发展将会影响边坡的稳定。

坡面冲刷是指较高的土质边坡和风化严重的石质边坡，在地表水的冲刷作用下会形成冲沟、冲坑，边坡下部尤为严重。它不仅破坏了坡面的完整，暴雨时还往往堵塞侧沟，形成泥流漫道并影响边坡稳定。

一、路基坡面防护的类型

坡面防护主要就是保护路基边坡表面免受雨水冲刷，减小温度及湿度变化的影响，防止或延缓软弱岩土表面的风化、剥落等演变过程，从而保护路基边坡的整体稳定性。坡面防护设施本身不承受外力作用，必须要求坡面岩土整体牢固。此外，坡面防护还应与排水设施相配合，以便雨水能尽快排出路基范围。

坡面防护应根据路基边坡的土质、岩性、水文地质条件、边坡坡度与高度等，选用适宜的防护措施。常用的路基坡面防护工程有下列类型。

（一）植物防护

植物防护是对路基坡面采取种植植物或种植植物与工程防护（土工合成材料、浆砌片石骨架、混凝土框格、坡角矮挡墙等）相结合的边坡坡面防护措施。

植物防护的方法主要有坡面种草、铺草皮、种植灌木、喷混植生和客土植生几种措施。

1. 坡面种草

坡面种草是一种传统的路基边坡坡面防护方法，它是在土质路堑和路堤边坡坡面上人工撒播或行播草籽。种草防护施工简单，造价较低，但只适用于低矮缓坡，适宜于在春、秋雨季施工。播撒草籽选用适合当地土质和气候条件，根系发达、茎干低矮、枝叶茂盛、生长能力强的多年生草种。若边坡土层不宜种草，可将边坡挖成台阶，再换填一层 5~10 cm 厚的种植土。为使草籽播撒均匀，可将种子与砂、干土或锯末混合播种。种子埋入深度应不小于 5 cm，种完后将土耙匀拍实。施工完成后在路堤的路肩和路堑的堑顶边缘埋入与坡面齐平的宽 20~30 cm 的带状草皮。

2. 铺草皮

平铺草皮防护是在土质边坡、全风化的岩质和强风化的软质岩石边坡上人工贴铺草皮，进行边坡防护的一种传统植物防护措施。铺设方法主要有方格草皮和满铺草皮两种，草皮有天然草皮和土工网草皮。

平铺草皮防护施工简单，造价较低，但只适用于坡度不陡于 1:1 的边坡，适宜于在春夏季或雨季施工。所使用草皮应选用根系发达、茎矮叶茂的耐旱草种，一般有白茅草、毛鸭嘴、画眉草、假俭草、铁线草、伴根草等。通常也采用当地天然草皮。草皮规格一般为宽 20 cm，长 30 cm，厚 5~10 cm，干燥炎热地区厚度可增加到 15 cm；草皮铺设前应先将坡面表土挖松整平、洒水湿润，再将草皮从一端向另一端由下向上错缝铺砌，边缘互相咬紧，并撒细土充填，然后用木槌将草皮拍紧、拍平，确保草皮与坡面密贴，接茬严密，并用木（竹）桩钉牢，如图 5.1 所示。

我国南方广泛采用铺草皮防护的方法，其作用及适用条件与种草相同。

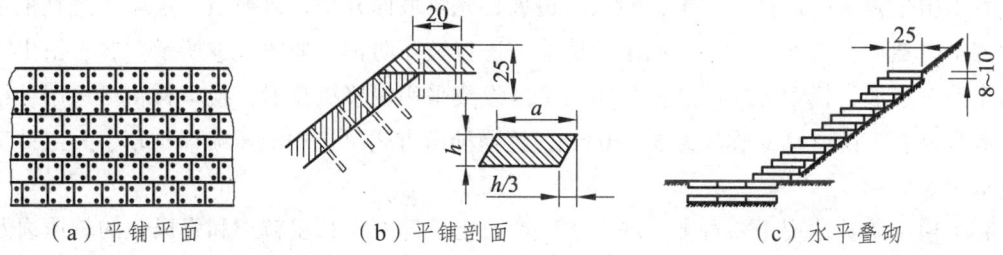

（a）平铺平面　　　　（b）平铺剖面　　　　（c）水平叠砌

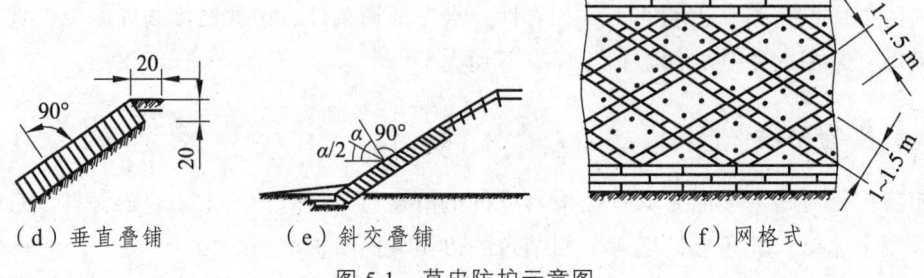

(d)垂直叠铺　　　（e）斜交叠铺　　　（f）网格式

图 5.1　草皮防护示意图

（图中 h 为草皮厚度，约 58 cm；a 为草皮边长，为 20~25 cm）

3. 植　树

坡面防护一般种植灌木（土质路堤上宜种植生长快，枝多叶茂而根系发达的树种），应选择根系发达易于成活的树种栽种，如紫穗槐，除保护边坡以外，还有很大的经济价值。

植树的布置形式有梅花形、斜列形、方格形和水平阶梯形，防护效果以梅花形最佳，斜列形次之。在选用斜线形和方格形时，行间应满铺草皮。

当边坡有不利于灌木生长的沙石类土时，则栽种的坑内应填种植土。栽种灌木的边坡，在大雨后要检查是否完整，如发现有局部坍塌、开裂的边坡应及时补修，以防病害扩大。

4. 喷混植生

喷混植生是新引进的一种适用于岩质边坡坡面植草的绿色防护技术，如图 5.2 所示，它将种子、肥料、黏结剂、土壤改良剂、种植土、保水剂和水等材料按照一定比例搅拌均匀后，利用强力压缩机喷射于岩石边坡坡面作为植生基材层，再铺设无纺布覆盖，然后依靠基材层使植物生长发育，形成坡面植物防护的措施。对于植生基材层厚度小于 3 cm、且边坡坡率缓于 1∶1 的可直接进行植生防护；在其他条件下，应先在边坡上施工短锚杆，铺设一层机编镀锌铁丝网，再进行植生防护，其植生基材层厚度一般为 5~10 cm。

喷混植生技术建成的植生基材层有下述特性：

（1）由于植生基材层的材料组成中包含黏结剂，因此具有自身稳定性，不易被雨水冲刷；

（2）由于植生基材层的材料组成中包含肥料、土壤改良剂、种植土、保水剂等材料，因此植生基材层适合植物生长发育。所以，植生基材层组成材料的合理配合比是实施该技术成败的关键因素。

5. 客土植生

客土植生是对不适宜植物生长的土质边坡，先将坡面开挖，再换填一定厚度适宜植物生长的客土，然后在坡面种植草、灌木等植物，进行坡面防护，如图 5.3 所示。客土植生一般适用于路堑边坡，换填方式可选择采用人工铺设或采用泥浆机喷射，换填材料可选用种植土壤或混合材料，换填厚度通常为 5~10 cm，植物种植方式可选用液压喷播植草、人工种草或贴铺草皮等。

客土植生防护适用于漂石土、块石土、卵石土、碎石土、粗粒土和强风化的软质岩及强风化、全风化的硬质岩石路堑边坡，或由其弃渣填筑的路堤边坡，坡率不陡于 1∶1，边坡高度不宜大于 8 m。

挂网客土喷混植生工艺流程为：施工准备—清理坡面—安装锚杆—固定镀锌铁丝网—喷射有机基材—喷播—覆盖养护—验收。

图 5.2 喷混植生

图 5.3 客土植生

（二）喷　护

喷护防护是对易受冲刷的土质路堑边坡或易风化但未遭强风化的岩石堑坡表面喷射一层保护层，从而保护路堑边坡免受雨水冲刷或延缓岩层风化的一种防护措施。喷护防护根据所喷射的材料主要分为喷掺砂水泥土、喷浆（如图5.4所示）和喷混凝土三种形式。

1. 喷掺砂水泥土

喷掺砂水泥土防护适用于易受冲刷的土质堑坡，坡度要求不陡于1∶0.75。喷浆厚度6～10 cm，所用材料为砂、水泥、黏性土。水泥掺量不低于7%，砂子掺量宜在50%～70%之间，水泥的具体掺量在施工时根据现场试验确定。

喷射掺砂水泥土的防护既有一定的刚度，又有较好的柔性，与坡面黏结紧，还能改良坡面以下厚5 cm内的土性，完全能封闭防护坡面。它具有施工速度快，工程造价低，就地取材等优点，是土质边坡较为经济的防护结果形式。

图 5.4 边坡喷浆防护

图 5.5 挂网喷护

2. 喷　浆

喷浆防护适用于易风化但未遭强风化、全风化，坡率不陡于1∶0.5的岩石堑坡。喷浆用的砂浆分为纯水泥砂浆及水泥石灰砂浆两种，其配合比和水灰比一般要经过试喷确定，按现行《铁路路基设计规范》（TB 10001）规定，喷射砂浆厚度不宜小于5 cm。

喷浆作业分为重力式人工喷浆和机械喷浆两种。

重力式人工喷浆是将拌灰浆桶置于高出喷浆点不少于 15 m 的山坡平台处,用内径为 25～32 mm 胶皮管接通于拌浆桶底部,借助于位能和灰浆自重压力,使灰浆喷射至需喷射的部位。具有工具简单,操作方便,造价低廉等优点,但施工质量不易控制,防护层强度低,与基层黏结力不高等缺点。因此,只在不具备机喷条件时才采用。

机械喷浆是使用水泥枪(或喷浆机),将按比例配置好的灰砂浆通过喷嘴喷向坡面,由于喷射时产生了一定的压力,相应提高了保护层与坡面间的黏聚力及保护层的强度,与重力式人工喷浆比较,质量有显著提高,为目前主要的喷浆施工方法。

喷浆施工安全注意事项:

(1)喷浆系高空作业,必须遵守有关安全规则,按规定设置行车防护和各种安全设备。

(2)在喷射过程中,在坡面上掌握喷浆的人员,在任何情况下,均不得将喷浆嘴对向其他人员,以免伤人。在电气化铁路区段,不准用喷嘴向高压电线和接触网设备射水和灰浆,以免触电伤人。

(3)在初凝后第一次喷水养生时,要注意防止压力水冲坏喷浆面。

3. 喷混凝土(砂浆)

喷射混凝土(砂浆)护坡可用于风化破碎、节理裂隙较发育或较高陡的岩石路堑边坡。必要时可增加挂网措施。按现行《铁路路基设计规范》(TB 10001)规定,喷射混凝土厚度宜为 7～10 cm。

喷射混凝土(砂浆)护坡应设置泄水孔,应每隔 2 m～3 m 上下左右交错布置。地下水发育时,应根据情况适当加密、加深、加粗。

喷混凝土作业及安全注意事项同喷浆作业。

(三)挂网喷护

当岩石风化破碎较为严重、节理较发育,破碎岩层较厚时,单纯采用喷浆防护,其边坡稳定性达不到要求时,可采用锚杆铁丝网喷混凝土或喷浆防护,如图 5.5 所示。

施工方法为先在坡面上锚固锚杆,并焊上预制好的金属网,再施以喷浆或混凝土,使砂浆或混凝土、锚杆金属网(或土工格栅)与坡面形成一个整体。

(四)砌石护坡

对缓于 1∶1 的各种土质、土夹石及岩质边坡,坡面受地表水流冲蚀产生冲沟、泥流、小型表层溜坍,均可采用砌石护坡防护。

1. 干砌片石

干砌片石适用于边坡缓于 1∶1.25 的土质或土夹石边坡并经常有少量地下水渗出的情况,厚度一般为 0.3～0.4 m,如图 5.6 所示。片石护坡应设基础,基础应选用较大的石块,砌筑石块应自下而上进行,石块应立砌(栽砌),接缝要错开,石块应彼此镶紧,缝隙间用石块填满塞紧。

图 5.6 干砌片石护坡

图 5.7 浆砌片石护坡

2. 浆砌片石护坡

浆砌片石护坡适用于当地石料来源丰富，坡度缓于 1∶1 的土质或岩质边坡。当这种护坡的面积较大时，可在护坡中增设肋以增强其刚度，并在合适的位置设宽 0.6 m 的台阶踏步以利维修，如图 5.7 所示。

护坡采用 M5 浆砌片石，其厚度视边坡坡度及高度而定，一般为 0.3~0.5 m。高边坡的浆砌片石护坡宜分级设置，每级高度不宜大于 12 m，各级之间设宽度不小于 1 m 的平台。

浆砌片石护坡上应设泄水孔。泄水孔间距 2~3 m，孔径 10 cm，上下左右交错布置。土质边坡泄水孔后面，在 0.5 m*0.5 m 范围内设置反滤层。每 10~20 m 设伸缩缝一道，缝宽 2 cm，内填沥青麻筋或沥青木板。

3. 浆砌片石骨架护坡或混凝土骨架护坡

坡率不陡于 1∶1 的土质和全风化的岩石边坡，当坡面受雨水冲刷严重或潮湿时，单纯采用草皮护坡或其他形式植物护坡易冲毁脱落时，可采用 M5 浆砌片石骨架护坡，如图 5.8 和图 5.9 所示。骨架宜用带排水槽的拱形骨架，也可采用人字形、方格形。骨架内铺草皮、液压喷播植草或干砌片石等。为节省片石及水泥，常用浆砌片石骨架或混凝土骨架，其内铺草皮或三合土。

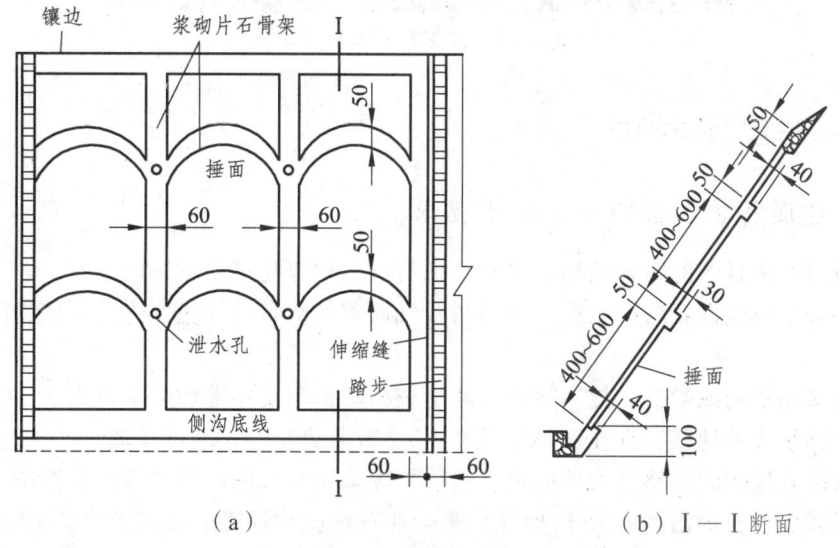

（a）　　　　　　　　　（b）Ⅰ—Ⅰ 断面

图 5.8 浆砌片石骨架护坡或混凝土骨架护坡

图 5.9　锚杆混凝土格架植物防护

4. 浆砌片石护墙

护面墙是浆砌片石的坡面覆盖层对于易受冲刷的土质挖方边坡和易受风化破碎的岩石挖方边坡，采用浆砌片石将坡面封闭，称护面墙，如图 5.10 所示。浆砌片石护墙适用于坡率不陡于 1∶0.5 的土质和易风化剥落的岩石边坡，有实体护墙和孔窗式护墙，墙厚 30~60 cm，可等厚，也可上薄下厚；墙高较大时，可分级，中间设台阶，纵向每隔 10 m 设一条伸缩缝，墙身要预留泄水孔。

图 5.10　浆砌片石窗式护墙

二、路基坡面防护施工要求

（一）坡面防护工程的有关技术要求

（1）城市及风景区的防护结构工程宜考虑与其他相邻建筑物的协调。

（2）路堤边坡应设置防护工程，当填料及气候条件适宜时，应优先采用植物防护，并设置骨架。

（3）在采用植物或喷护、挂网喷护等路堑坡面防护和在年平均降水量大于 400 mm 地区较高的土质路堑边坡地段，宜在坡脚处设高 1~2 m 浆砌片石护坡或护墙。

（4）软硬岩层相间的路堑边坡应根据岩层情况采用全部防护或局部防护措施。

（5）当浆砌片石护墙高度大于 12 m、浆砌片石护坡和骨架护坡高度大于 18 m 时，宜在适当高度处设平台，平台高度不宜小于 2 m。

（6）浆砌片石护墙、护坡的基础应埋置在路肩线以下不小于 1 m，并不应高于侧沟砌体底面。当地基为冻胀土时，应埋置在冻结深度以下不小于 0.25 m。

（7）封闭式的坡面应在防护砌体上设泄水孔和伸缩缝。当坡面有地下水出露时，应采用措施将水引出。

（8）土质和易风化岩石的深路堑边坡，宜在坡脚设置挡土墙，以降低边坡高度。当挡土墙墙顶上方坡面设有浆砌片石护墙、护坡时，墙顶应设置边坡平台，平台宽度不宜小于 2 m。

（9）在多雨地区，用砂类土、细粒土等填料填筑的路堤，其路肩和边坡易受雨水冲刷流失，应根据具体情况设防护。

（二）边坡植物防护施工应符合下列规定

（1）植物防护工程施工应根据所种植物的特性，适时种植，避免暴雨季节、大风和高温条件下种植。

（2）植物播种前应进行种子发芽率试验，或植株移植试验，根据试验结果适当调整种植密度和开竣工时间，确保在雨季来临之前形成一定的植物边坡防护能力。在边坡防护未形成一定能力时，宜采取排水和覆盖等临时保护措施。

（3）植物播种后应及时进行浇水、养护和补植，保证植物的成活率、覆盖率。

（4）铺草皮防护宜选用带状或块状草皮，草皮厚度不宜小于 10 cm。铺设时，应由坡脚自下而上，并用尖木（或竹）桩将其固定于边坡上。

（5）种草防护草籽应均匀撒布在已清理好的坡面上，同时做好保护措施。对不利于草类生长的土质，应在坡面先铺一层 10~15 cm 厚的种植土。

（6）喷播植草应先将生长液与草籽按设计要求混合并搅拌均匀，采用液压喷枪将其喷洒在已清理好的坡面上，喷洒应自下而上进行，草籽喷洒均匀，不得流淌。对不利于草类生长的土质，应按设计要求在坡面上先铺一层种植土，然后再进行草籽喷洒。草籽喷洒完毕后，应及时做好养护直至覆盖坡面。

（7）灌木栽植方法应符合设计要求，并应注意栽植季节。

（三）喷浆、喷射混凝土（或带锚杆铁丝网）防护施工应符合下列规定

（1）施工前，坡面如有较大裂缝或凹坑时应先嵌补牢实，使坡面平顺整齐；岩体表面应冲洗干净，土体表面应平整、密实、湿润。

（2）锚杆孔应冲洗干净，然后插入锚杆；用水泥砂浆固定，铁丝网应与锚杆连接牢固，并与坡面保持设计要求的间隙。

（3）喷层厚度应均匀，厚度均不得小于设计值；喷后一般应养护 7~10 d。

（4）铁丝网及锚杆头均不得外露。

（5）喷层周边与未防护坡面的衔接处应做好封闭处理，防止水从缝隙浸入。

（6）喷射纤维混凝土时，应做现场试验确定配合比、风压、喷射距离和角度。喷射材料应分两次拌合，钢纤维增粘剂在第二次拌合时掺入。

（7）喷浆、喷射混凝土的拌合料应在规定的时间内喷射完毕，喷射 2 h 后即应开始养生。

（8）在喷射混凝土过程中，应采用有效措施保证泄水孔不被堵塞。

(四)浆(干)砌片石防护、浆砌片石骨架防护施工应符合下列规定

(1)浆(干)砌片石应分层、分段砌筑。分层水平砌缝应大致水平,各砌块的砌缝应相互错开。

(2)基础埋置深度除按设计要求外,当其边侧有取土坑或其他不利于基础稳定的因素时应采取必要的措施保护基脚。

(3)浆砌片石应采用挤浆法砌筑,养生良好。

(4)护坡厚度均匀,砌层片石纵、横向搭接压缝,间隙塞满,外露面整齐。

(5)设有垫层的护坡,应随垫随砌。

(6)干砌护坡勾缝应在路堤沉降已趋稳定后进行;勾缝前,应先将松动和变形处修整完好。

(7)浆砌片石骨架应嵌入坡面一定深度,骨架表面应与草皮衔接。

(五)砌筑预制块防护施工应符合下列规定

(1)砌筑时反滤层、垫层应随垫随砌。

(2)基础埋置深度除符合设计要求外,还应按现场实际采取必要措施保护基脚。

(3)砌筑预制块间砂浆应饱满,砌筑后外面整齐,各方向缝顺直。

(4)勾缝应于路堤已趋稳定后进行。

(5)预制块预制应符合设计要求。

(六)勾缝、灌浆、嵌补、支顶等施工应符合下列规定

(1)勾缝及灌浆填缝,应先清除草根、泥土,并冲洗缝隙。

(2)勾缝砂浆应嵌入缝中,并与岩石牢固接合。灌注较大的裂缝可用 M5 水泥砂浆或 C10 混凝土,应插捣密实,满至缝口抹平。

(3)嵌补坡面空洞及凹槽,应先清除松动岩石并将基座凿平一定宽度后再行砌筑;应做到嵌体稳固、表面平顺、周边封严。

(4)支顶危石悬岩,其圬工基座应置于完整、稳定的岩体上并整平或凿成台阶。

(七)边坡固土网垫防护施工应符合下列规定

(1)边坡固土网垫防护施工宜在植物生长的季节铺设。铺设前应整平坡面并适量洒水湿润边坡,再夯拍 5~8 cm 耕植土并整平与洒水。铺设时,土工网垫应与土面密贴,其下边按 L 型埋入土中,埋入深度不应小于 0.4 m,回转长度不应小于 0.3 m。

(2)土工网垫搭接宽度不应小于 5 cm,土工网搭接宽度不应小于 10 cm。并采用长度不小于 15 cm 的固定钉与坡面连接,固定钉间距应小于 1.5 m,铺设范围应包括路肩、平台及堑顶以外 1 m。

(3)草籽应均匀撒播于土工网内,并用松散耕植土填满网穴,在坡面再进行二次撒播草籽并施肥后夯拍密实、洒水养护,直至植物成长覆盖坡面。

(八)路堑边坡护坡护墙防护施工应符合下列规定

(1)施工前松动岩石应予清除,局部超挖或凹陷处应挖成台阶后用与墙身相同的材料砌平。

（2）基础应埋置在侧沟底的可靠岩层上，当地基软弱时，应采用加强或加深措施。

（3）墙面及两端面砌筑平顺，墙背与坡面密贴结合，墙顶与边坡间缝隙封严。

（4）坡面有地下水出露时，应做好引水设施，每隔 10～15 m 宜设一道伸缩缝。

（5）砌体应采用坚硬、不易风化的片石砌筑，严禁通缝、叠砌、贴砌和浮塞；砌体勾缝应牢固、美观。

（九）边坡渗沟施工应符合下列规定

（1）沟底铺砌应置于稳定地层上，台阶连接处应砌筑密贴。

（2）填充石块应采用硬块石，沟底部应选用较大石块；顶部应取防地表水渗入的措施。

（3）渗沟出口与纵向排水设施或挡土构筑物应衔接密贴牢固，做到渗沟排水通畅。

三、坡面防护施工工艺

1. 边坡植物防护

（1）准备阶段：喷植前应修好天沟等排水设施，修整坡面，嵌补凹槽、坑洼、准备好喷混材料等。喷射混合物由黏土、谷壳、锯末、水泥及复合肥等拌合，喷混材料应随拌随喷。黏土要先放在搅拌机中预拌，粉碎成粉状达到要求后，再加草籽和化肥，拌和均匀。备好风、水、电、塑料网、梯架。

（2）喷播操作：检查风、水、电路与机具。在已修整好的边坡上先撒上一层客土。人员与喷射机就位，调整好进料阀门，向机组的料斗中加料。打开进风管阀门，开启喷头水阀，湿润坡面。调整供水量，使混合料湿润成浆状，喷到坡面上的泥浆光泽而不下流。喷射枪尽量垂直坡面，从下到上反复喷射数次达设计厚度。喷射厚度为 0.08～0.1 m。停料、断水电、关闭风路、停机，回收回弹料。

（3）养护：护坡喷植后，进行不少于 20 天的喷（洒）水养生，务必使喷植护坡始终具有足够水分，促使草籽发芽、生长。

2. 栽植乔木、灌木

1）种植前的准备工作

（1）苗木准备：根据工程设计图纸，列出苗木的品种、数量、规格、落实苗木供应来源，以及运到栽植地的运输情况及方法。对符合规格、生长健壮无病虫害的苗木，逐株做记号。高质量的苗木应具备的条件：根系发达完整，主根短直，接近根茎范围内有较多的侧根和须根，起苗后根系无劈裂；苗木粗壮通直；主侧枝分布均匀，能构成完美的树冠；无病虫害和机械损伤。

（2）植前整地及放线：根据设计图纸要求，栽植地土质应基本满足植物生长需要，如发现土质太差，在栽植前换填种植土，以保植株成活。根据图纸，在现场找出苗木实际栽植位置，用白灰撒出灰点，进行定点放线。一般采用行列式放线法及等距弧线放线法。

（3）树穴的开挖：树穴开挖一般在运取苗木前 1～2 天进行。种植穴的大小依土球及根系情况而定，带土球的应比土球大 16～20 cm，穴的深度一般比球高度稍深 10～20 cm，栽植裸根苗木应保护根系充分舒展,树穴必须保证上下口径一致,避免出现上大下小的"锅底坑",挖出的表土、心土应分别堆放。

2)苗木栽植施工要点

(1)栽植时间:应尽量缩短起苗与栽苗之间的时间差,做到随起随栽。

(2)苗木运输:在运输过程中,所有植物必须有良好的包装,以保证不受太阳、风吹等不良气候的侵害。裸根植物的根系应沾泥浆,并包在稻草袋中,常绿树及灌木应有土球及草袋包装,到现场及种植前保持完好土球。

(3)苗木种植:将苗木的根系或土球放入树穴内,使其居中再将树木立起,保证垂直,然后分层回填种植土。一般每层20~30 cm,先填较肥沃的表土,填土后将树根稍向上一提,使根系舒展,用锹把将土捣实,直至填满穴坑。土痕应略平稍高于坑口,防止栽植后出现陷落、下沉,导致树干基部积水腐烂。坑土填平后,用余土环树,筑起拦水围堰并拍实以利浇水,高度不低于15 cm。

(4)苗木浇灌:新植苗木的浇灌应以天然水为佳,之后48 h之内必须浇上一遍水,第二遍水随后进行,第三遍水在第二遍水后5~10 d内进行。注意浇水必须浇足浇透,浇完第三遍后,应及时封堰,并在树干基部周围堆成20~30 cm高的土堆,以保持土壤内水分。

3. 边坡上土工格栅的铺设

土工格栅按设计要求选定,按规定的批次进行检验。土工格栅运至工地后,分批整齐堆放在料棚(库)内,施工前根据设计长度将土工格栅裁剪好,搬运至现场。铺设土工格栅的路堤边坡下承层表面应整平、压实,清除表面坚硬凸出物,并适量洒水湿润。

按设计铺设土工格栅时,将土工格栅自下而上地摊铺,并使土工格栅露出坡面,而后回转,用U形卡固定于坡面上。边坡上的土工格栅同样用U形卡固定,使之与路基面密贴。搭接处U形卡间距0.3 m,U形卡长20 cm。

4. 坡面植物防护施工工艺流程图

坡面植物防护施工工艺流程如图5.11所示。

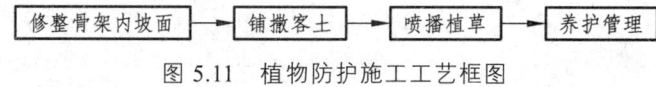

图5.11 植物防护施工工艺框图

5. 坡面防护技术措施

1)边坡植物防护

骨架内铺立体植被护坡网时,在纵横向每隔1 m左右用不短于15 cm竹钉垂直打入边坡固定,客土后夯拍,使网与坡面密贴。

草籽需选用根系发达茎矮叶茂且适于本地区成活的多年生草种,喷播草籽含量每平方米不小于15~20 g。完成喷播后,需及时进行洒水养生。对漏喷、草籽发芽成活过稀部位还应进行补喷。

种草时分撒播和行播两种方式,草籽埋入深度不小于5 cm,为使草籽均匀分布,可将种子与砂、干土或锯末混合。草籽养生期内,需用透气农膜覆盖,避免雨水冲刷。

路堑边坡较陡或较高时,可通过试验采用草籽与含肥料的有机质泥浆混合,喷射于坡面。

喷射机作业应严格执行操作规程：① 应连续向喷射机供料；② 保持喷射机工作风压稳定；③ 完成或因故中断喷射作业时，应将喷射机和输料管内的积料清除干净。

2）边坡上土工格栅

土工格栅的铺设范围、层数及位置应符合设计要求。

铺设的土工格栅属于隐蔽工程，应按隐蔽工程做好检查记录。

6. 边坡植物防护注意事项

喷播植草应按设计要求施工，喷播材料与草籽应按配比充分搅拌均匀，清理好的坡面应提前湿润，喷洒应自下而上进行，草籽喷洒应均匀，不得流淌。

植物防护工程施工应根据植物的特性，适时种植，避免在暴雨季节、大风和高温条件下施工。

喷播植草时大面积的喷播工程应先进行试播，以得到合理的种子、肥料、农药、保水剂和营养土等的配合比，将混合料按一定比例加水制成喷投物料，喷投物料应有一定的稳定性，喷到预定的坡面上切忌浆材沿坡面流动。

任务二　路基冲刷防护施工

河流在其演变过程中会产生对河床及沿岸的冲刷作用。当路基本体或部分边坡伸入河床范围，对水流产生约束，改变水流特性时，将导致更严重的冲刷。河滩路堤、滨河路堤及水库路基都必须妥善解决路基的冲刷防护问题，从而提高铁路路基的抗洪能力，确保路基安全、稳定。寒冷地区冬季还存在着河流或水库冰封、流冰产生冰压力的作用。

汛期洪水是路基的严重威胁，水流对路基的冲刷乃至冲毁，都会造成轨道设施不同程度的损坏和破坏，从而对列车安全运行构成严重威胁。为了避免路基受到水流和波浪的冲刷和淘蚀，需要对路基设置冲刷防护建筑物，常用的方法有直接坡面防护、间接导流和改河工程三类。

坡面防护是对河岸和路堤坡面直接加固，以抵抗水流的冲刷和淘刷作用。其特点是可以尽量不干扰或少干扰原来水流的性质，因而对防护地段上下游及其对岸的影响轻微。但由于这类工程直接建筑在受冲的河岸或路堤边坡上，一旦遭受破坏，轨道立即受到威胁，故其形式是被动的，因此必须具有足够的坚固性与稳固性。坡面防护适用于水流流速不太大、流向与河岸接近平行的地段，或在宽阔的河滩、凸岸、台地边缘等水流破坏作用较弱的地段。在山区地带，河床呈"V"形，河道狭窄，纵坡陡，受地形、地质条件限制，此时防护工程应以顺其自然为主，若企图改变河流水性，往往失败多，收效少，也多采用直接防护。

间接导流是借助于沿河布置丁坝来改变水流的性质，或者迫使主流流向偏离被防护的地段，或者减低被防护地段的流速，或者改变河槽中冲刷和淤积的部位，以间接地防护河岸或路基。特点是这类防护建筑物都要或多或少地侵占一部分河床断面，因而不同程度地压缩和紊乱了原来的水流，其受冲刷部分所受到的冲刷和淘刷作用特别强烈，必须有相应的坚固加固措施。当间接防护建筑物的布置部分不适当或者加固措施不够坚固时，可能被水冲毁一部分，但一般不致立即危害路基，可以认为已起到了一定的防护作用。洪水期过后，可通过分析研究找出水毁的原因，在修复时加以改善，所以这类防护方法的性质是比较主动的。在平原区或山区下游，河床类型处于U形或V形之间，冲刷与淤积往往平衡，河性较易改造，在条件适合时宜于采用。但应注意修建这类防护建筑物后对被防护地段上下游及其对岸的影响，防止对农田水利、居民点及重要建筑物造成损害。一般用于河床较宽，冲刷和淤积大致平衡，水流性质易改变的河段。在山区河谷地段，不宜设置挑水导流建筑物。

改河是将水流引入新的河道而避免其对路基、坡岸冲刷的一种措施。当路堤侵占河床较多或水流直冲威胁路基安全，在地形地质条件有可能时，方可采用局部改移河道的措施。但峡谷、泥石流、非稳定性的河段，不应轻易改移河道。

防冲刷的坡面防护类型有植物防护、抛石防护、干砌片石护坡、浆砌片石护坡、石笼防护和浸水挡土墙等。导流工程有丁坝和顺坝等。

一、冲刷防护工程常用类型

（一）路堤边坡与河岸岸坡的冲刷防护工程

1. 植物防护

植物防护是指直接在边坡上铺草皮或种植防护林、挂柳。铺草皮适用于水流方向与线路近乎平行，不受各种洪水主流冲刷的浅滩地段，其容许流速为 1.2~1.8 m/s。草皮护坡一般采用台阶式叠砌或竖立式叠砌，如图 5.1 所示，草皮通常割成块状的草皮砖，常用尺寸为 25 cm*40 cm，厚度为 6~10 cm。在坡脚下的基础部分应铺草皮砖 1~3 层，伸出坡脚以外的宽度可视当地情况而定，但不小于 1.0 m。草皮以根系发达盘根错节者为好。种植防护林、挂柳适用于有浅滩地段的河岸冲刷防护。

2. 干砌片石护坡

干砌片石护坡适用于水流方向较平顺的河岸滩地，不受主流冲刷的路堤边坡以及无漂浮物和滚石的河段。干砌片石护坡的容许流速为 2~3 m/s。

干砌片石护坡通常采用等厚截面。单层干砌时厚 0.25~0.35 m；双层干砌时，应注意上、下层之间的石块咬合嵌紧，上层用较大石块，上层厚 0.25~0.35 m，下层厚 0.25 m。边坡为砂类土时，在护坡和边坡间铺设砂砾垫层。边坡为黏性土时，垫层下尚需铺设 10 cm 的杂粒砂。

护坡基础应埋置于最大冲刷深度下。当冲刷深度小于 1.0 m 时，可采用墁石铺砌基础，冲刷深度大于 1.0 m 时，宜采用浆砌片石脚墙基础，如图 5.12 所示。

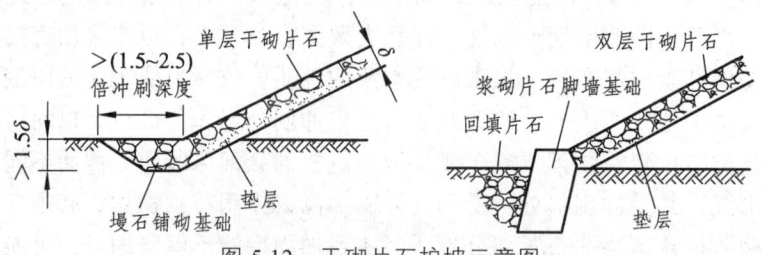

图 5.12 干砌片石护坡示意图

3. 浆砌片石护坡

浆砌片石护坡除可用于周期性浸水的路基边坡防护外，还适用于经常浸水的、受主流冲刷或受强烈波浪作用或有封冰、流水的路基边坡以及河岸和水库边岸的防护，其容许流速一般为 4~8 m/s，容许浪高大于 1.5 m。

护坡通常采用等截面厚，厚度 0.3~0.6 m。当流速较大或波浪作用十分强烈时，厚度可达 0.6 m，并采用双层砌筑。护坡在非严寒地区用 M7.5 浆砌片石砌筑，在严寒地区用 M10 浆砌片石砌筑。对可能发生冻胀变形的土层边坡，必须设置垫层。当护坡较厚时，可采用 15~25 cm 厚的级配砂砾卵石垫层，或采用由 10 cm 厚的粗中砂和 15 cm 厚的卵砾石组成的垫层；当护坡较薄时，可采用 10~15 cm 厚的级配砂砾卵石垫层。

护坡沿纵向每 10~15 m 设伸缩缝一道，缝宽 2 cm，用沥青麻筋或沥青木板填塞。为排泄护面层背后可能的积水，一般在护坡的中下部设交错排列的泄水孔，泄水孔为 10 cm*15 cm 的矩形或直径为 10 cm 的圆形，间距为 2~3 m，呈梅花形交错设置，孔后设反滤层。

护坡基础多用脚墙形式。当冲刷深度在 3.5 m 以内时，基础一般直接埋置在冲刷深度线以下不少于 1.0 m，并使其底面低于河槽最深处。当冲刷深度更深时，基础可埋置在冲刷深度线以上，但须在基础脚墙前采取适当的平面防淘措施，如图 5.13（a）所示。

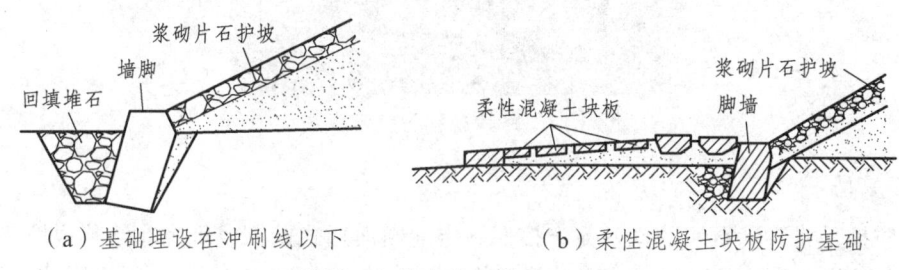

（a）基础埋设在冲刷线以下　　　（b）柔性混凝土块板防护基础

图 5.13　浆砌片石护坡示意图

4. 混凝土板及混凝土柔性块板护坡

混凝土板护坡的板厚 0.08~0.2 m，边长不小于 1 m，内设钢筋，板下铺设砂砾垫层，适用条件与浆砌片石相同，允许流速为 4~8 m/s，在缺乏石料地区尤为适宜，但造价高，并须防止坡面下沉失稳，如图 5.13（b）所示。

柔性混凝土块板铺设时拼接安装成为整体，由于具有柔性，可紧贴防护土体下沉，防止进一步淘刷。

5. 抛石防护

抛石防护是选用一定粒径的坚硬、耐冻、不易风化的岩石，按照一定的断面形式抛掷或堆砌于路基边坡、坡脚或河床内，用以防止路基或岸坡冲刷的建筑物。它适用于水流方向稳定、无严重局部冲刷且河床地层承载力较高的路基边坡下部及河岸的防护。此外，它还常用作水库边岸和海岸的防浪建筑物和防洪抢险的临时加固工程。其容许流速由抛投石块的粒径而定，一般不宜超过 3 m/s。石块尺寸根据流速、波浪大小计算，不宜小于 0.3 m。

抛石防护护坡坡度一般为 1:1.5~1:3.5。抛石厚度不得小于石块粒径的 2 倍。路基抛石防护示意图如图 5.14 所示。

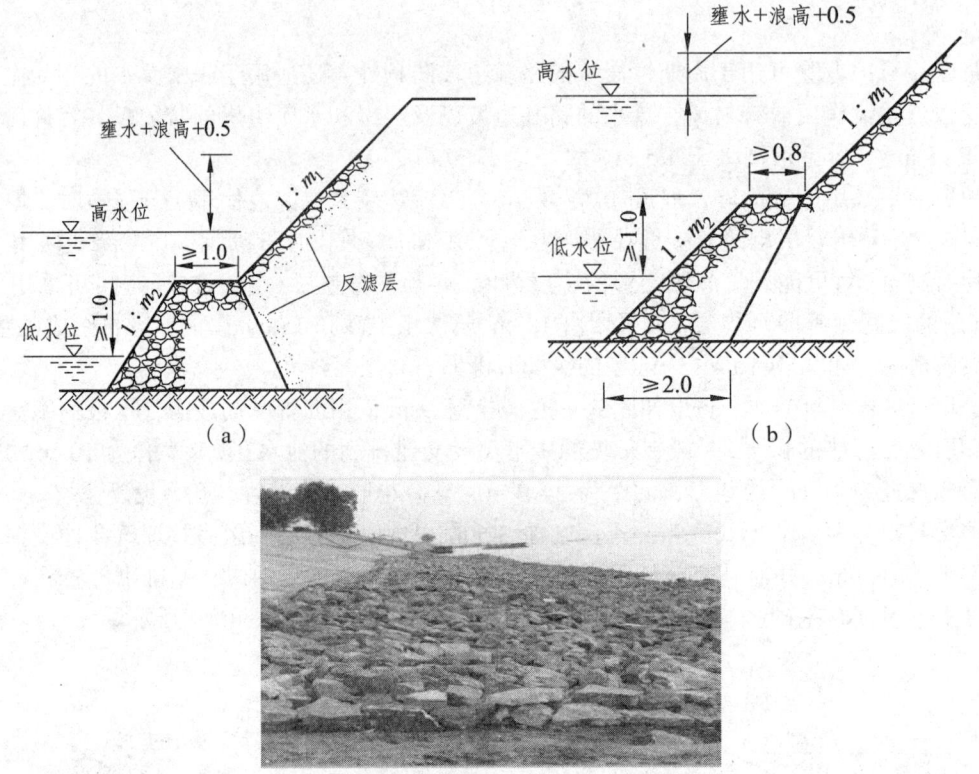

图 5.14 路基抛石防护示意图

6. 石笼防护

石笼防护是将装满石块的铁丝笼,按照一定的断面形式抛掷或堆砌在路基边坡、坡脚或河床内,用以防止路基或岸坡被冲刷的建筑物。它有较高的强度和柔性,不需用较大的石块,适用于受洪水冲刷但无滚石的河段和大石料缺少的地区。其容许流速可达 4~5 m/s,容许浪高为 1.5~1.8 m。石笼内的填充石料宜选用浸水不崩解、密度大、未风化的石块。

石笼用于防止岸坡受冲刷时,可用垒砌形式,当边坡坡度等于或缓于 1∶2 时,可用平铺形式。用于防护基础淘刷时一般采用平铺于河床并与坡脚垂直安放的形式,同时将其与基础连接处钉牢固定,但容许石笼本身能自由弯曲,其铺设长度宜不小于河床冲刷深度的 1.5~2 倍。因此用于垒砌的石笼宜用长方体;用于平铺的石笼宜用扁长方体。防洪抢险的石笼一般采用有骨架的圆柱体。石笼防护示意图如图 5.15 所示。

石笼一般用直径为 6~8 mm 的钢筋组成框架,用直径为 2.5~3.5 mm 的镀锌铁丝编成六角形网格。

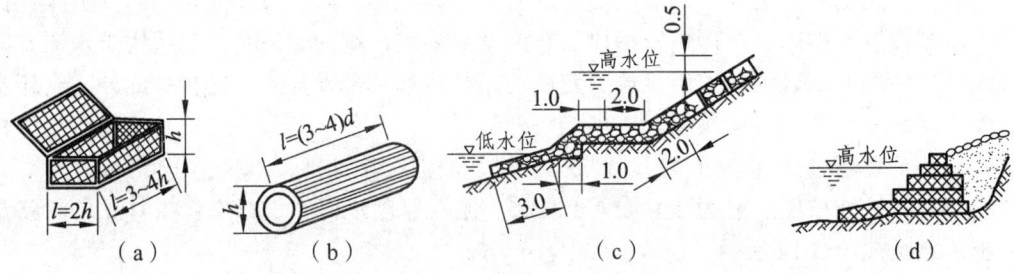

图 5.15　石笼防护示意图

7. 浸水挡土墙

在需要设置强防护的地段，或因地形限制不宜设置其他类型冲刷防护建筑物的峡谷急流和冲刷严重的河段，采用浸水挡土墙比较经济合理。其容许流速 5~8 m/s，容许浪高大于 2 m。

浸水挡土墙通常采用重力式或衡重式，用 M10 浆砌片石砌筑，石料应具有一定的耐水能力。墙的端部与河岸要圆顺连接，切不可挤压河道，以免造成严重的局部冲刷。

浸水挡土墙的基底应埋置在冲刷深度线下不少于 1.0 m，最好埋在不致被冲刷的完整的基岩上。如冲刷深度很深，则可根据河床及地质情况采用桩基或沉井基础，或者在采用浅基的同时采用其他平面防淘措施。

（二）导流工程

采用导流或阻流的方法可改变水流性质，迫使主流流向偏离被防护的路段；亦可减小流速，缓和水流对被防护路段的影响。导流工程主要包括丁坝和顺坝两种，如图 5.16 所示。

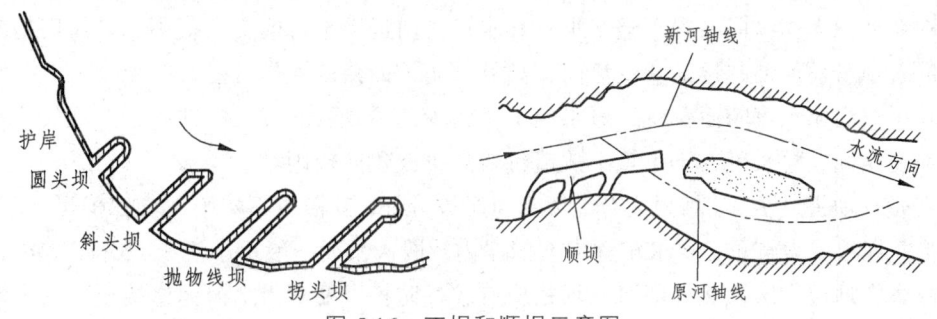

图 5.16　丁坝和顺坝示意图

1. 丁　坝

丁坝也称挑水坝，坝身伸向河心，横向约束水流而迫使水流转向，使防护的路基岸坡流速减缓，避免或减少冲刷并淤积成新岸。由于对天然水流性质干扰严重，对上下游河段和河岸影响较大，水流对坝体，尤其是坝头的作用强烈，所以丁坝很少采用单个的，一般设置多个丁坝形成坝群。

丁坝由坝头、坝身和坝根三部分组成，其断面是梯形，迎水面坡度缓于背水面，坝头缓于坝身。丁坝的坝头对于水流作用为首当其冲，而且易受水上漂浮物的撞击，因此必须要坚固，常将背水面放宽，并做圆滑曲线形，横坡放缓至 1∶3，如图 5.17 所示。

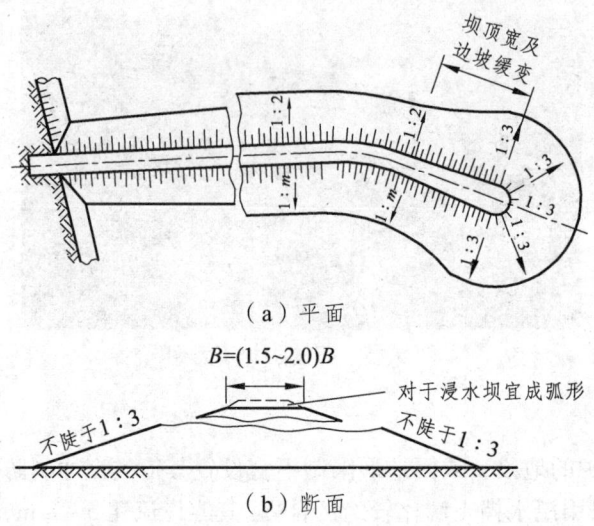

(a) 平面

(b) 断面

图 5.17 丁坝的坝头构造示意图

丁坝的坝身为不对称梯形断面，其顶宽一般不小于 2.0 m。丁坝的坝根与坝岸相接，是结构的薄弱部分，易被水流冲毁，导致丁坝失效。当岸坡较易冲刷或渗透系数较大时，坝根处应开挖基槽，将坝根嵌入岸内，嵌入深度约为坝长的 0.15～0.20 倍，并不超过 2.0 m，上下游适当铺设护坡；如果岸坡土不易冲刷或渗透系数较小，仅需要上下游适当防护，坝根可不必嵌入岸内；当坝根处于淤积区时，坝根亦可不予防护。

丁坝受水流冲击力大，需验算其稳定性。

2. 顺 坝

顺坝在平面上作纵向布置，整个坝身和水流流向近乎平行或交角很小，其作用是使水流平缓地顺着坝身而流动，逐渐转变流向，离开被防护的路基河岸区。

顺坝压缩河床水流断面较少，对水流干扰较少，不致引起过大的冲刷，但坝长约与被防护段的长度相同，总长度大于丁坝，故造价较高，改建亦较困难。

顺坝亦有坝头、坝身、坝根之分。坝头与岸坡分开，其横坡不陡于 1:2，但可以不扩大，成圆弧形。坝根受力较重，要求牢固嵌入河岸内，嵌入长度一般不小于 3～5 m，如岸边为不易冲刷的坚实地层，嵌入 2 m 即可。坝根应有较好防护，要求沿上游河岸接至不受水流斜冲处。顺坝受力较丁坝小，一般不必验算其稳定性。

二、路基冲刷防护施工要求

（一）路基冲刷防护类型及要求

路基冲刷防护包括坡面防护、导流工程和改河防护。各种防护必须加强基础处理和圬工质量，防止水流冲刷和淘空。

（二）坡面防护施工应符合下列规定

（1）坡面防护应按设计要求施工。

（2）基坑开挖中应核对地质情况，落实基础高程和嵌入基岩深度。明挖基坑应随时排干坑内积水，挖至设计标高后应立即检查基底承载力；基础及其护基设施均宜在枯水期内完成。

（3）坡面铺砌应在填料和填筑压实符合要求或坡体沉降已趋稳定后进行。铺砌前应整平夯实坡面。

（4）护坡上下游两端及顶部与边坡或岸坡的衔接应牢固、平顺、密贴。

（5）所用的砂浆或混凝土必须按配合比进行强度试验，石料强度应符合设计要求。

（三）导流构造物工程施工应符合下列规定

（1）导流构造物工程施工时，应调查核对坝址情况，当地质、河道、水文条件在核查时或在施工中发生新的变化，应及时变更设计。

（2）导流构造物工程施工，应按设计要求并符合水工构造物有关规定。应特别注意坝基处理和坝根与相连地层或其他防护设施的嵌接。

（四）改河工程施工应符合下列规定

（1）改河工程应在枯水期施工，旱季不能完成时，应妥善做好防洪措施。

（2）河道开挖应先挖中段，再挖末段。必须经检查确认新河床已符合要求后，方可挖通其上游河段。

（3）利用开挖新河道的土石填平旧河道时，在新河道未通流前，不得堵断旧河道。

（4）通流时，改河上游进口河段的河床纵坡应稍大于设计坡度。

（5）河床加固设施及导流构造物的施工进度应合理，及时配套完成。

三、冲刷防护工程施工工艺

1. 干、浆砌片石边坡施工方法及工艺

（1）准备：边坡砌筑应在坡面密实、平整、稳定后，方可铺砌。石料等级应符合设计要求。砌筑前，其表面泥土、水锈应清洗干净。

（2）挖基：护坡施工采用人工挖基，人工刷坡，砌筑前，将基底平整夯实，检查合格后方可进行砌筑。

（3）砌筑：片石采用挤浆法施工，铺砌时自下而上进行，砌块不得大面平铺，石块应彼此交错搭接，错缝一般为 7~8 cm，不得松动，严禁浮塞。砂浆在砌体内必须饱满、密实，不得有悬浆。

砌体宜用15 cm以上的块（片）石。干砌边坡表面应平整，如遇坚石可挖成台阶。砌体护坡分段施工时，每隔 10~15 m 宜设一道伸缩缝，并做好伸缩、沉降缝及泄水孔，泄水孔后面，应设置反滤层。

（4）勾缝养生：勾缝前，应先将松动和变形处修整完好，干砌护坡勾缝应在路堤沉降已趋稳定后进行。浆砌片石应进行洒水养生，砂浆凝固后，墙面全部刷干净，使外貌整洁美观。

2. 干、浆砌片石防护施工工艺流程图

干、浆砌片石防护施工工艺流程如图 5.18 所示。

3. 干、浆砌片石边坡防护技术措施

砌体应分层、分段砌筑，浆砌片石采用挤浆法砌筑，应坐浆饱满，各砌块的砌缝应相互错开，不得有通缝和空缝，表面平顺整齐，与边坡嵌接牢固密贴。砌筑完成后应及时采取有效的养护措施。

骨架砌筑前应按设计形式、尺寸挂线放样，开挖沟槽，沟槽尺寸根据骨架尺寸而定。

砌筑骨架应从衔接处开始，自下而上砌筑，两骨架衔接处应处于同一高度。骨架应与坡面密贴，骨架流水面应与草坡表面平顺。骨架基础与下部侧沟平台，浆砌片石或浆砌片石水沟连接时，应整体砌筑，灰浆饱满不留缝隙。

4. 干、浆砌片石防护工程施工注意事项

干、浆砌片石边坡防护施工前，应将坡面杂质、浮土、松动石块及表层风化破碎岩体等清除干净；当有潜水露出时，应作引水或截流处理。

防护工程的各种防护都必须加强基础处理和圬工质量，防止水流冲刷和淘空，保证路基稳定。

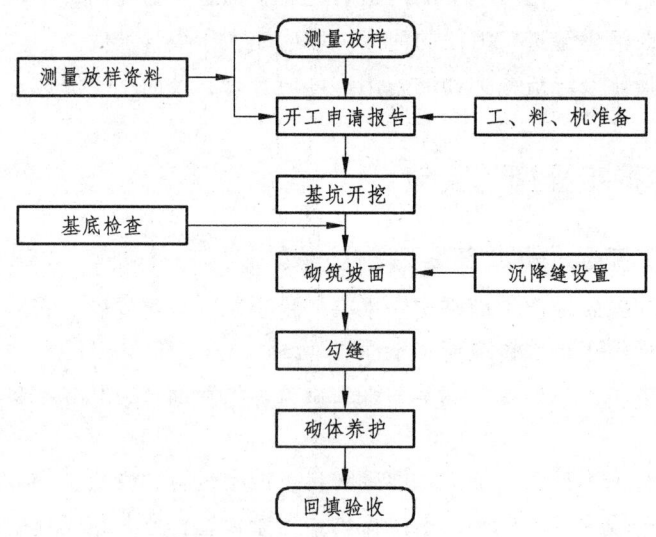

图 5.18 片石边坡施工工艺框图

任务三 路基防护设备维护

一、植物护坡的养护

对草皮护坡和防护林，日常养护中应注意如下事项：

（1）草皮和灌木种植后应及时浇水，以防枯死。

（2）对铺植的草皮护坡要加强管理，细致养护。尤其在大雨之后，要检查草皮是否完整，所种草籽是否被冲走。如发现有局部裂缝、坍塌及严重冲刷时，要立即采取补救措施，防止逐渐扩大。

（3）应在下雨时或暴雨后去观察边坡上地下水露头的地点，及时增设排水设备。

（4）禁止放牧和行人践踏。

（5）为了利于雨季中的坡面排水和避免边坡上积雪，每年的夏季和秋季应将过高的草割去。

（6）在草皮生长不良的地方，应适当施肥。

（7）灌木枝条要根据树种有计划地剪枝，促使分蘖，加大根系。

二、轻型坡面防护的养护

抹面、捶面、喷浆、灌浆勾缝等均属轻型坡面防护。抹面是将二合土（石灰、炉渣）、三合土（水泥、石灰、炉渣）或水泥砂浆均匀地摊在路基边坡上，经压实、提浆、抹光后形成的一种防护层；捶面是用水泥、石灰、沙子、炉渣、黏土等材料按一定配比混合，然后将混料分层铺在立于坡面上的模板内进行捶实，再经提浆、抹光后形成的一种坡面防护层。

对轻型坡面防护，在养护中应注意如下事项：

（1）对各类轻型坡面防护应加强检查。在春秋两季大检查时，应仔细检查坡面防护的状态，如发现有开裂、剥落等情况，应分析原因并采取有效措施加以整治。

（2）坡面防护层，包括封顶和坡脚的护裙，若有损坏，应及时修补，防止地表水渗入。

（3）轻型坡面防护要十分重视排水。排水孔必须经常检查清理，不得堵塞。在坡面防护层表面发现因地下水浸湿而显得色泽不同或有渗水现象时，应开凿新的排水孔将地下水引出。

（4）坡面杂草应及早拔除并对坡面进行修补，以免杂草根部扩大，挤坏防护层。

三、护坡、护墙的养护

（1）护坡、护墙的泄水孔因淤积、长草而影响排水时应及时清理疏通，坡面上的小树、杂草、青苔等应及早拔除或铲除。

（2）圬工灰缝失效、脱落，坡面开裂、变形，以及伸缩缝、沉降缝损坏时，要查明原因，在计划维修中及时安排补修或采取加固措施。

（3）高大的护坡、护墙在修建时未设安全检查设施时，可在维修中有计划地增设。铁制的检查梯、安全栏杆等应及时除锈和刷漆。

【思考及训练】

1. 常见的路基边坡病害有哪些类型？
2. 常用的路基坡面防护有哪些类型？各适用于什么情况？
3. 路基植物防护施工工艺流程是怎么样的？
4. 常见的路基冲刷防护有哪些类型？各适用于什么情况？
5. 路基冲刷防护施工要求是怎么样的？
6. 冲刷防护工程施工工艺流程是怎么样的？
7. 如何进行路基防护设备养护？

项目六　路基支挡结构

【学习目标】

（1）掌握支挡结构的设置原则及分类；
（2）掌握重力式挡土墙的构造与布置；
（3）掌握各种支挡结构的构造及施工要点；
（4）能参与并协助完成重力式挡土墙的设计计算；
（5）能根据施工现场条件选择适合的支挡结构；
（6）具备常见支挡结构施工组织管理的基本能力；
（7）具有挡土墙日常检查、维护和加固的能力。

任务一　支挡结构概述

一、支挡结构概念

支承侧向土压力或抵御土体滑动的结构物叫支挡结构。路基支挡结构应根据地质条件、轨道荷载及列车荷载等进行设计，并考虑大气降水、地下水、周边环境等自然因素的影响。因此路基支挡结构设计应满足强度、稳定性和耐久性的要求；结构类型选择及设置位置的确定应安全可靠、经济合理，便于施工养护。

二、支挡结构设置原则

路基在下列情况宜设置支挡结构：
（1）减少路堑边坡薄层开挖、路堤边坡薄层填方地段或加强路堤本体稳定地段的陡坡路基。
（2）避免大量挖方、降低边坡高度或加强边坡稳定性的路堑地段。
（3）不良地质条件下的地基、边坡、山体、危岩或落石地段。
（4）受水流冲刷影响路堤稳定的沿河、滨海路堤地段。
（5）节约用地、少占农田或保护重要的既有建筑物地段。
（6）保护生态环境地段。
（7）车站、景区等有需求的地段。
另外，支挡结构设置应与其他工程方案进行技术经济比较后确定：
（1）与移改路线位置进行比较；

(2)与填筑或开挖边坡相比较;
(3)与拆移有关干扰路基的构造物(房屋、河流、水渠)等比较;
(4)与设置其他类型的构造物(桥、护墙)等比较。

三、支挡结构设计规定

支挡结构设计应符合下列规定:
(1)在各种设计荷载作用下,应满足稳定性、坚固性和耐久性要求。
(2)结构类型及其设置位置,应做到安全可靠、经济合理、技术先进和便于施工及养护,同时应与周围环境协调。
(3)使用的材料应保证耐久、耐腐蚀,混凝土结构宜采用预制构件。
(4)路堤或路肩挡土墙的墙后填料及其压实度,应符合相关填料及压实度的规定。
(5)支挡结构与桥台、地下结构、既有支挡结构连接时,应平顺衔接。
(6)需在支挡结构上设置照明灯杆、电缆支架和声屏障立柱等设施时,应预留照明灯杆、电缆支架和声屏障立柱等设施的位置和条件,并应保证支挡结构的完整、稳定。

四、支挡结构分类

支挡结构类型划分方法很多,一般可以按支挡结构的形式、材料、设置位置、设置地区等进行划分。

(一)按支挡结构形式划分

支挡结构按结构形式可以分为重力式挡土墙(包括衡重式挡土墙)、短卸荷板式挡土墙、悬臂式和扶壁式挡土墙、锚杆挡土墙、锚定板挡土墙、加筋土挡土墙、土钉墙、抗滑桩、桩板式挡土墙和预应力锚索。

(二)按支挡结构材料划分

分为浆砌片石支挡结构(如浆砌片石挡土墙)、混凝土支挡结构(如混凝土挡土墙、桩板墙、抗滑桩等)、土工合成材料支挡结构(如包裹式加筋土挡土墙)以及复合型支挡结构(如卸荷板式或托盘式挡土墙、土钉墙、预应力锚索、锚索桩等)。

(三)按支挡结构设置位置划分

(1)用于稳定路堑边坡的路堑边坡支挡结构,如图 6.1(a)。
(2)用于稳定路堤边坡的路堤边坡支挡结构,又可分为墙顶与路肩一样平的路肩式支挡结构及墙顶以上有一定填土高度的路堤式支挡结构,如图 6.1(b)和(c)。
(3)用于稳定建筑物旁的陡峻边坡减少挖方的边坡支挡结构。
(4)用于稳定滑坡、岩堆等不良地质体的抗滑支挡结构。
(5)用于加固河岸、基坑边坡、拦挡落石等其他特殊部位的支挡结构。

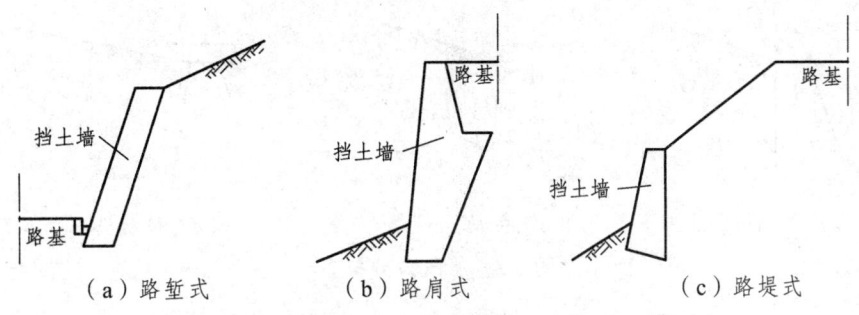

图 6.1 支挡结构在路基横断面上的位置示意图

(四)按支挡结构设置地区条件划分

分为一般地区、地震地区、浸水地区、不良地质地区和特殊岩土地区等。其中一般地区是指除浸水地区、高烈度地震区、不良地质地区和特殊岩土地区以外的地区。

任务二 土压力计算

一、土压力的概念

各种形式的支挡结构,都是以支挡自然边坡或人工边坡土体的稳定性为目的,所以支挡结构的主要受力荷载以土体的侧向压力为主,即为土压力。支挡结构要满足设计技术经济合理,关键在于确定各种各类支挡结构的土压力,土压力的计算包括土压力的大小、方向,以及土压力的分布规律等。土压力的计算是一个很复杂的过程,它涉及填料、墙体和地基三者之间的共同作用问题。

我国铁路支挡结构土压力计算以库仑土压力理论方法为主,对于近些年发展的新型支挡类型的土压力以在实测土压力基础上总结的经验方法进行计算。

二、土压力的类别

挡土墙在土压力作用下要产生移动的趋势,根据挡土墙的移动情况,土压力可分为主动土压力、被动土压力和静止土压力三种。

(一)静止土压力

当挡土墙的刚度很大,在土压力作用下墙处于静止不动的状态即位移为零时,墙后土体处于弹性平衡状态,此时墙所受的土压力称为静止土压力,用 E_0 表示。实际上,使挡土墙保持静止的条件是,墙身尺寸足够大,以及墙身混凝土与基岩牢固地联结在一起,挡土墙地基不产生不均匀沉降。地下室挡土墙的顶板和底板与墙体为刚性联结,故墙的水平位移接近于零,其作用在墙背的土压力,一般可按静止土压力计算,如图 6.2(a)所示。

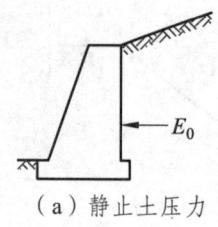
（a）静止土压力

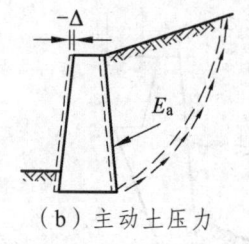
（b）主动土压力

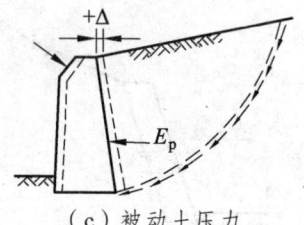
（c）被动土压力

图 6.2 土压力分布图

（二）主动土压力

如果挡土墙在土体推力作用下背离填土方向（即向前）移动，或因地基不均匀引起绕墙趾转动时，随着位移量增加，作用在墙背上的土压力逐渐减小。当位移量达到某一微小数值时（如密实砂土上的墙的位移量 $-\Delta \approx 0.5\% H$，密实黏土上的墙的位移量 $-\Delta \approx (1\% \sim 2\%) H$，$H$ 为挡土墙墙高），墙后土体达到主动极限平衡状态，此时墙背所受土压力称为主动土压力，用 E_a 表示。一般边坡挡土墙都受主动土压力的作用，所以主动土压力条件最为常见，如图 6.2（b）所示。

（三）被动土压力

如果挡土墙在某种外力作用下，向填土一侧推挤（即向后移动），或绕墙踵转动，随着墙位移量的增加，土体给予墙背的反力将逐渐增大。当位移量达某一较大值（密实砂土 $\Delta \approx 5\% H$，密实黏土 $\Delta \approx 10\% H$）时，墙后土体达到被动极限平衡状态，此时墙背所受土压力称为被动土压力，用 E_p 表示。桥台、堤岸挡土墙一般可按被动土压力计算，如图 6.2（c）所示。

实验研究表明，在相同条件下，被动土压力大于静止土压力，而静止土压力大于主动土压力，即有 $E_p > E_0 > E_a$（图 6.3）。

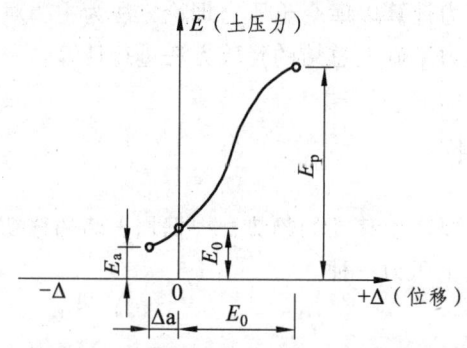

图 6.3 挡土墙位移与土压力的关系

当然，形成被动极限平衡状态所需的位移量也远远大于产生主动极限平衡状态的位移量。而这样大的位移量（密实砂土 $\Delta \approx 5\% H$，密实黏土 $\Delta \approx 10\% H$），一般建筑物是不允许的。所以实际工程中，可根据工程结构允许的位移量，按被动土压力的一部分或按静止土压力计算。在有经验的地区也可按主动土压力计算。

在设计挡土墙时，墙身埋入地基中的部分，墙前土压力按被动土压力计算，但实际设计时往往不计这部分土压力可偏于安全。

三、库伦土压力理论计算土压力

土压力计算的理论，目前国内外采用的是朗金、库伦两个古典理论。朗金理论较为严谨，但它只能考虑比较简单的边界条件，在应用上受到很大限制。库伦理论计算简便，能适用于各种复杂的边界条件，而且在一定范围内能得出比较满意的解答，因此应用很广。

（一）库伦土压力理论的基本假定

库伦土压力理论是从研究墙后滑动楔形体的静力平衡条件出发，基于如下基本假定提出了土压力的计算公式。

（1）墙后填土为无黏性土；

（2）当墙产生微小位移（移动或转动）时，墙后土体中形成破裂棱体，并沿墙背和土中出现的破裂面滑动，土中的破裂面为一平面；

（3）墙身及破裂棱体均视为刚体，在外力作用下无压缩或膨胀变形；

（4）土压力方向与墙背法向成Δ角（墙背与填土间的摩擦角），破裂面反力 R 与破裂面法线成 ϕ 角（填土内摩擦角），并且均偏向阻止棱体滑动的一侧。

（二）库伦土压力计算

1. 主动土压力

如图 6.4 所示，AB 为挡土墙墙背，BC 为破裂面，BC 与竖直线的夹角 θ 为破裂角，ABC 即为破裂棱体。这个棱体上作用着三个力：破裂棱体自重 W，主动土压力的反作用力 E_a，破裂面上的反力 R。破裂棱体在这三个力的作用下处于极限平衡状态，这三个力组成的力三角形必须闭合。从力三角形中，由正弦定理可得

$$E_a = W \cdot \frac{\sin(90° - \theta - \phi)}{\sin(\theta + \phi + \delta - \alpha)} \tag{6-1}$$

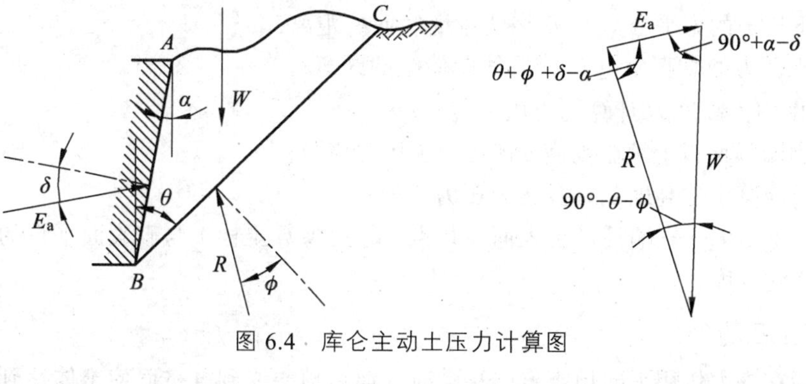

图 6.4 库仑主动土压力计算图

上式中 ϕ、δ、α 已知，θ、W 未知，但 W 决定于破裂棱体的面积 $S(W = S \cdot \gamma)$，只要破

裂角 θ 确定，破裂棱体的面积 S、重量 W 也就相应确定。因此，E_a 仅是 θ 的函数，即 $E_a = f(\theta)$，任一个 θ 值，就对应着一个 E_a，E_a 是 θ 的连续函数。

由于 θ 角未知，所以无法直接用式（6-1）计算主动土压力。从图 6.4 可看出：当 $\theta = \alpha$ 时，破裂面与墙背重合，破裂棱体重量 $W=0$，主动土压力 $E_a = 0$。另外从力三角形可看出：当 $\theta = \phi - 90°$ 时，R 与 W 重合，主动土压力 $E_a = 0$。当 $\theta > \alpha$ 时，如 θ 逐渐增加，E_a 将由 0 逐渐增大，当 θ 等于某一数值时，E_a 达到最大值，而后又减小，直至 $\theta = \phi - 90°$ 时为 0。E_a 的最大值即为主动土压力，欲求最大值，由高等数学连续函数的极值定理，可令：

$$\frac{dE_a}{d\theta} = 0 \tag{6-2}$$

将式（6-1）代入式（6-2）可求得破裂角 θ，再将求得的 θ 带入式（6-1）便可求得 E_a。采用上述方法可求出各种边界条件下主动土压力的计算公式。这一工作，前人已完成，我们应用时可根据具体情况查阅有关的计算手册《铁路工程设计技术手册—路基》(附录 D 中列出了一些常用边界条件下的主动土压力计算公式)。图中主要符号意义如下：

λ_a——库仑主动土压力系数，为 ϕ、ε、β、δ 的函数；

h_0、l_0——换算土柱的高度和宽度；

b——墙顶与填土边坡交点到边坡顶的水平距离；

K——边坡顶点与换算土柱之间的水平距离；

a——墙顶面以上的填土高度；

H——墙高；

B——墙底面宽度；

α——墙背倾角，因这些公式是从仰斜条件导出，所以应用时仰斜为正，俯斜为负，墙背竖直为零；

δ——墙背面与填土之间摩擦角；

θ——破裂角；

i——填土表面与水平面的夹角；

E_a——主动土压力的合力；

E_x——主动土压力的水平分力；

E_y——主动土压力的垂直分力；

Z_x——土压力的水平分力 E_x 作用线距墙底面的距离；

Z_y——土压力的垂直分力 E_y 作用线距墙趾的距离；

σ_H——由填土高度 H 计算的土压力应力；

σ_a——由填顶面以上填土高度 a 计算的土压力应力；

σ_0——由换算土柱高度 h_0 计算的土压力应力；

h_1、h_2、h_3、h_4——墙后填土表面变化点（包括换算土柱）与破裂面平行的各平行线间土压力应力变化高度。

2. 被动土压力

当挡土墙在外力作用下向填土方向移动时，墙后填土受到推挤而使土体达到被动极限平衡状态，此时，土体对墙的反力就是被动土压力。参照库仑土压力理论分析主动土压力的假定条件和方法，可知滑动楔形体 ABC 在其自重 W、破裂面反力 R 和被动土压力的反力 E_p 的作用下平衡。E_p 和 R 的方向分别在 AB 和 BC 面法线的上方，如图 6.5 所示。由力三角形及正弦定理得：

$$E_p = W \cdot \frac{\sin(90° - \theta + \phi)}{\sin(\alpha + \theta - \delta - \phi)} \tag{6-3}$$

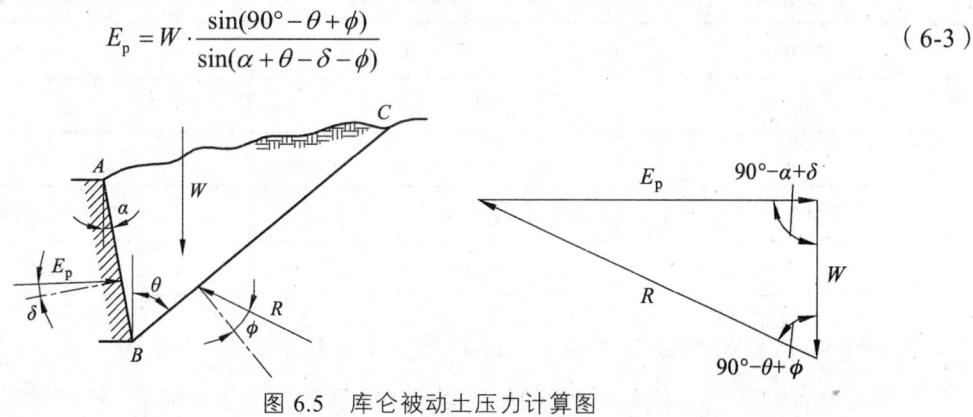

图 6.5 库仑被动土压力计算图

同样，E_p 仅为 θ 的函数。通过墙踵假设若干个破裂面，其中使被动土压力最小的那个破裂面才是真正的破裂面。由此，根据

$$\frac{dE_p}{d\theta} = 0 \tag{6-4}$$

这一条件，可求出破裂角 θ，再将破裂角代入式（6-3）便可求出被动土压力 E_p。

（三）土压力计算的基本参数

正确的计算参数是土压力计算的首要前提。土压力计算的参数包括两类：一类是与墙背填料有关的参数，如 ϕ、δ、γ；另一类是与挡土墙及填土形状和尺寸有关的参数，如 α、H、墙后填土倾角 i 等，这一类参数在挡土墙设计时已经确定。而与墙背填料有关的参数必须由填料性质来确定。

1. 填料重度和内摩擦角

墙背填料的物理力学指标应根据试验资料确定。有经验时，也可按表 6.1 采用。

表 6.1 填料的物理力学指标

填料种类		综合内摩擦角 ϕ_0	内摩擦角 ϕ	重度/(kN/m³)
细粒土 （有机土除外）	墙高 $H \leq 6$ m	35°	—	18、19
	6 m<墙高 $H \leq 12$ m	30°~35°		
砂类土		—	35°	19、20
碎石类、砾石类土		—	40°	20、21
不易风化的块石类土		—	45°	21、22

注：（1）计算水位以下的填料重度采用浮重度；
（2）填料的重度可根据填料性质和压实等情况作适当修正；
（3）全风化岩石、特殊土的 ϕ、c 值宜根据试验资料确定。

路堑挡土墙墙背地层的物理、力学指标应根据地质资料和边坡设计数据，参照表 6.2 综

合确定。

表 6.2　路堑地层的物理力学指标

路堑边坡	综合内摩擦角 ϕ_0	重度/(kN/m³)
1:0.5	65°~70°	25
1:0.75	55°~60°	25
1:1.0	50°	24~25
1:1.25	45°	22~24
1:1.5	35°~40°	18~22

2. 墙背与填料的摩擦角

土与墙背间的摩擦角应根据墙背的粗糙程度、土质和排水条件确定。有经验时，也可按表 6.3 所列数值采用。

表 6.3　土与墙背间的摩擦角 Δ

墙身材料	墙背	
	巨粒土及粗粒土	细粒土（有机土除外）
混凝土或片石混凝土	$\phi/2$	$\phi_0/2$
第二破裂面或假想墙背土体	ϕ	ϕ_0

注：(1) ϕ 为土的内摩擦角，ϕ_0 为土的综合内摩擦角；
　　(2) 当按表计算的 Δ>30° 时，采用 Δ=30°。

3. 活荷载换算高度和宽度

根据现行《铁路路基支挡结构设计规范》(TB10025-2006) 作用于路基上的列车荷载应采用中华人民共和国铁路标准活载，活载分布于路基面上的宽度，自轨枕两端向下按 45° 扩散角计算。轨道和列车荷载按换算土柱法计算，其换算土柱的高度和分布宽度应符合规范即附录 C 的规定。设计中应考虑列车动载的影响。架桥机等运架设备应作为临时荷载进行验算。新版《铁路路基设计规范》(TB 10001-2016) 中不再直接换算为土柱，而是规定了铁路列车荷载确定原则和采用荷载图式的要求。

（四）库伦土压力计算示例

根据本节介绍的土压力计算基本方法可得出各种边界条件下的土压力计算公式（附录 D 列出了一些常用边界条件下的主动土压力计算公式）。我们在做主动土压力计算时可根据边界条件和破裂面位置直接采用其中的公式进行计算。但对于路肩式和路堤式挡土墙，计算前因为我们无法确定破裂面是否交于换算土柱内，所以要进行假定、试算和检验。

利用土压力计算公式计算主动土压力可按下列步骤进行：

（1）根据挡土墙和填土的形状、尺寸确定土压力计算中与挡墙、填土形状、尺寸有关的参数,如 a、b、α、H、h_0、l_0、D、K 等,根据填料或路堑土的性质确定 ϕ、δ、γ。

(2)根据挡土墙类型和线路情况先选计算草图(附录 D),并利用该计算草图中的公式计算 A_0、B_0、$\tan\theta$。

① 单线路肩式挡土墙可选用计算草图 2、3;双线路肩式挡土墙可选用计算草图 2、3、4、5。

② 单线路堤式挡土墙可选用计算草图 6、7、8;双线路堤式挡土墙可选用计算草图 6、7、8、9、10。

③ 在路堤式、路肩式挡土墙图示选用时,可根据墙高、墙踵到换算土柱的距离并结合经验选用可能性较大的计算草图,这样可减少试算次数。

④ 路堑式挡土墙根据墙后边坡类型直接选用计算草图 11 或 12 并直接进行其余计算,无需试算。

(3)根据计算出的 $\tan\theta$ 值检验破裂面的位置是否与步骤 2 中选用的计算草图(附录 C)相符。若相符,则利用计算图示中的公式继续往下计算,求 E_a、E_x、E_y、Z_x、Z_y;若不符,则重新选计算图示,重复步骤 2、3。

【例 6-1】已知一路肩挡土墙如图所示,墙顶与墙背交点至线路中心的水平距离为 3 m,墙后填土重度 γ=19.0 kN/m³,内摩擦角 ϕ=35°,Δ=23.3°,墙高 H=8.0 m,铁路为Ⅰ级,轨道类型为次重型,道床厚度 0.45 m,土质基床,墙身尺寸见图 6.6,试计算作用在墙背上的土压力。

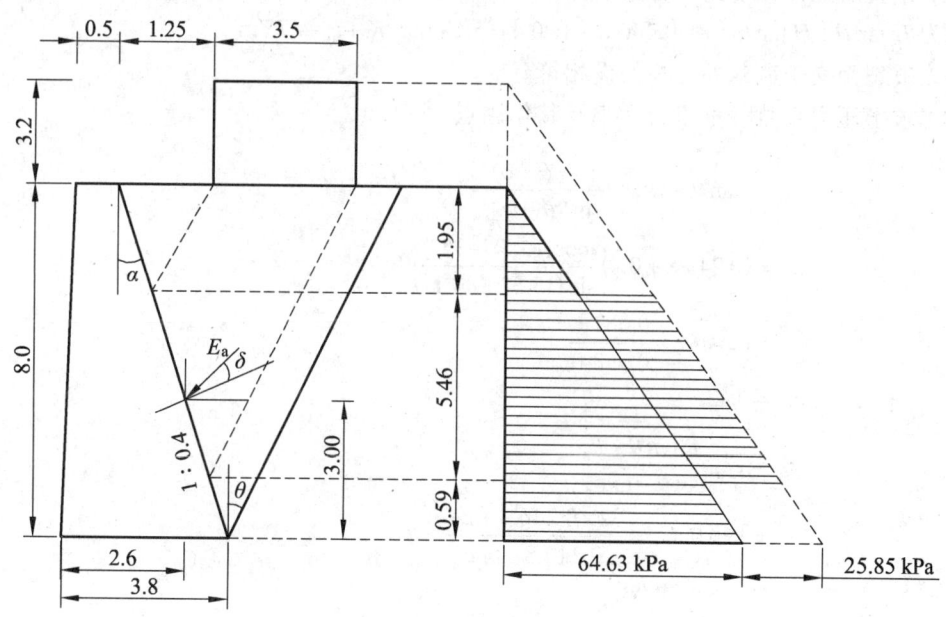

图 6.6 路肩挡土墙土压力计算示意图

解:

(1)求 h_0、l_0 和 K。

由铁路等级、轨道类型、基床类型和填土重度由附录 C 查得换算土柱高度 h_0 = 3.2 m,l_0 = 3.5 m;则 $K = 3 - l_0/2 = 3 - 3.5/2 = 1.25$ m。

(2)初选计算草图,计算 $\tan\theta$。

由附录 D 可看出，对于单线铁路路肩墙，可选择计算草图 2、3，先假设破裂面交于荷载外，按计算草图 3 的公式计算。

由图看出挡土墙墙背坡度 1∶0.4，所以 $\tan\alpha = -0.4$，$\alpha = -21.8°$（俯斜墙背倾角为负）。

$$\psi = \phi + \delta - \alpha = 35° + 23.3° + 21.8° = 80.1°$$

$$A_0 = \frac{1}{2}H^2 = \frac{1}{2}\times 8^2 = 32 \text{ m}^2$$

$$B_0 = \frac{1}{2}H^2\tan\alpha - l_0 h_0 = -\frac{1}{2}\times 8^2 \times 0.4 - 3.5\times 3.2 = -24 \text{ m}^2$$

$$\tan\theta = -\tan\psi \pm \sqrt{(\tan\psi + \cot\phi)\left(\tan\psi + \frac{B_0}{A_0}\right)}$$

$$= -5.7503 \pm \sqrt{(5.7503 + 1.4281)\left(5.7503 - \frac{24}{32}\right)}$$

$$= -5.7503 \pm 5.9911$$

由于 $\psi = 80.1° < 90°$，所以根号前取"+"

即 $\tan\theta = 0.2408$，$\theta = 13.5°$。

（3）检验所选计算草图是否正确。

因为 $H\tan\theta + H\tan\alpha = 8\times 0.2408 + 8\times 0.4 = 5.13 \text{ m} > K + l_0 = 4.75 \text{ m}$

所以破裂面交于荷载外，与假设相符。

（4）求土压力系数、土压力大小及其作用点。

$$\lambda_a = (\tan\theta - \tan\alpha)\frac{\cos(\theta + \phi)}{\sin(\theta + \psi)}$$

$$= (0.2408 + 0.4)\frac{\cos(13.5° + 35°)}{\sin(13.5° + 80.1°)}$$

$$= 0.6408 \times \frac{0.6626}{0.9980}$$

$$= 0.425$$

$$E_a = \gamma\lambda_a \frac{A_0\tan\theta - B_0}{\tan\theta - \tan\alpha}$$

$$= 19\times 0.425 \times \frac{32\times 0.2408 + 24}{0.2408 + 0.4}$$

$$= 399.6 \text{ kN/m}$$

$$E_x = E_a\cos(\delta - \alpha) = 399.6\times\cos(23.3° + 21.8°) = 282.1 \text{ kN/m}$$

$$E_y = E_a\sin(\delta - \alpha) = 399.6\times\sin(23.3° + 21.8°) = 283.1 \text{ kN/m}$$

$$h_1 = \frac{K}{\tan\theta - \tan\alpha} = \frac{1.25}{0.2408 + 0.4} = 1.95 \text{ m}$$

$$h_2 = \frac{l_0}{\tan\theta - \tan\alpha} = \frac{3.5}{0.2408 + 0.4} = 5.46 \text{ m}$$

$$h_3 = H - h_1 - h_2 = 8 - 1.95 - 5.46 = 0.59 \text{ m}$$

$$Z_x = \frac{H^3 + 3h_0 h_2 (h_2 + 3h_3)}{3(H^2 + 2h_0 h_2)}$$

$$= \frac{8^3 + 3 \times 3.2 \times 5.46 \times (5.46 + 3 \times 0.59)}{3 \times (8^2 + 2 \times 3.2 \times 5.46)}$$

$$= 3.00 \text{ m}$$

$$Z_y = B + Z_x \tan\alpha = 3.8 - 3.00 \times 0.4 = 2.60 \text{ m}$$

（5）绘制土压力强度图。

$$\sigma_0 = \gamma h_0 \lambda_a = 19 \times 3.2 \times 0.425 = 25.85 \text{ kPa}$$

$$\sigma_H = \gamma H \lambda_a = 19 \times 8 \times 0.425 = 64.63 \text{ kPa}$$

土压力强度如图 6.6 所示，由土压力强度图可计算出主动土压力为：

$$E_a = \sigma_0 h_2 + \frac{1}{2}\sigma_H H = 25.85 \times 5.46 + \frac{1}{2} \times 64.63 \times 8 = 399.66 \text{ kPa}$$

所得结果与步骤4相同。

（五）墙后地面为斜面时土压力强度分布

在挡土墙墙背竖直投影面上单位面积的土压力称为土压力强度。由于土压力计算中是取一延米的挡墙进行分析的，所以土压力强度也就是挡墙墙背上单位高度上的土压力。土压力强度沿墙高的分布图形称为土压力强度分布图。为了确定土压力作用点的位置和推求挡土墙某一截面所受的土压力以及轻型挡土墙挡土板的受力时，常要做土压力强度分布图。由于墙后地面为一斜面（包括地面为水平）的情况在工程中较常见，而它的土压力分布图又较简单，所以本书仅介绍墙后地面为一斜面时的土压力强度分布情况。

当墙后填土表面为倾斜时，如图 6.7 所示。依据式（6-2）所得的主动土压力计算公式为

$$E_a = \frac{1}{2}\gamma H^2 \lambda_a \tag{6-5}$$

$$\lambda_a = \frac{\cos^2(\phi + \alpha)}{\cos^2\alpha \cdot \cos(\delta - \alpha)\left[1 + \sqrt{\frac{\sin(\phi + \delta)\sin(\phi - i)}{\cos(\delta - \alpha)\cos(\alpha + i)}}\right]^2} \tag{6-6}$$

式中 λ_a——库仑主动土压力系数，为 ϕ、α、i、δ 的函数；

γ——填土容重；

H——墙背高度；

ϕ——填土内摩擦角；

δ——墙背面与填土之间摩擦角；

α——墙背倾角，仰斜为正，俯斜为负；

i——填土表面与水平面的夹角。

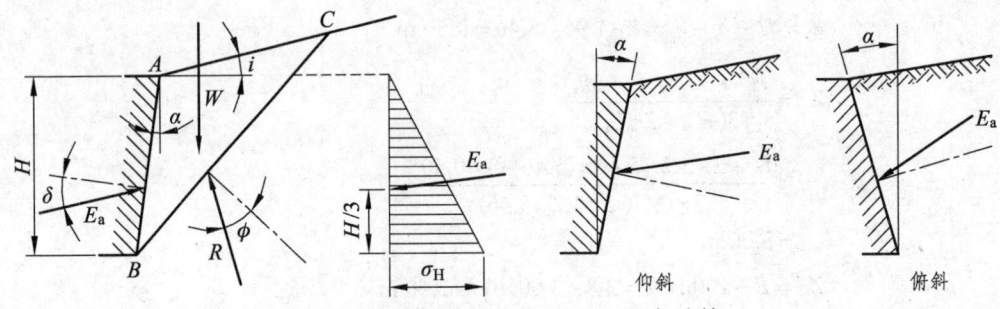

图 6.7　墙后地面为斜面时的土压力计算

必须注意，库仑土压力理论所得 E_a 是作用在墙背上的总土压力，由式（6-5）可知，E_a 的大小与墙高的平方成正比，所以土压力为三角形分布。E_a 的作用点距墙底为墙高的 1/3。深度 h 处的土压力强度为

$$\sigma_h = \frac{dE_a}{dh} = \frac{d}{dh}\left(\frac{1}{2}\gamma h^2 \lambda_a\right) = \gamma h \lambda_a \quad (6\text{-}7)$$

同样依据式（6-4）可得出，当墙后填土表面为倾斜时的主动土压力计算公式为

$$E_p = \frac{1}{2}\gamma H^2 \lambda_p \quad (6\text{-}8)$$

$$\lambda_p = \frac{\cos^2(\phi-\alpha)}{\cos^2\alpha \cdot \cos(\delta+\alpha)\left[1-\sqrt{\dfrac{\sin(\phi+\delta)\sin(\phi+i)}{\cos(\delta+\alpha)\cos(\alpha+i)}}\right]^2} \quad (6\text{-}9)$$

式中　λ_p ——库仑被动土压力系数。

总被动土压力分布仍为三角形，即

$$\sigma_p = \gamma h \lambda_p \quad (6\text{-}10)$$

（六）几种特殊情况下土压力的计算

1. 超　载

设挡土墙后地面为一斜面，在地面上作用着均布荷载 q，如图 6.8 所示，这种均布荷载叫超载。超载作用下的土压力可按下列步骤进行。

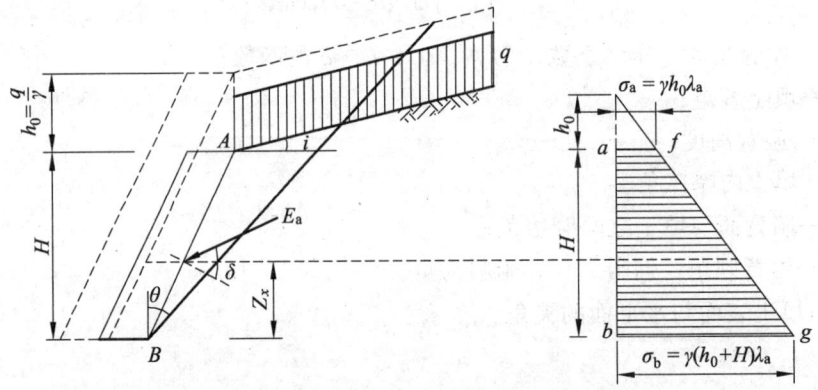

图 6.8　有超载时主动土压力计算示意图

（1）将超载换算成等效高度为 h_0 的土柱

$$h_0 = \frac{q}{\gamma}$$

（2）假想将墙高增加 h_0，由式（6-7）作出土压力强度分布图。墙顶 A 及墙底 B 的土压力强度分别为

$$\sigma_a = \gamma h_0 \lambda_a$$

$$\sigma_b = \gamma (H + h_0) \lambda_a$$

（3）作用在墙背上的主动土压力 E_a 为土压力强度图中梯形 afgb 的面积，所以

$$E_a = \frac{1}{2}(\sigma_a + \sigma_b) H = \frac{1}{2}\gamma H(2h_0 + H) \lambda_a$$

（4）土压力 E_a 的作用点距墙底的距离 Z_x 等于梯形 afgb 的形心至墙底的距离，即

$$Z_x = \frac{H}{3} \cdot \frac{H + 3h_0}{H + 2h_0}$$

2. 不同土层的土压力

当墙后填土分层，而且各层土具有不同的物理力学性质时（ϕ、δ、γ不同），须采用近似方法分层计算土压力。计算中假设土的分层面与填土表面平行，如图 6.9 所示。

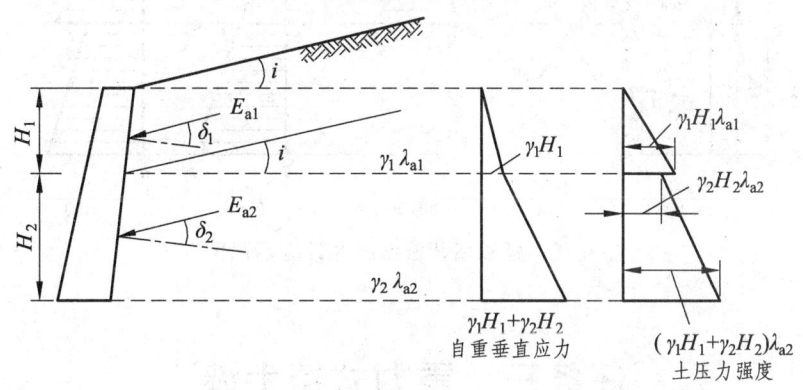

图 6.9 不同土层时主动土压力计算示意图

土压力计算按下列步骤进行：

（1）根据式（6-5）算出上层土体产生的土压力 E_{a1}（上层土的主动土压力系数由 ϕ_1、δ_1 计算）

$$E_{a1} = \frac{1}{2}\gamma_1 H_1^2 \lambda_{a1}, \quad Z_{x1} = H_2 + \frac{H_1}{3}$$

（2）将上层土产生的自重应力 $\gamma_1 H_1$ 视为超载 q，按超载时的土压力计算方法计算 E_{a2}、Z_{x2}（下层土的主动土压力系数 λ_{a2} 由 ϕ_2、δ_2 计算）。

$$E_{a2} = \left(\frac{1}{2}\gamma_2 H_2^2 + \gamma_1 H_1 H_2\right)\lambda_{a2}, \quad Z_{x2} = \frac{H_2}{3}\left(1 + \frac{\gamma_1 H_1}{2\gamma_1 H_1 + \gamma_2 H_2}\right)$$

3. 折线墙背主动土压力

库伦理论仅适用于直线墙背。当墙背有转折时，不能直接用库伦理论求算全墙的土压力。这时，应将上墙与下墙看作独立的墙背，分别按库伦理论计算土压力，然后取两者的矢量和作为全墙的土压力。

对于折线形墙背的上墙，可作为独立墙背来计算土压力，而不考虑下墙的存在。上墙土压力的计算，当墙背俯角不大，不会出现第二破裂面时，直接采用库伦公式计算；当上墙俯角较大时，采用第二破裂面法计算（见有关资料，本书不介绍）。下墙土压力的计算，常采用延长墙背法。

如图 6.10 所示，AD 为上墙墙背，BD 为下墙墙背。先将上墙视为单独的挡墙，用库伦方法求出主动土压力 E_{a1}，土压力强度分布图为 fge。计算下墙土压力时，首先延长下墙墙背 BD，交地面于 A' 点；以 $A'B$ 为假想墙背，用库伦方法求得假想墙背所受土压力，土压力强度分布图为 hij；截取其中与下墙对应的部分 $kijl$，该部分的面积即为下墙所受主动土压力 E_{a2}。图 6.10 中（b）（c）叠加后，墙背 ADB 的土压力分布图为 $mnqpr$，见图 6.10（d）。

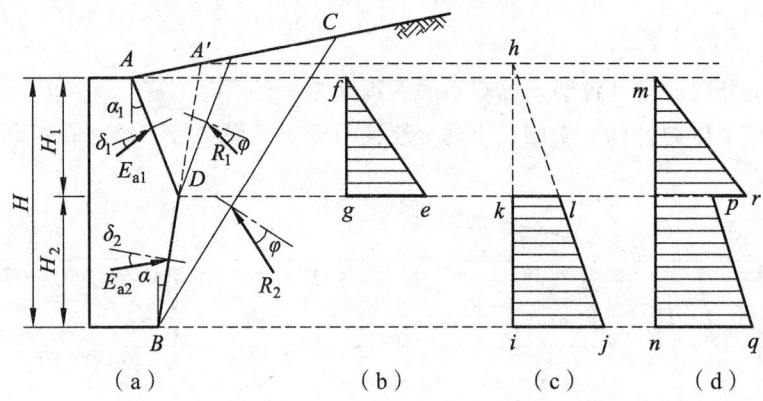

图 6.10 延长墙背法土压力计算示意图

任务三 重力式挡土墙

一、重力式挡土墙概述

重力式挡土墙是依靠墙体的自重来抵抗土压力，防止土体塌滑的挡土结构，是我国目前最常用的一种挡土墙形式。由于我国石料产源丰富，大多采用片（块）石砌筑，在缺乏石料的地区也可用混凝土修建，一般不配钢筋或只在局部范围配少量的钢筋。通常都做成简单的梯形。它具有就地取材、施工方便、经济效果好的优点。但是由于体积和重量都较大，在软弱地基上修建时往往会受到材料的限制。如果墙太高，耗费很多材料，也不经济。只有在地基条件较好、有可用石料的地方，而且挡土墙高度又不大时，可选用重力式挡土墙。

二、重力式挡土墙构造与布置

（一）重力式挡土墙的构造

重力式挡土墙一般是由墙身、基础、排水设施和伸缩缝等部分组成。

1. 墙　身

挡土墙的墙身由墙背、墙胸、墙顶等组成，如图6.11所示。

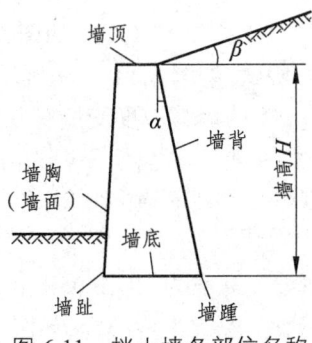

图 6.11　挡土墙各部位名称

墙的顶面部分称为墙顶；墙的底面称为墙底；与填土接触的面称为墙背；与墙背对应的另一面称为墙胸（墙面）；墙胸与墙底的交线称为墙趾；墙背与墙底的交线称为墙踵；墙背与竖直线的夹角称为墙背倾角，一般用 α 表示；墙踵到墙顶的垂直距离称为墙高，用 H 表示。

当墙背只有单一坡度时，称为直线形墙背。若多于一个坡度，则称为折线形墙背。直线形墙背可分为俯斜、垂直和仰斜三种形式。折线形墙背有凸形折线墙背和衡重式墙背等两种，如图6.12所示。

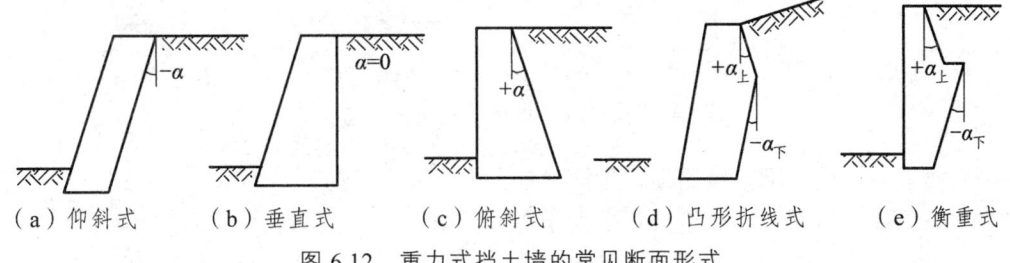

（a）仰斜式　　（b）垂直式　　（c）俯斜式　　（d）凸形折线式　　（e）衡重式

图 6.12　重力式挡土墙的常见断面形式

墙背形式不同，则挡土墙所受土压力大小有较大差异，应用也有不同。按土压力理论，仰斜式墙背主动土压力最小，而俯斜式墙背主动土压力最大，垂直墙背承受的土压力介于两者之间。

若挡土墙修建时需要开挖，则对于支挡挖方工程的边坡，以仰斜式为好（因仰斜墙背可与开挖的临时边坡相结合，而俯斜墙背后需要回填土）；反之，如果是填方工程，则宜采用俯斜墙背或垂直墙背，以便填土夯实。在个别情况下，为减小土压力，采用仰斜式也是可行的，但应注意墙背附近的回填土质量。

墙前原有地形比较平坦时,用仰斜式墙背比较合理。若原有地形较陡,用仰斜式墙背会使墙身增高很多时,宜采用垂直墙或俯斜墙,如图6.13所示。

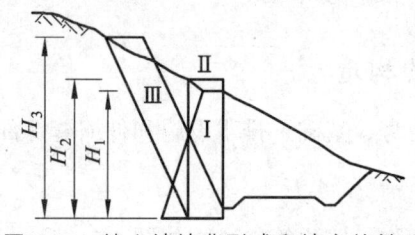

图6.13 挡土墙墙背形式和墙高的关系

重力式挡土墙的仰斜墙背坡度一般采用1:0.25,如图6.14(a)所示,不宜缓于1:0.30。俯斜墙背坡度一般为1:0.25~1:0.40,如图6.14(b)所示。衡重式或凸折式挡土墙墙背坡度多采用1:0.25~1:0.30(仰斜),上墙墙背坡度受墙身强度控制,根据上墙高度,采用1:0.25~1:0.45(俯斜),如图6.14(c)所示。墙面一般为直线形,其坡度应与墙背坡度相协调。同时还应考虑墙趾处的地面横坡,在地面横向倾斜时,墙面坡度影响挡土墙的高度,横向坡度愈大影响愈大。

因此,地面横坡较陡时,墙面坡度一般为1:0.05~1:0.20,矮墙时也可采用直立;地面横坡平缓时墙面可适当放缓,一般不缓于1:0.35。如图6.14(d)所示。

衡重式挡墙上下墙的墙高比采用2:3较为经济合理。对一处挡土墙而言,其断面形式不宜变化过多,以免造成施工困难,并且应当注意不要影响挡土墙的外观。

混凝土或片石混凝土墙顶最小宽度不应小于0.4 m。路肩挡土墙顶部应设置帽石。帽石应采用混凝土制作,其厚度不得小于0.4 m,宽度不得小于0.6 m,飞檐宽度应为0.1 m。

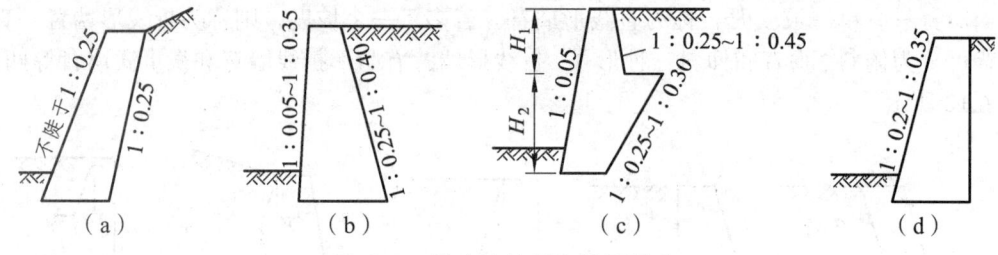

图6.14 挡土墙墙背和墙面坡度

路肩挡土墙还应在下列地段设置防护栏杆:
(1)墙顶高出地面2 m且连续长度大于10 m时;
(2)墙趾下为悬崖陡坎或地面横坡陡于1:1,连续长度大于20 m的山坡时;
(3)车站有调车作业地段。

2. 沉降缝和伸缩缝

由于沿墙纵向的墙高、地基压缩性会有差异。为避免因地基不均匀沉降而引起墙身开裂,必须根据地基条件及墙的断面、高度不同而设置沉降缝;沉降缝的设置同时起到防止圬工砌体因温度变化产生裂缝的伸缩缝作用。沿墙长每隔10~20 m或与其他建筑物相接处应设置伸缩缝,在基底的地层变化处应设置沉降缝。伸缩缝和沉降缝可合并设置。缝宽2~3 cm,

缝内沿内、外、顶三边填塞沥青麻筋或沥青木板等,塞入深度不得小于 0.2 m,如图 6.15 所示。当墙背为石质路堑或填石路堤时,可设置空缝。

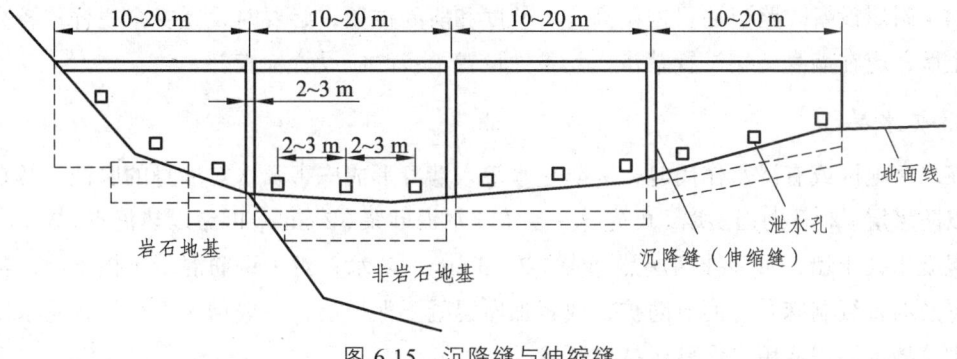

图 6.15　沉降缝与伸缩缝

3. 排水设施

挡土墙应设置排水设施,用于疏干墙后土体和防止地面水下渗后积水形成额外的静水压力作用于墙身;并且能减少季节性冰冻地区填料的冻胀压力;消除黏性土填料浸水后的膨胀压力。排水设施主要包括以下内容:

(1)设置地面排水沟,截引地表水。须夯实回填土顶面和地表松土,防止雨水及地面水下渗,必要时可加设铺砌。

(2)设置墙身泄水孔,见图 6.15,排除墙后积水。挡土墙上应设置向墙外坡度不应小于 4% 的泄水孔,按上下左右每隔 2~3 m 交错布置,折线墙背的易积水处必须设置泄水孔。泄水孔的尺寸可根据泄水量而定,一般为 5 cm×10 cm、10 cm×10 cm、15 cm×20 cm 的方孔或直径为 5~10 cm 的圆孔。下排排水孔的出口应高出墙前地面 0.3 m;若为路堑墙,应高出边沟水位 0.3 m;若为浸水挡土墙,应高出常水位 0.3 m。当墙背填土为渗水性土时,挡土墙泄水孔设置如图 6.16(a)(b)所示。当墙背填土透水性不良或可能发生冻胀时,泄水孔的进口处应设反滤层,在最低一排泄水孔至墙顶以下 0.5 m 的范围内铺设厚度不小于 0.3 m 的砂卵石排水层,既可减轻冻胀力对墙的影响,又可防止墙后产生静水压力,同时起反滤作用。如图 6.16(c)(d)所示。干砌挡土墙因墙身透水,可不设泄水孔。泄水孔应采用管型材料,反滤层应优先采用土工合成材料、无砂混凝土块或其他新型材料。墙背为膨胀土的反滤层厚度不应小于 0.5 m。在靠近路肩或地面的最低一排泄水孔的进水口下部应设置隔水层。

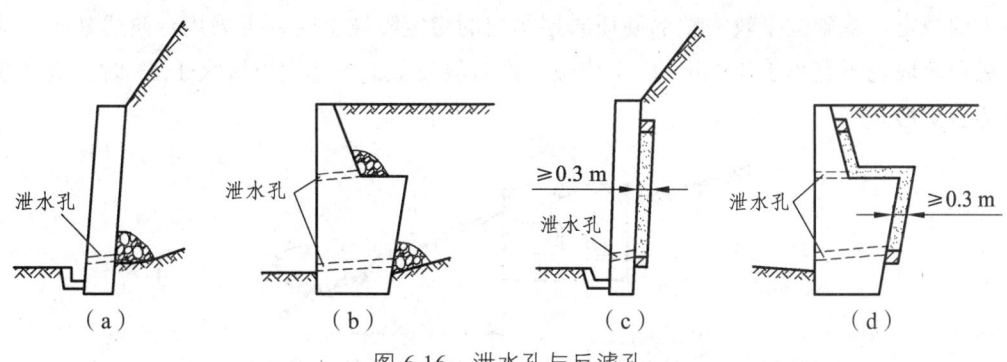

图 6.16　泄水孔与反滤孔

（3）设置纵向排水设备。当墙后渗水量较大或有集中水流（如泉水），或者为保持墙身美观要求不宜设泄水孔时，应设纵向排水设备（如渗水暗沟等）。

（4）附属设备。路肩墙根据其高度、长度和所处位置，必要时设置安全栏杆。较高较长的挡土墙，应在墙身一端设置踏步。无条件设置踏步时应设置检查梯。

4. 防水层

在严寒地区或有浸水作用时，为防止水渗入墙身形成冻害及水对墙身的腐蚀，常在临水面涂以防水层。对石砌挡土墙，可先抹一层 M5 水泥砂浆（2 cm），再涂以热沥青（2~3 mm）；对于混凝土挡土墙，可涂抹两层热沥青（2~3 mm）防水；对于钢筋混凝土挡土墙，常用石棉沥青及沥青浸制麻布各两层防护，或者加厚混凝土保护层，一般情况下可不设防水层，但片石砌筑挡土墙需要用水泥砂浆抹成平缝。

5. 基 础

挡土墙基底宜采用明挖基础。当基坑开挖较深且边坡稳定性较差时，应采取临时支护措施；当基底下为松软土层时，可采用加宽基础、换填土或地基处理等措施。水下基坑开挖困难时，也可采用桩基础或沉井基础。

基础埋置深度应按地基的性质、承载力的要求、冻胀的影响、地形和水文地质等条件确定。

挡土墙基础置于土质地基上时，其基础埋深应符合下列要求。

（1）基础埋置深度不小于 1 m。当有冻结且冻结深度小于或等于 1 m 时，应在冻结线以下不小于 0.25 m，且不应小于 1 m；当冻结深度超过 1 m 时，可在冻结线下 0.25 m 内换填非冻胀土，且埋置深度不应小于 1.25 m。不冻胀土层（例如碎石、卵石、中砂或粗砂等）中的基础，埋置深度可不受冻深的限制。

（2）受水流冲刷时，基础应埋置在冲刷线以下不小于 1 m。

（3）路堑挡土墙基础底面应在路肩以下不小于 1 m 处，并应低于侧沟砌体底面不小于 0.2 m。

（4）在软质岩层地基上不应小于 1 m。

（5）膨胀土地段基础埋置深度不宜小于 1.5 m。

基础在稳定斜坡地面时，其趾部埋入深度和距地面的水平距离如图 6.17 所示，并应符合表 6.4 的规定。基础位于较完整的硬质岩层构成的稳定陡坡上时，可采用台阶式基础，其最下一级台阶底宽不宜小于 1.0 m。挡土墙位于纵向斜坡上，当基底纵坡大于 5%时，应将基底设计为台阶形式。

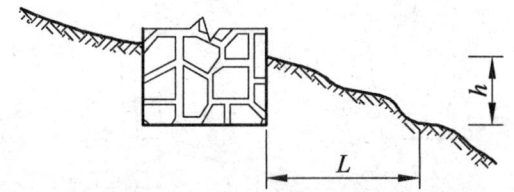

图 6.17 趾部埋入深度和距地面的水平距离示意图

表 6.4　斜坡地面墙趾埋入深度和距地面的水平距离

地层类别	埋入深度/m	距地面的水平距离/m
硬质岩层	0.60	1.50
软质岩层	1.00	2.00
土层	≥1.00	2.50

（二）重力式挡土墙的布置

挡土墙的布置是挡土墙设计的一个重要内容，通常在路基横断面图和墙趾横断面图上进行。布置前应现场核对路基横断面图，不满足要求时应补测，并测绘墙趾处的纵断面图，收集墙趾处的地质和水文等资料。

1. 挡土墙位置的选定

（1）路堑挡土墙的位置通常设置在路基的侧沟边。山坡挡土墙应考虑设在基础可靠处，墙的高度应保证墙后墙顶以上边坡的稳定。

（2）路肩挡土墙因可充分收缩坡脚，大量减少填方和占地，当路肩与路堤墙的墙高或截面圬工数量相近、基础情况相似时，应优先选用路肩墙。若路堤墙的高度或圬工数量比路肩墙显著降低，而且基础可靠时，宜选用路堤墙。必要时应作技术经济比较以确定墙的位置。

（3）路堑墙的基础。同时要求过路肩墙墙踵与水平面成 ϕ 角的平面不得伸入到路堑墙的基底面以下，否则应加深路堑墙的基础，或将两者设计成一个整体结构。

（4）沿河路堤设置挡土墙时，应结合河流的水文、地质情况以及河道工程来布置，注意应保证墙后水流顺畅，不致挤压河道而引起局部冲刷。

（5）滑坡地段的抗滑挡土墙，应结合地形、地质条件、滑面的部位、滑坡推力，以及其他工程，如抗滑桩、减载、排水等综合考虑。

（6）带拦截落石作用的挡土墙，应按落石范围、规模、弹跳轨迹等进行考虑。

（7）受其他建筑物（如：房屋、公路、桥梁、隧道等）控制的挡土墙，在满足特定的要求下，尚需考虑技术经济条件。

2. 挡土墙的纵向布置

纵向布置在墙趾纵断面上进行，布置后绘成挡土墙正面图，布置的内容有：

（1）确定挡土墙的起讫点和墙长，选择挡土墙与路基或其他结构物的衔接方式。

路肩挡土墙端部可嵌入石质路堑中，或采用锥坡与路堤衔接；当路肩挡土墙、路堤挡土墙兼设时，其衔接处可设斜墙或端墙；与桥台连接时，为防止墙后回填土从桥台尾端与挡土墙连接处的空隙中溜出，需在台尾与挡土墙之间设置隔墙及接头墙。

路堑挡土墙在隧道洞口应结合隧道洞门、翼墙的设置情况平顺衔接；与路堑边坡衔接时，一般将墙高逐渐降低至 2 m 以下，使边坡坡脚不致伸入边沟内，有时也可用横向端墙连接。

（2）按地基、地形及墙身断面变化情况进行分段，确定伸缩缝和沉降缝的位置。

当墙身位于弧形地段，例如桥头锥体坡脚，因受力后容易出现竖向裂缝，宜缩短伸缩缝的间距，或考虑其他措施。

（3）布置各挡土墙的基础。墙趾地面有纵坡时，挡土墙的基底宜做成不大于5%的纵坡。但地基为岩石时，为减少开挖，可沿纵向做成台阶。台阶尺寸应随纵坡大小而定，但其宽度比不宜大于1∶2。

（4）布置泄水孔的位置，包括数量、间隔和尺寸等。

此外，在布置图上应注明各特征断面的桩号，以及墙顶、基础、顶面、基底、冲刷线、冰冻线、常水位或设计洪水位的高程等。

3. 横向布置

横向布置选择在墙高最大处、墙身断面或基础形式有变异处。根据墙型、墙高、地基及填土的物理力学指标等设计资料，进行挡土墙设计或套用标准图，以确定墙身断面、基础形式和埋置深度，布置排水设施等，并绘制挡土墙横断面图。

4. 平面布置

对于个别复杂的挡土墙，如较高、较长的沿河挡土墙和曲线挡土墙，除了纵、横向布置外，还应进行平面布置，绘制平面图，表明挡土墙与线路的平面位置及附近地貌和地物等情况，特别是与挡土墙有干扰的建筑物的情况。沿河挡土墙还应绘出河道及水流方向、其他防护与加固工程等。

在以上设计图中，还应标写简要说明。必要时可另编设计说明书，说明选用挡土墙方案的理由，选用挡土墙结构类型和设计参数的依据，对材料和施工要求及注意事项，主要工程数量等。如采用标准图，则应注明其编号。

三、重力式挡土墙施工要点

挡土墙的施工大体上分为施工放样、挖基坑、砌筑基础和砌筑墙身四个步骤。在施工中应注意下列事项。

（一）挖 基

（1）基坑开挖前应做好截、排水工作。

（2）开挖时复查核对基础地质条件，如遇地质不良、承载力不足的地基，应通过变更设计采取措施，然后据以施工。

（3）墙基位于斜坡地面时，其趾部埋入深度和距地面水平距离，应同时符合设计要求；墙基高程如不能满足设计要求时，应通过变更设计后再施工。

（4）采用倾斜基底时，应准确挖凿，不得采用薄层填补方法筑成斜面。

（5）基坑超挖部分，应用同标号浆砌体回填。

（6）基坑应视地质情况确定是否需要支撑加固以及加固类型，特殊条件下采用沉井和挖孔桩基础，并通过设计确定后，再行施工。

（二）砌筑基础

（1）砌筑前，应将基底表面风化、松散土石清除。

（2）坚硬岩石基坑，基坑宜紧靠坑壁施筑，并插浆塞满间隙，使之与岩层形成整体。

（3）雨季时，在土质或易风化软石基坑中砌筑基础，应于基坑挖好后，立即铺满砌筑一层。两沉降缝（伸缩缝）间的桩基础承台（托梁）混凝土应连续浇筑一次成型。

（4）采用台阶式基础时，台阶转折处不得砌成竖向通缝；砌体与台阶壁间缝隙应插浆塞满。

（5）基坑应随基础施工分层回填夯实，顶面做成向外不小于4%的排水坡。

（三）墙身施工

（1）墙身混凝土宜一次立模浇筑。浇筑时模板临时支撑应牢固，保证模板不跑模、不变形。

（2）墙面应平顺，防渗设施及墙顶排水应及时施工。

（3）为保证接缝的作用，沉降缝、伸缩缝均须竖直，缝两侧的砌体表面需要平整并且无搭接，缝中防水材料应按设计要求深度填塞紧密。

（4）路堤衡重式挡土墙的下墙与上墙结合部应预留接茬钢筋连接。

（5）路堤衡重式挡土墙衡重台顶面应按设计要求预留泄水孔。

（6）施工期间宜在墙背侧设置临时支撑，防止倾覆。

（7）挡土墙栏杆、检查梯或台阶应连接牢固，外观整齐；钢质构件应及时进行防锈处理。

四、重力式挡土墙的设计与验算

（一）重力式挡土墙的设计

重力式挡土墙的设计首先应根据路基横断面来确定挡土墙位置，其次再拟定挡土墙的断面形式。挡土墙的布置、基础及断面形式可参考前述内容。

1. 墙 高

一般地区、浸水地区、地震地区和特殊岩土地区的路肩、路堤和路堑等部位，可采用重力式（或衡重式）挡土墙。路肩、路堤和土质路堑挡土墙高度不宜大于10 m，石质路堑挡土墙不宜大于12 m。

混凝土或片石混凝土墙顶宽度不应小于0.4 m。路肩挡土墙顶部应设置帽石。帽石应采用混凝土制作，其厚度不得小于0.4 m，宽度不得小于0.6 m，飞檐宽度应为0.1m。

2. 墙身材料

重力式挡土墙墙身材料应采用混凝土或片石混凝土，片石掺用量不大于总体积的20%，其强度等级及适用范围应按表6.5采用，表中 t 为最冷月平均气温。客运专线墙身材料应采用混凝土，墙背反滤层宜采用袋装砂夹卵砾石或土工合成材料。

表6.5 重力式挡土墙材料强度等级与适用范围

材料种类	重度/（kN/m²）	混凝土强度等级	适用范围
混凝土或片石混凝土	23	C15	t≥－15 ℃
		C20	浸水及 t＜－15 ℃ 地区

重力式挡土墙可按容许应力法计算。混凝土、片石混凝土的容许应力值应按表 6.6 采用。表中符号 A 为计算底面积，A_c 为局部承压面积。

表 6.6 混凝土、片石混凝土的容许应力（MPa）值

应力种类	符号	混凝土强度等级			
		C30	C25	C20	C15
中心受压	$[\Delta_c]$	8.0	6.8	5.4	4.0
弯曲受压及偏心受压	$[\Delta_b]$	10.0	8.5	6.8	5.0
弯曲拉应力	$[\Delta_{b1}]$	0.55	0.50	0.43	0.35
纯剪应力	$[\Delta_c]$	1.10	1.00	0.85	0.70
局部承压应力	$[\Delta_{c1}]$	$8.0\times\sqrt{\dfrac{A}{A_c}}$	$6.8\times\sqrt{\dfrac{A}{A_c}}$	$5.4\times\sqrt{\dfrac{A}{A_c}}$	$4.0\times\sqrt{\dfrac{A}{A_c}}$

当挡土墙的位置、墙高和断面形式确定后，挡土墙的断面尺寸可通过试算的方法确定，其程序如下：

（1）根据经验或标准图初步拟定断面尺寸。

（2）计算侧向土压力。

（3）进行稳定性验算和基底应力与偏心距验算。

（4）当验算结果满足要求时，初拟断面尺寸可作为设计尺寸；当验算结果不能满足要求时，采取适当的措施使其满足要求，或重新拟定断面尺寸，重新计算，直至满足要求为止。

（三）重力式挡土墙的稳定性验算

为保证挡土墙在土压力及外荷载作用下有足够的强度及稳定性。挡土墙可能的破坏形式有滑移、倾覆、不均匀沉陷和墙身断裂等，因此，在设计挡土墙时，应验算挡土墙沿基底的抗滑动稳定性、绕墙趾的抗倾覆稳定性、基底应力和偏心距以及墙身强度等。一般情况下，主要由基底承载力和滑动稳定性来控制设计，墙身应力可不必验算。挡土墙的力学计算取单位长度计算。

1. 作用于挡土墙上的力系

作用在挡土墙上的力系，按力的作用性质分为主力、附加力和特殊力。

（1）主力：经常作用于挡土墙的各种力如图 6.18 所示，包括：

① 挡土墙自重 G 及位于墙上的有效荷载 W_0；

② 墙后土体的主动土压力 E_a，可以分解为水平与垂直的侧压力 E_x 与 E_y；

③ 基底的法向反力 R 及摩擦力 T；

④ 墙前土体的被动土压力 E_p；

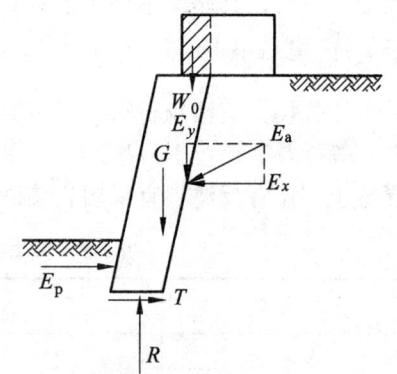

图 6.18 作用在挡土墙上的主力

⑤ 对于浸水挡土墙而言还包括常水位时的静水压力和浮力。

作用在墙背上的主动土压力，可按库仑理论计算。当墙背俯斜度较大、土体中出现第二破裂面时，应按第二破裂面法计算土压力。当墙背为折线形时，可简化为两直线段计算土压力，其下墙段的土压力可用力多边形法计算。

挡土墙前的被动土压力可不计算。当基础埋置较深且地层稳定、不受水流冲刷和扰动破坏时，根据墙身的位移条件，可采用1/3被动土压力值。

（2）附加力：是季节性作用于挡土墙的各种力，例如洪水时的静水压力和浮力、动力压力、波浪冲击力、冻胀压力以及冰压力等。

（3）特殊力：偶然出现的力，例如地震力、施工临时荷载、水流漂浮物的撞击力等。

挡土墙设计所用的荷载应按表6.7所列荷载进行组合。各种力的取舍，应根据挡土墙所处的具体工作条件，按最不利组合作为设计的依据。

表6.7 挡土墙荷载

荷载分类	荷载名称
主力	墙背岩土主动土压力 墙身重力及位于挡土墙顶面上的恒载 轨道及列车荷载产生的土压力、离心力、摇摆力 基底的法向反力及摩擦力 常水位时静水压力和浮力
附加力	设计水位的静水压力和浮力 水位退落时的动水压力 波浪压力 冻胀力和冰压力
特殊力	地震力 施工及临时荷载 其他特殊力

注：（1）常水位系指每年大部分时间保持的水位；
（2）冻胀力和冰压力不与波浪压力同时计算；
（3）洪水和地震不同时考虑。

当主力与附加力、特殊力组合时，应将材料的容许应力（纯剪应力除外）乘以不同的提高系数。当主力与附加力组合时乘以1.30，当主力与特殊力组合时乘以1.40；当主力与地震力组合时，应符合现行《铁路工程抗震设计规范》（GB50111）的规定。

当主力与附加力组合时，地基容许承载力可乘以1.20。当挡土墙按有荷载、无荷载计算，其基底合力的偏心距为负值时，墙踵基底压应力可超过地基容许承载力，一般地区最大不得超过30%，浸水地区不得超过50%，但平均压应力不得超过地基容许承载力。当主力加地震力时，应符合现行《铁路工程抗震设计规范》（GB 50111）的规定。

单线铁路挡土墙应按有列车荷载与无列车荷载进行检算；双线铁路及站场内的挡土墙，除按有列车荷载进行检算外，尚应按邻近挡土墙的一线、二线有列车荷载与无列车荷载等组合进行检算。

2. 抗滑动稳定性验算

如图6.19所示，在主动土压力的水平分力 E_x 作用下，挡土墙向外滑动，抵抗滑动的是基础底面与地基之间的摩阻力，抗滑力与滑动力的比值称为抗滑稳定系数，用 K_c 表示，在一般情况下：

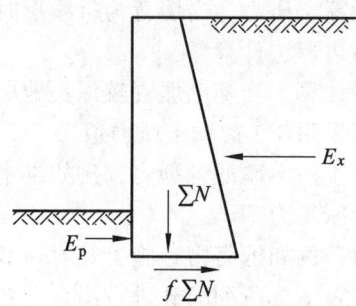

图 6.19 挡土墙的抗滑稳定性验算

$$K_c = \frac{f \sum N + E_p}{\sum E_x} \qquad (6\text{-}11)$$

式中 $\sum N$ ——作用于基底上的总垂直力，即挡土墙自重 G、墙背主动土压力的竖直分力 E_y、墙顶上的有效荷载 W_0 之和，其值为 $\sum N = G + E_y + W_0$；

$\sum E_x$ ——墙背主动土压力的水平分力；

f ——基础底面（圬工）与地基土之间的摩擦系数，可通过现场试验确定，当无实测资料时，可参考表 6.8 选择。

表 6.8 基底与地基间的摩擦系数 f

地基类别	f
硬塑黏土	0.25～0.30
粉质黏土、粉土、半干硬的黏土	0.30～0.40
砂类土	0.30～0.40
碎石类土	0.40～0.50
软质岩	0.40～0.60
硬质岩	0.60～0.70

沿基底抗滑稳定性系数 K_c 不应小于 1.3，考虑附加力时，K_c 不小于 1.2，架桥机等运架设备临时荷载作用下，K_c 不小于 1.05。

当挡土墙的抗滑稳定性不足，可考虑采用下列措施，以增加其抗滑动稳定性：

（1）采用倾斜基底，设置向内倾斜的基底，可以增加抗滑力和减少滑动力，从而增强抗滑稳定性。基底倾角：对于土质地基不陡于 1∶5；对于岩石地基不陡于 1∶3。

设置倾斜基底的方法是保持墙胸高度不变，而使墙踵下降一个高度面 Δh，如图 6.20 所示。从而使基底具有向内倾斜的逆坡。需要注意的是，由于墙踵下降了 Δh，计算土压力时墙高也相应增加了 Δh，即计算墙高为：$H' = H + \Delta h$，由图 6.20 可知：

$$\Delta h = \frac{B\tan\alpha_0}{1+\tan\alpha_0\tan\alpha} \quad (6\text{-}12)$$

若将竖直方向的力和水平方向的力分别按倾斜基底的法线方向和切线方向分解，则倾斜基底法向力为

$$\sum N' = \sum N\cos\alpha_0 + \sum E_x\sin\alpha_0 \quad (6\text{-}13)$$

$$\sum T' = \sum E_x\cos\alpha_0 - \sum N\sin\alpha_0 \quad (6\text{-}14)$$

因此设置倾斜基底后挡土墙的滑动稳定性系数为：

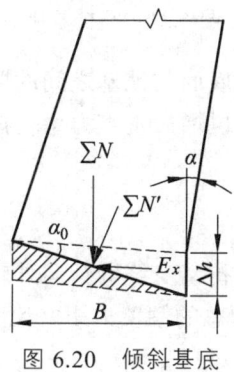

图 6.20　倾斜基底

非浸水

$$Kc = \frac{\left[\sum N + (\sum E_x - E_x')\tan\alpha_0\right]\cdot f + E_x'}{\sum E_x - \sum N\tan\alpha_0} \quad (6\text{-}15)$$

浸水

$$Kc = \frac{(\sum N - \sum N_w + \sum E_x\tan\alpha_0)\cdot f}{\sum E_x - (\sum N - \sum N_w)\tan\alpha_0} \quad (6\text{-}16)$$

式中　$\sum N$——作用于基底上的总垂直力（kN）；

$\sum E_x$——墙后主动土压力的总水平分力（kN）；

E_x'——墙前土压力的水平分力（kN）；

$\sum N_w$——墙身的总浮力（kN）；

α_0——基底倾斜角（°）；

f——基底与地层间的摩擦系数。

由公式可以看出，基底倾角 α_0 越大，越有利于抗滑稳定性，但倾斜度过大挡土墙易连同地基土一起滑动。应该注意，当为倾斜基底时，应检算沿地基水平方向的滑动稳定性。基底下有软弱土层时，应检算该土层的滑动稳定性。

（2）采用凸榫基础，如图 6.21 所示。在挡土墙基础底面设置混凝土凸榫，与基础连成整体，利用凸榫前土体所产生的被动土压力以增强挡土墙的抗滑稳定性。

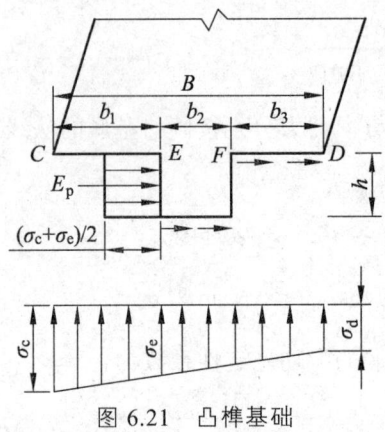

图 6.21 凸榫基础

（3）更换基底土层，以增大基础底面与地基之间的摩擦系数。

（4）改变墙身断面形式和尺寸，以增大垂直力系，但单纯扩大断面尺寸，收效不大，也不经济。

3. 抗倾覆稳定性验算

挡土墙的抗倾覆稳定性是指它抵抗墙身绕墙趾向外转动倾覆的能力，用抗倾覆稳定系数 K_0 表示，其值为墙趾总的稳定力矩与总的倾覆力矩之比，表达式为

$$K_0 = \frac{\sum M_y}{\sum M_0} = \frac{GZ_G + E_y Z_y + E_p Z_p}{E_x Z_x} \tag{6-17}$$

式中　$\sum M_y$——稳定力系对墙趾的总力矩（kN·m）；

　　　$\sum M_0$——倾覆力系对墙趾的总力矩（kN·m）；

　　　Z_x，Z_y——E_x、E_y 对墙趾的力臂（m）；

　　　Z_G——墙重 G 对墙趾的力臂（m）。

一般情况下，抗倾覆稳定性系数不应小于 1.6，考虑附加力时，不应小于 1.4。当墙高大于 12～15 m 时，应注意加大 K_0 值，以保证挡土墙的抗倾覆稳定性。

当挡土墙的抗倾覆稳定性不足时，可以考虑以下措施以增加抗倾覆稳定性：

（1）加宽墙趾，即在墙趾处加宽基础，以增大稳定性力矩的力臂，是增强抗倾覆稳定性的常用方法，如图 6.22 所示。但当墙趾前的横坡较陡时，会因加宽墙趾而使墙高增加。展宽部分 Δb 一般用与墙身相同的材料砌筑，不宜过宽。重力式挡土墙 Δb 不宜大于墙高的 10%；衡重式挡土墙 Δb 不宜大于墙高的 5%。基础展宽可分级设置成台阶基础，每级的宽度和高度关系应符合刚性角的要求：对于石砌圬工刚性角不大于 35°，如超过时，则应采用钢筋混凝土基础板。

（2）减缓墙面坡度，以增大力臂。

（3）改陡墙背坡度，以减小土压力。

（4）墙背设置衡重台，增加抗倾覆力矩。

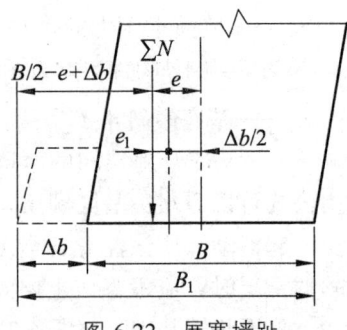

图 6.22 展宽墙趾

4. 基底应力及偏心距的验算

为了保证挡土墙的基底应力不超过基底的容许承载力，应进行基底应力检算。为了使挡土墙墙型结构合理和避免发生显著的不均匀沉降，还应控制作用于挡土墙基底的合力偏心距。

如图 6.23 所示，若作用于基底合力的法向分力为 $\sum N$，它对墙趾的力臂为 Z_N，则有

$$Z_N = \frac{\sum M_y - \sum M_0}{\sum N} = \frac{G Z_G + E_y Z_y - E_x Z_x}{G + Z_y} \quad (6\text{-}18)$$

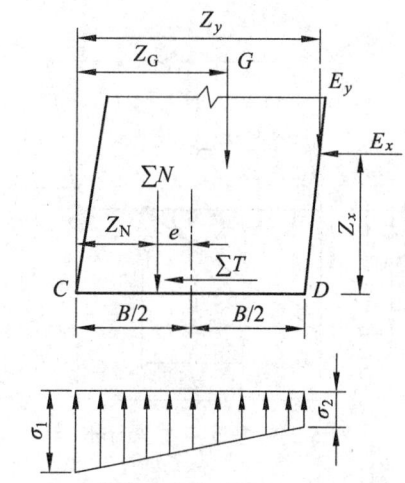

图 6.23 基底应力及合力偏心距检算图示

合力偏心距 e 为

$$e = \frac{B}{2} - Z_N \quad (6\text{-}19)$$

基底合力的偏心距，土质地基不应大于 $B/6$，岩石地基不应大于 $B/4$。

基底两边缘点，即趾部和踵部的法向应力 σ_1 和 σ_2 分别为

$$\begin{matrix} \sigma_1 \\ \sigma_2 \end{matrix} = \frac{\sum N}{A} \pm \frac{\sum M}{W} = \frac{G + E_y}{B}\left(1 \pm \frac{6e}{B}\right) \quad (6\text{-}20)$$

式中 $\sum M$ ——各力对中性轴的力矩之和（KN·m），$\sum M = \sum N \cdot e$；

W——基底抗弯截面系数（m^3），对单位延米的挡土墙 $W = B^2/6$；

A——基础底面的面积（m^2）；对单位延米的挡土墙 $A = B$；

B——基底宽度（m）。

基底压应力不得大于地基容许承载力 $[\sigma]$，当考虑主要力和附加力组合时，地基承载力可提高 20%。当按主要力计算时，墙踵的基底压应力可超过地基的容许承载力，一般地区最大不超过 30%。

当 $|e| > \dfrac{B}{6}$ 时，σ_2 为负值，即基底墙踵一侧出现拉应力，因地基与基础间是不能承受拉应力的，这时应按无拉应力的平衡条件重新分配压应力。重新分配的压应力合力作用在墙趾为

Z_N 的三角形应力图的形心上,该应力图一边长为 $3Z_N$,如图 6.24 所示,基底应力图将由虚线图形变为实线图形。根据力的平衡条件有

$$\sum N = \frac{1}{2}\sigma_{max} \cdot 3Z_N$$

故基底最大压应力为

$$\sigma_{max} = \frac{2\sum N}{3Z_N} \tag{6-21}$$

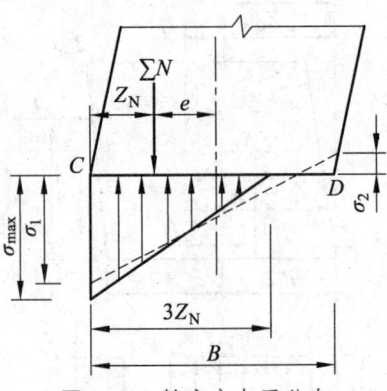

图 6.24 基底应力重分布

基底压应力或偏心距过大时,可采取如下措施:
(1)加宽墙趾或扩大基础;
(2)换填地基土,以提高承载力;
(3)调整墙背坡度或断面形式以减少合力偏心距。

当基底为倾斜基底时,基底宽 B' 可由图 6.25 中 $\triangle ABC$ 用正弦定理算出。由

$$\frac{B}{\sin(90°-\alpha_0+\alpha)} = \frac{B'}{\sin(90°-\alpha)}$$

得

$$B' = \frac{B\cos\alpha}{\cos(\alpha_0-\alpha)} \tag{6-22}$$

式中 α_0——基底与水平面的夹角;

α——墙背与竖直面的夹角。

由式(6-13)的作用在反斜基底上的法向力为

$$\sum N' = \sum N\cos\alpha_0 + E_x\sin\alpha_0$$

它对墙趾的力臂

$$Z_N' = \frac{\sum M_y - \sum M_0}{\sum N'}$$

项目六　路基支挡结构

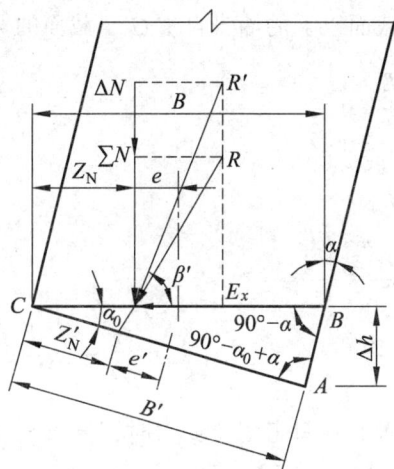

图 6.25　设置反斜基底时计算简图

倾斜基底的合力偏心距 e' 为

$$e' = \frac{B'}{2} - Z_N' \tag{6-23}$$

基底的法向应力为

当 $|e'| \leqslant B'/6$ 时，$\begin{matrix}\sigma_1\\\sigma_2\end{matrix} = \frac{\sum N'}{B'}\left(1 \pm \frac{6e'}{B'}\right) \tag{6-24}$

当 $|e'| > B'/6$ 时，$\sigma_{\max} = \frac{2\sum N'}{3Z_N'}$

$$\sum T' = \sum E_x \cos\alpha_0 - \sum N \sin\alpha_0 \tag{6-25}$$

5. 墙身截面强度验算

重力式挡土墙一般均属于偏心受压，故截面强度应按偏心受压构件进行验算；通常选择一两个控制性断面进行墙身应力和偏心距验算，如基础顶面（襟边以上截面）、1/2 墙高处、上下墙（凸形及衡重式墙）交接处。如图 6.26 所示。

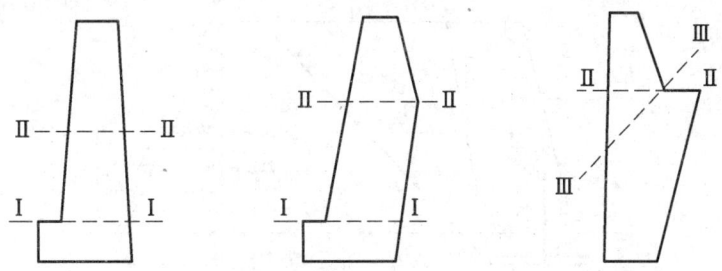

图 6.26　墙身验算截面的选择

墙身截面强度验算包括法向应力验算和剪切应力验算。

（1）法向应力验算。

如图 6.26 所示，若检算截面 Ⅰ—Ⅰ 的强度，则可从土压力强度分布图中得到截面 Ⅰ—Ⅰ

以上的土压力 E_{xi} 和 E_{yi} 以及该截面以上的墙身自重 G_i，截面的宽度 B_i，则

$$\sum N_i = G_i + E_{yi}$$

$$\sum M_{yi} = G_i Z_{Gi} + E_{yi} Z_{yi}$$

$$\sum M_{oi} = E_{xi} Z_{xi}$$

$$Z_{Ni} = \frac{\sum M_{yi} - \sum M_{oi}}{\sum N_i} \tag{6-26}$$

$$e_i = \frac{B_i}{2} - Z_{Ni} \tag{6-27}$$

对于墙身截面偏心距的要求，在只考虑主要力时，$|e_i| \leq 0.3 B_i$，考虑主要力和附加力时，$|e_i| \leq 0.35 B_i$，以保证墙型的合理性。

截面两端的法向应力为

$$\frac{\sigma_1}{\sigma_2} = \frac{\sum N_i}{B_i}\left(1 \pm \frac{6 e_i}{B_i}\right) \tag{6-28}$$

对于截面两端边缘的法向应力的要求，在只考虑主要力时，最大压应力和最大拉应力不得超过圬工的容许应力。当考虑附加力时，容许应力可提高 30%。

（2）剪应力验算。

剪应力分水平剪应力和斜截面剪应力两种。重力式挡土墙只检算水平剪应力，而衡重式挡土墙还需进行斜截面剪应力的检算，如图 6.26 中的 Ⅲ—Ⅲ 截面。

① 水平方向剪应力检算

如图 6.27，对 Ⅰ—Ⅰ 截面的水平剪应力进行检算时，剪切面上的水平剪应力 $\sum T_i$ 之和等于 Ⅰ—Ⅰ 截面以上墙身所承受的水平土压力 $\sum E_{xi}$，则

$$\tau_i = \frac{\sum T_i}{B_i} = \frac{\sum E_{xi}}{B_i} \leq [\tau] \tag{6-29}$$

式中　$[\tau]$——圬工砌体的容许切应力（kPa），按有关规范采用。

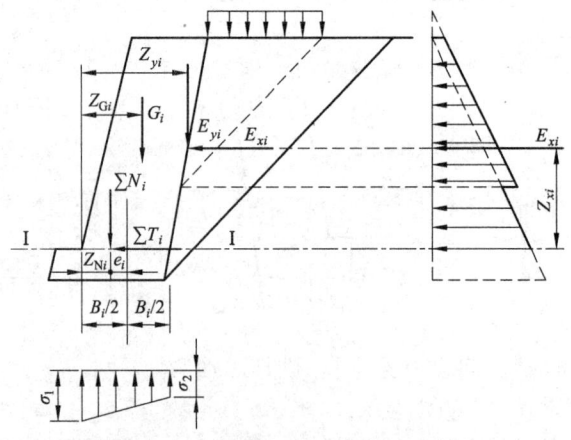

图 6.27　容许应力法墙身截面验算图

当墙身断面出现拉应力时，应考虑裂缝对受剪面积的折减。一般情况下，由于墙身截面的切应力远小于其容许值，可不进行这方面的验算。

② 斜截面剪应力检算。

对于衡重式挡土墙，假设剪切面 AB 为上墙底面沿斜线方向的剪切面，剪裂面与水平面成 ε 角，如图 6.28 所示，则

$$\tau_{max} = \cos^2\varepsilon[\tau_x(1-\tan\alpha'\tan\varepsilon)+\tau_w\tan\varepsilon(1-\tan\alpha'\tan\varepsilon)+\tau_y\tan^2\varepsilon]$$

式中，ε 由下式求出

$$\tan\varepsilon = -\eta \pm \sqrt{\eta^2+1}$$

其中

$$\eta = \frac{\tau_y - \tau_x - \tau_w\tan\alpha'}{\tau_x\tan\alpha' - \tau_w}$$

在 η 计算式中，

$$\tau_x = \frac{E_{1x}'}{B_1}, \quad \tau_w = \frac{E_{1y}' + G_1}{B_1}, \quad \tau_y = \frac{1}{2}\gamma_h B_1^2。$$

若 $\tau_{max} \leqslant [\tau]$，说明斜截面抗剪强度满足要求。

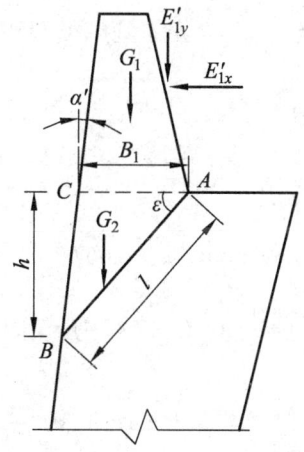

图 6.28 斜截面剪应力验算

五、重力式挡土墙设计与验算示例

【例 6-2】初步拟定采用如图 6.29 所示路肩挡土墙，墙身为片石混凝土，墙与地基之间的摩擦系数 $f=0.4$，地基为砂类土，容许承载 $[\sigma]_\pm=300$ kN/m²，墙身圬工容重 $\gamma=23$ kN/m³，墙后填土重度 $\gamma=18.0$ kN/m³，内摩擦角 $\phi=30°$，$\delta=\phi/2=15°$，墙高 $H=6.0$ m，铁路为 I 级，轨道类型为次重型，墙身尺寸见图 6.28(a)，试确定该墙符合要求的尺寸(墙身截面 $[\sigma]=4\,000$ kPa，$[\tau]=700$ kPa)。

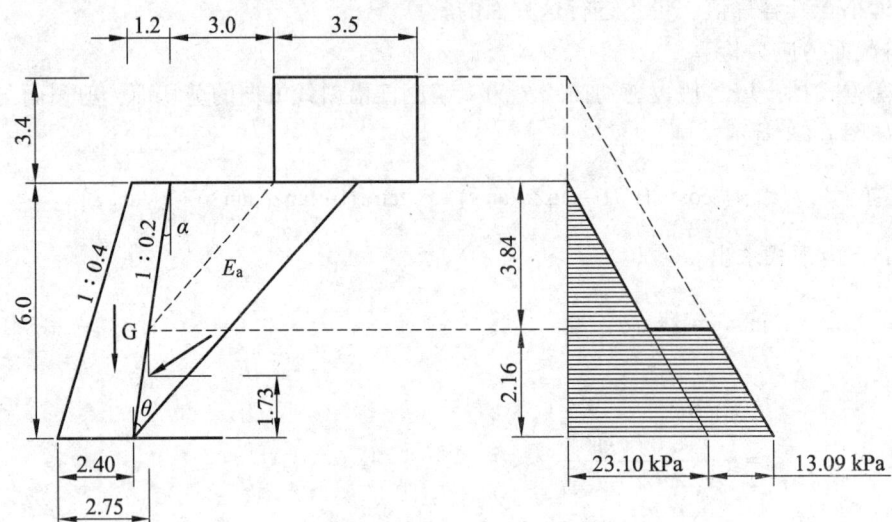

图 6.29 拟采用路肩挡土墙土压力计算示意图

解：

1）土压力计算

如图 6.29 所示，与例 6-1 计算类似

（1）求 h_0、l_0。

由图已知 $K=3\,\mathrm{m}$；由铁路等级、轨道类型、基床类型和填土重度由附录 C 查得换算土柱高度 $h_0=3.4\,\mathrm{m}$，$l_0=3.5\,\mathrm{m}$。

（2）初选计算草图，计算 $\tan\theta$。

假设破裂面交于荷载内，由图看出挡土墙墙背坡度 $1:0.2$，所以 $\tan\alpha=0.2$，$\alpha=11.3°$（仰斜墙背倾角为正）。

$$\psi=\phi+\delta-\alpha=33.69°,\quad \tan\psi=0.667$$

$$A_0=\frac{1}{2}H(H+2h_0)=\frac{1}{2}\times 6\times(6+2\times 3.4)=38.4\,\mathrm{m}^2$$

$$B_0=\frac{1}{2}H(H+2h_0)\tan\alpha+Kh_0=\frac{1}{2}\times 6\times(6+2\times 3.4)0.2+3\times 3.4=17.88\,\mathrm{m}^2$$

$$\tan\theta=-\tan\psi\pm\sqrt{(\tan\psi+\cot\phi)\left(\tan\psi+\frac{B_0}{A_0}\right)}$$

$$=-0.667\pm\sqrt{(0.667+1.732)\left(0.667+\frac{17.88}{38.4}\right)}$$

由于 $\psi=33.7°<90°$，所以根号前取"+"

即 $\tan\theta=0.9814$，$\theta=44.46°$。

（3）检验所选计算草图是否正确。

因为 $H\tan\theta + H\tan\alpha = 6\times0.9814 - 6\times0.2 = 4.688\text{ m} < K + l_0 = 6.5\text{ m}$

所以破裂面交于荷载内，与假设相符。

（4）求土压力系数、土压力大小及其作用点。

$$\lambda_a = (\tan\theta - \tan\alpha)\frac{\cos(\theta+\phi)}{\sin(\theta+\psi)} = 0.214$$

$$E_a = \gamma\lambda_a\frac{A_0\tan\theta - B_0}{\tan\theta - \tan\alpha} = 97.58\text{ kN/m}$$

$$E_x = E_a\cos(\delta - \alpha) = 97.37\text{ kN/m}$$

$$E_y = E_a\sin(\delta - \alpha) = 6.28\text{ kN/m}$$

$$h_1 = \frac{K}{\tan\theta - \tan\alpha} = 3.84\text{ m}$$

$$h_2 = \frac{l_0}{\tan\theta - \tan\alpha} = 2.16\text{ m}$$

$$Z_x = \frac{H^3 + 3h_0 h_2^2}{3(H^2 + 2h_0 h_2)} = 1.73\text{ m}$$

$$Z_y = B + Z_x\tan\alpha = 2.75\text{ m}$$

（5）绘制土压力强度图。

$$\sigma_0 = \gamma h_0\lambda_a = 13.09\text{ kPa}$$

$$\sigma_H = \gamma H\lambda_a = 23.10\text{ kPa}$$

土压力强度如图 6-29 所示。

2）挡土墙检算

（1）抗滑稳定性检算。

挡墙自重 $G = 23\times\left(\frac{1}{2}\times 2.4\times 6 + \frac{1}{2}\times 1.2\times 6\right) = 248.4\text{ kN/m}$

$$\sum N = G + E_y = 248.4 + 6.28 = 254.68\text{ kN/m}$$

$$K_c = \frac{\sum N\cdot f}{E_x} = \frac{254.68\times 0.4}{97.37} = 1.05 < 1.3$$

所以不满足抗滑稳定性要求，需重新拟定挡土墙尺寸。取墙顶宽为 2.2，底宽为 3.4，墙背坡、胸坡及墙高均不变，如图 6.30 所示。

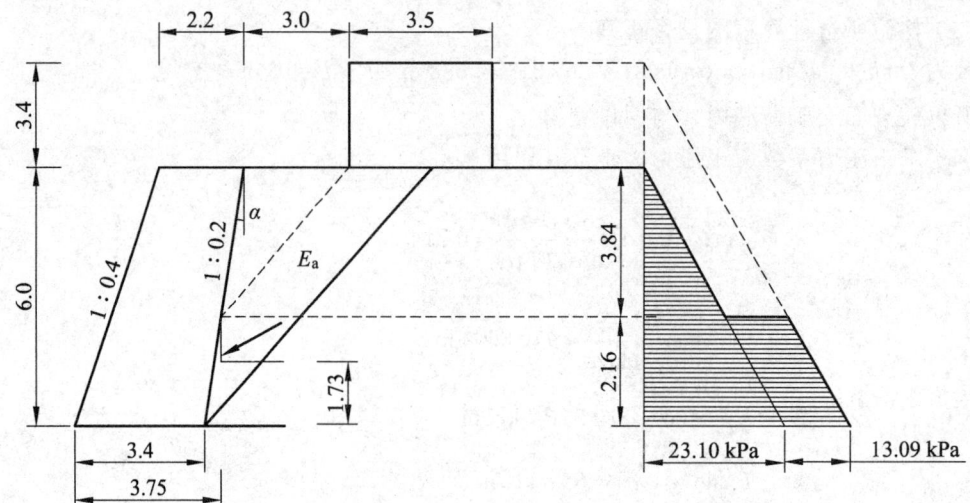

图 6.30　调整后路肩挡土墙示意图

重新检算抗滑稳定性

$$G = 23 \times \left(\frac{1}{2} \times 2.4 \times 6 + 1 \times 6 + \frac{1}{2} \times 1.2 \times 6\right) = 386.4 \text{ kN/m}$$

$$\sum N = G + E_y = 386.4 + 6.28 = 392.68 \text{ kN/m}$$

$$K_c = \frac{\sum N \cdot f}{E_x} = \frac{392.68 \times 0.4}{97.37} = 1.613 > 1.3$$

所以抗滑稳定性满足要求。

（2）抗倾覆稳定性检算。

$$K_0 = \frac{\sum M_y}{\sum M_0} = \frac{GZ_G + E_y Z_y}{E_x Z_x} = \frac{G_1 Z_{G1} + G_2 Z_{G2} + G_3 Z_{G3} + E_y Z_y}{E_x Z_x}$$

$$\begin{aligned} &G_1 Z_{G1} + G_2 Z_{G2} + G_3 Z_{G3} \\ &= \left[\frac{1}{2} \times 2.4 \times 6 \times 2.4 \times \frac{2}{3} + 1 \times 6 \times (2.4 + 0.5) + \frac{1}{2} \times 1.2 \times 6 \times \left(2.4 + 1 + 1.2 \times \frac{1}{3}\right)\right] \times 23 \\ &= (11.52 + 17.4 + 13.68) \times 23 \\ &= 979.8 \text{ kN·m/m} \end{aligned}$$

又因为墙底宽改为 3.4 m，所以 $Z_y = B + Z_x \tan \alpha = 3.75 \text{ m}$

$$K_0 = \frac{\sum M_y}{\sum M_0} = \frac{GZ_G + E_y Z_y}{E_x Z_x} = \frac{979.8 + 6.28 \times 3.75}{97.37 \times 1.73} = \frac{1\,003.35}{168.45} = 5.96 > 1.6$$

所以抗倾覆稳定性满足要求。

（3）基底应力 σ 与合力偏心距 e 检算。

$$Z_N = \frac{\sum M_y - \sum M_0}{\sum N} = \frac{GZ_G + E_y Z_y - E_x Z_x}{G + E_y}$$

$$= \frac{1\,003.35 - 168.45}{386.4 + 6.28} = 2.13 \text{ m}$$

$$e = \frac{B}{2} - Z_N = \frac{3.4}{2} - 2.13 = -0.43 < 0 \text{（合力在中心线右侧）}$$

$$|e| = 0.43 < \frac{B}{6} = 0.57$$

所以合力偏心距 e 满足要求。

$$\begin{matrix}\sigma_{\max} \\ \sigma_{\min}\end{matrix} = \frac{\sum N}{B}\left(1 \pm \frac{6e}{B}\right)$$

$$= \frac{392.68}{3.4} \times \left(1 \pm \frac{6 \times 0.44}{3.4}\right)$$

$$= 115.49 \times (1 \pm 0.78)$$

$$= \begin{matrix}205.57 \\ 25.41\end{matrix} \text{ kPa} < [\sigma] = 300 \text{ kPa}$$

所以基底应力 σ 满足要求。

（4）挡土墙墙身 $H/2$ 截面强度检算。

如图 6.31 所示，取 $H/2$ 截面

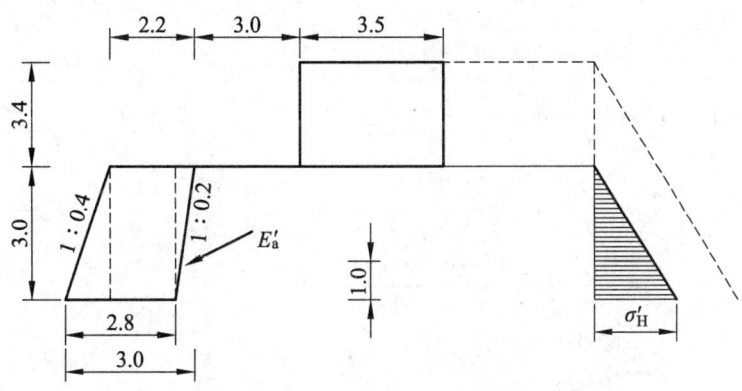

图 6.31 调整后路肩挡土墙 $H/2$ 截面检算示意图

① 法向应力。

$$B' = 3 \times 0.4 + 1 + 3 \times 0.2 = 2.8 \text{ m}$$

$$\sigma'_H = \sigma_H / 2 = 11.55 \text{ kPa}$$

$$E'_a = \frac{1}{2} \sigma'_H \frac{H}{2} = 17.33 \text{ kN/m}$$

$$E_x' = E_a'\cos(\delta-\alpha) = 17.29 \text{ kN/m}$$

$$E_y' = E_a'\sin(\delta-\alpha) = 1.12 \text{ kN/m}$$

土压力和墙身重力到截面左下角的距离：

$$Z_x' = \frac{\sum E_i'Z_i'}{E_a'} = \frac{\frac{1}{2}\sigma_H'\frac{H}{2}\times\frac{1}{3}\times 3}{E_a'} = \frac{\sigma_H'H}{4E_a'} = \frac{11.55\times 6}{4\times 17.33} = 1.00 \text{ m}$$

$$Z_y' = B' + Z_x'\tan\alpha = 2.8 + 1.00\times 0.2 = 3.00 \text{ m}$$

$$G' = \frac{2.2+2.8}{2}\times 3\times 23 = 172.5 \text{ kN/m}$$

$$G'Z_G' = \left[\frac{1}{2}\times 1.2\times 3\times\frac{2}{3}\times 1.2 + 1.6\times 3\times(1.2+0.8) + \frac{1}{2}\times 0.6\times 3\times\left(1.2+1.6+\frac{1}{3}\times 0.6\right)\right]\times 23$$
$$= 316.02 \text{ kN·m/m}$$

$$Z_N' = \frac{G'Z_G' + E_y'Z_y' - E_x'Z_x'}{G' + E_y'}$$

$$= \frac{316.02 + 1.12\times 3 - 17.29\times 1}{172.5 + 1.12} = 1.74 \text{ m}$$

$$e' = \frac{B'}{2} - Z_N' = \frac{2.8}{2} - 1.74 = -0.34 < 0$$

$$|e'| = 0.34 < 0.3B' = 0.84$$

所以合力偏心距 e' 满足要求。

$$\begin{matrix}\sigma_{\max}\\\sigma_{\min}\end{matrix} = \frac{\sum N'}{B'}\left(1\pm\frac{6e'}{B'}\right)$$

$$= \frac{1.12+172.5}{2.8}\times\left(1\pm\frac{6\times 0.34}{2.8}\right)$$

$$= 62.01\times(1\pm 0.73)$$

$$= \begin{matrix}107.28\\16.74\end{matrix} \text{ kPa} < [\sigma]_{坏} = 4\,000 \text{ kPa}$$

② 剪应力。

$$\tau = \frac{\sum T''}{B'} = \frac{\sum E_x'}{B'} = \frac{17.29}{2.8} = 6.18 \text{ kPa} < [\tau]_{坏} = 700 \text{ kPa}$$

所以剪应力 τ 也满足要求，因此拟定的挡土墙尺寸均满足稳定性要求。

任务四 轻型挡土墙

近二十年来,国内外出现了不少轻型支挡结构,具有圬工用量少、造价低、便于拼接和机械化施工的优点。轻型挡土墙有多种类型,常见的有墙式挡土结构,包括薄壁挡土墙、锚杆挡土墙、柱板式或桩板式挡土墙及加筋挡土墙。如果把支挡建筑物做成有一定间距的桩或墩,则可称为柱式挡土结构,无挡板连接的抗滑桩就属于这种类型。

一、加筋土挡土墙

(一)适用情况及构造

加筋土挡土墙是一种用加筋土技术修建的轻型支挡结构,由墙面板、拉筋和填土三部分组成,依靠拉筋与填料间的摩擦作用,平衡填料作用于墙面的土压力,使之形成整体,抵抗后部填料产生的土压力,如图 6.32 所示。加筋土挡土墙既是柔性结构,能够适应地基较大的变形,因此可用于较软的地基上;又是重力式结构,可承受荷载的冲击、振动作用。具有施工简便、外形美观、节约用地、造价低廉的特点。适用于缺乏石料的地区和大型填方工程。

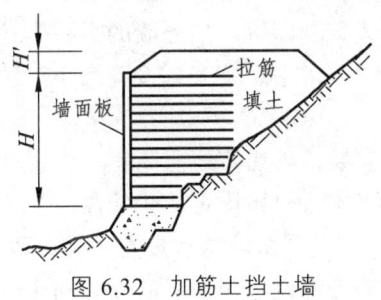

图 6.32 加筋土挡土墙

(二)加筋土挡土墙的布置

加筋土挡土墙应用范围十分广泛,根据需要可以采用不同的形式,按其设置位置可分为路肩墙和路堤墙(加筋体顶部按路堤形式尚有一定的填土高度);按拉筋形式可分为条带式加筋土挡土墙(即拉筋为条带状,每一层不满铺拉筋)和席垫式土工合成材料加筋挡土墙(即每一层连续满铺土工格网或土工席垫拉筋);根据建筑高度,可分为单级形式(一般墙高小于12 m)和多级形式(大于 12 m 且分级高度一般为 8~12 m);按照结构形式,常用的有单面式、双面式、台阶式加筋土挡土墙和无面板加筋墙。

(三)施工要点

加筋土挡土墙基础、反滤层、排水层及泄水管、沉降缝(伸缩缝)施工应符合支挡结构施工一般规定。

1. 施工准备

（1）面板形式及预制：面板一般采用混凝土预制板，预制构件可以在工厂进行，机械化操作，批量生产。预制模板时采用定型钢模，这种模板专用设计，一次成本大，但综合效益高。

（2）拉筋选择：拉筋的品种、规格、尺寸性能应符合设计要求，并进行进场检验，土工合成材料拉筋应妥善保管，严禁暴晒。

（3）填料分类及选用：回填土要求有较好的稳定性和较高的抗剪强度，一般采用中低液限黏土、砂类土、砾碎石土和各种稳定土，对于满足要求的工业废渣也可采用。填料的选用宜根据当地土源情况，尽可能选择力学性能好的土料。

（4）排水滤水构件：为了保证土体稳定，必须控制土壤含水量。施工中通过埋设滤水管网和铺设滤水粒料，及时排除加筋体内积水或渗水。

2. 施工方法

加筋土挡土墙施工一般包括：基槽（坑）开挖、地基处理、基础浇（砌）筑、构件预制与安装、面板安装、筋带布设、填料填筑与压实、墙顶封闭、附属构件安装等。

（1）基础施工：同其他挡土墙一样，加筋土挡土墙的基底处理措施一般是钢筋混凝土条基，其作用不仅要承受荷载，而且是作为加筋土挡土墙面板施工的起点和控制点，所以顶面要水平整齐。

（2）控制放线：加筋土挡土墙墙面垂直，平面上随现场条件做成直线或曲线。第一层面板安装准备后，每层只需用垂线控制即可。挡土墙的另一个控制内容是面板的接缝线条。挡土墙的美观主要体现在线条上，要求平顺整齐，接缝大小一致，每层面板安装前都应准确放出每块面板的位置，精确对线。

（3）施工技术要点：面板安装以外缘定线。高程、位置和接缝都以外缘为测量点；为防止相邻面板错位，可采用螺栓夹木或斜撑固定；相邻段面板的沉降缝施工应明显错开，以保证沉降缝顺直、等宽和贯通。施工缝与沉降缝宜设在一起，且填缝料应在后一段施工前放入。

（4）筋带铺设施工要点：筋带铺设应与面板的安装同步，进行铺设的底料应平整密实；筋带不得弯曲，接头和防锈处理应符合标准规定；筋带或面板间的钢筋连接，可采用焊接、拉环连接或螺栓连接，且连接处应浇混凝土保护。筋带应成扇形辐射状铺设在硬基上，不得与硬质棱角填料直接接触。

（5）填料施工要点：面板安装、筋带铺设和埋地排水管完成到位并检查验收合格后用准备充足的合格填料进行填料施工。运土机具不得在未覆盖填料的筋带上行驶，且要离面板1.5 m以上。填料可用机械或手工摊铺，摊铺应厚度均匀，表面平整，并有不小于3%的向外倾斜横坡。填料采用机械碾压时，禁止使用羊足碾，不得在填料上急转弯和急刹车，以免破坏筋带。碾压前，应确定最佳含水量及碾压标准，碾压过程应随时检测填料的含水量和密实度。

3. 其他施工要点

（1）加筋土的排水管、反滤层及沉降缝等设施应同时施工。排水设施施工中应注意水流通道，不得有碍水流或积水等。

（2）压顶的目的是封固边口，防止外界作用造成面板松动脱落。一般用C15混凝土现浇，厚度20~50 cm。但加筋土挡土墙更注重外观，所以压顶应线条平整，与墙体一致。

（3）错层施工应有明显停顿，一层完工后，再进行第二层施工。错台护板的主要作用是防水。

二、锚杆挡土墙

（一）构造及分类

锚杆挡土墙由钢筋混凝土墙面系和锚杆组成，锚杆插入并锚固在稳定的岩层或土层中，如图6.33所示。作用于墙面系的土压力由锚杆埋入地层的抗拔力来平衡。这种挡土墙多用于岩质、半岩质深路堑和陡坡路堤地段。

锚杆挡土墙由于施工方法、锚固地层、受力状态以及结构形式等的不同，产生了多种形式，根据墙面的结构形式不同，在工程中可分为柱板式锚杆挡土墙和壁板式锚杆挡土墙。其中，柱板式锚杆挡土墙是由挡土板、肋柱和锚杆组成，这三种结构物起着承力作用。肋柱是挡土板的支座，锚杆是肋柱的支座；壁板式锚杆挡土墙是由墙面板（壁面板）和锚杆组成，墙面板直接与锚杆连接，并以锚杆为支撑。目前，柱板式锚杆挡土墙在实际工程中应用更为广泛。

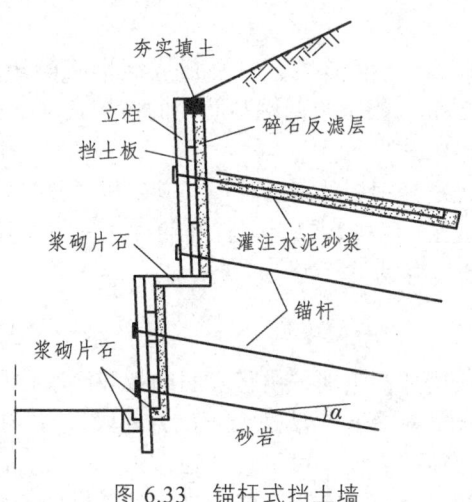

图6.33 锚杆式挡土墙

1. 柱板式锚杆挡土墙

柱板式锚杆挡土墙，如图6.34所示，由肋柱、挡土板和灌浆锚杆组成，可采用拼装式，同时也可以根据实际需要就地灌注。为方便施工，一般采用直立式。柱板式锚杆挡土墙结构能争取边坡高度，减小土石方开挖和占地，节省石料和工作量。预制肋柱式锚杆挡土墙因每一级墙需一次挖成，故适用于岩层比较完整、不易坍塌的地段，不过还要注意开挖后需及时施工。

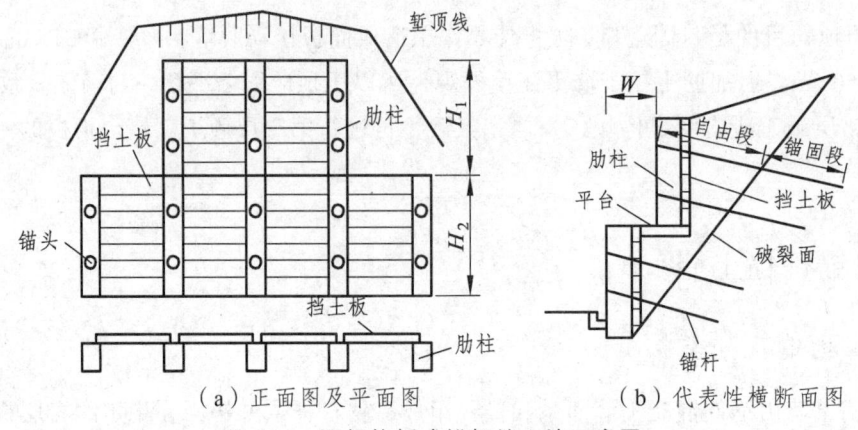

图 6.34 两级柱板式锚杆挡土墙示意图

（1）灌浆锚杆。

灌浆锚杆俗称大锚杆，采用钻机钻孔。工程实际中采用的孔径为 10~15 cm，孔内安放钢筋或钢丝束，用灌注水泥砂浆的方法，将其锚固于稳定且有足够的支撑能力的地层内。一般情况下，水泥砂浆的强度等级应大于等于 M30。灌浆锚杆也适用于土层。但由于土层与锚杆间的摩阻力较低，尚需采用扩孔和加压灌浆等辅助方法，以提高锚杆的抗拔力。

（2）肋柱。

肋柱的截面多为矩形，也可设计为 T 型。在安放挡土板和设置锚杆孔时，为满足工程实际的需要，截面的宽度不小于 30 cm，现浇时截面高度不小于 40 cm。

（3）挡土板。

墙面板可以采用钢筋混凝土槽形板、空心板或矩形板。矩形板的厚度一般不得小于 15 cm，现浇时不宜小于 20 cm。挡土板两端与肋柱的搭接长度不得小于 10 cm。

（4）锚杆与肋柱的连接。

当肋柱现浇时，必须将锚杆钢筋伸入肋柱内，其锚固长度应满足现行《混凝土结构设计规范》（GB 50010）规定。当采用拼装时，锚杆和肋柱之间可采用螺栓连接或焊接短钢筋连接，现浇可采用设置弯钩等连接方式。

2. 板肋式锚杆挡土墙

现浇钢筋混凝土板肋式锚杆挡土墙，由带竖肋的板和灌浆锚杆组成，竖肋朝向可向里或向外，如图 6.35 所示。板肋式锚杆挡土墙适用于挖方地段，当开挖后边坡稳定性较差时，为了满足周围工程结构物稳定性的需要，可采用"逆作法"施工，即开挖到一定深度，施工锚杆，绑扎钢筋，墙面板灌注混凝土；一级一级地推进施工进度，待每一层结构达到一定强度后再开挖下一层，重复上面各步骤。

3. 格构式锚杆挡土墙

格构式锚杆挡土墙由现浇网状的钢筋混凝土格架梁和灌浆锚杆组成，如图 6.36 所示。垂直型墙面可用于稳定性和风化、节理较少，整体性较好的岩石边坡；后仰型墙面可用于各类岩石边坡和稳定性较好的土质边坡。格架内墙面根据边坡岩土条件及整体稳定状态，可采用网喷混凝土封面或绿化处理。当开挖后边坡稳定性较差时，可根据现场施工的实际情况，采用"逆作法"施工。

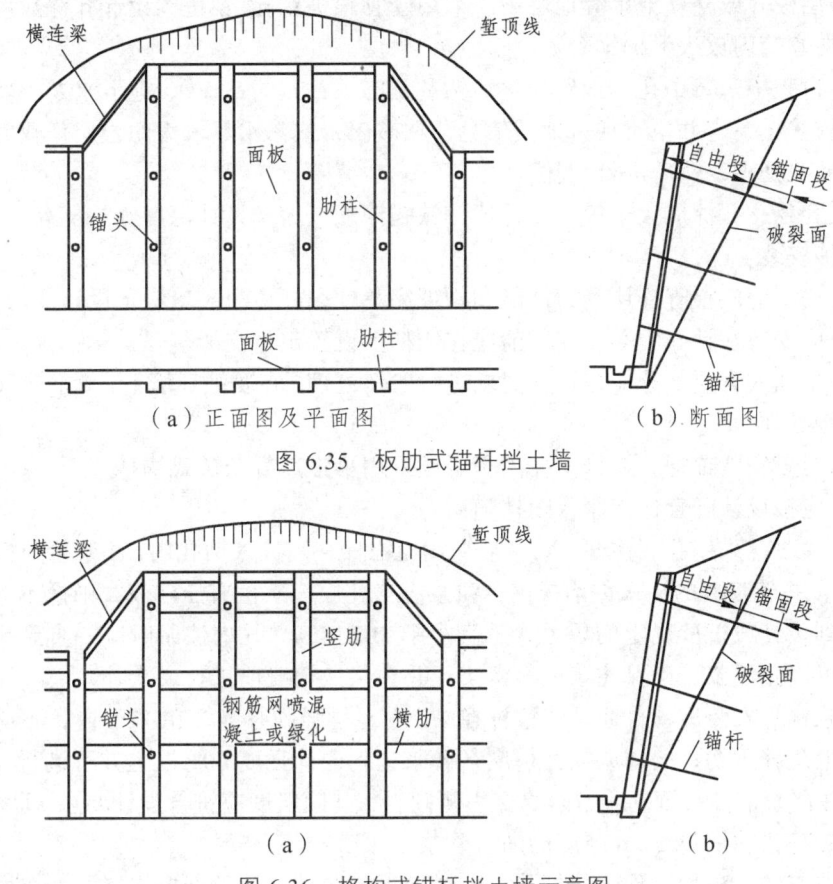

图 6.35 板肋式锚杆挡土墙

图 6.36 格构式锚杆挡土墙示意图

（二）施工要点

1. 施工准备

（1）锚杆类型、规格及性能应符合设计要求，并按设计尺寸下料、调直、除污、加工。

（2）墙面板进场应进行检验，其结构尺寸和混凝土强度等级应符合设计要求，且外观光洁，无裂纹、露筋、掉角等缺陷。挡土板为工厂预制产品时，应查验挡土板的出厂合格证。预制挡土板应待其混凝土强度达到设计强度的 75% 以上方可进行吊装和运输。

（3）锚杆挡土墙应自上而下进行施工，施工前应清除危岩、岩面松动石块，整平墙背坡面。

（4）锚杆施工前应选择相同的地层进行锚杆拉拔性能试验，试验根数应为工作锚杆数量的 3%，且不少于 3 根，以验证锚固段的抗拔力设计指标，确定钻孔、注浆施工工艺参数。

2. 锚杆施工

（1）钻孔施工。

① 根据设计孔径及岩土性质合理选择钻孔机具，并应采用干钻。

② 孔径、孔位、深度和钻孔倾角应符合设计要求，孔轴应保持与墙面垂直，钻孔完整。

③ 钻孔后应用高压空气、水清孔，清除孔内粉尘、石渣。用水清孔影响锚杆的抗拔力时，应用高压空气清孔。

④ 在岩层破碎或松软饱水等地层中应采用套管跟进钻孔。钻进到设计孔深后应用高压风清孔，及时在套管内放入保护钢管。

⑤ 钻进过程中对每个孔的地层变化、钻进状态（钻压、钻速）、地下水及一些特殊情况应做好现场施工记录，并核对现有地质信息。在破碎带或渗水量较大的岩层作业时，应对锚孔进行固结灌浆处理，然后进行扫孔。

⑥ 钻孔孔径、孔深应大于等于设计值，钻孔深度宜大于设计深度 0.5 m。

（2）锚杆安装。

① 安装锚杆前应检查杆体受力性能和物理完整性，杆体组装应满足设计要求。

② 锚杆应安装在钻孔中心，安装前应在锚杆上设置定位支架。

③ 锚杆未插入岩层部分应按设计要求进行防锈处理。在腐蚀环境下，钢筋表面宜采用环氧涂层等进行处理。

④ 有水地段安装锚杆，应排净孔内积水或采用早强速凝药包式锚杆。

⑤ 砂浆应按设计配合比拌制，随拌随用。

⑥ 锚孔注浆应采用孔底注浆法，注浆管宜随锚杆一同放入钻孔内，注浆管应插至距孔底 5~10 cm 处，并随浆液的注入逐渐拔出。注浆应自孔底一次性有压注浆，中途不应停浆，注浆压力应达到设计或试验确定的压力，不宜小于 0.2 MPa。孔内注浆时应一直到孔口流出新鲜浆液后方可停止注浆，确保注浆饱满密实，并在浆液初凝前进行二次补浆。

（3）砂浆锚杆安装后，普通砂浆锚杆在 3 d 内、早强砂浆锚杆在 12 h 内，不应敲击、摇动和在杆体上悬挂重物；肋柱或墙面板应在砂浆达到设计强度 70% 以上方可进行安装。

（4）肋柱严禁前倾，而应适当向填土一侧倾斜，其倾斜度应符合设计要求。肋柱吊装时，应在肋柱基础杯槽内铺垫 2 cm 厚度的沥青砂浆。

（5）肋柱与锚定板均应预留拉杆孔洞。锚定板、肋柱与螺丝端杆连接处，在填土前宜用沥青砂浆充填，并用沥青麻筋塞缝，外露的端杆及部件应在填土下沉基本稳定后，再用水泥砂浆封填。

（6）安装墙面板时，应随装板进行墙背回填。

（7）锚杆头应按设计要求进行防锈处理和防水封闭。

（8）分级平台应按设计采用混凝土进行封闭，并设向外横向排水坡。

三、锚定板挡土墙

（一）构　造

锚定板挡土墙是我国铁路系统首创的一种新型支挡结构形式，是由钢筋混凝土墙面、钢拉杆、锚定板以及其间的填土共同形成的一种组合结构，如图 6.37 所示。它借助于埋在填土内的锚定板的抗拔力平衡挡土墙墙背水平土压力，从而改变挡土墙的受力状态，达到轻型的目的。这种挡土墙具有省料省工、能适应承载力较低地区的特点，多用于路肩或路堤挡土墙。

锚定板挡土墙的结构形式和受力状态与锚杆挡土墙基本相同，都是依靠钢拉杆的抗拔力来保持墙身的稳定。它们的主要区别是：锚杆挡土墙的锚杆系插入稳定地层的钻孔中，抗拔力来源于灌浆锚杆与孔壁地层之间的黏结强度，而锚定板挡土墙的钢拉杆及其端部的锚定板埋设在人工填土中，抗拔力主要来源于锚定板前的填土被动抗力。

锚定板挡土墙的墙面由墙面板和肋柱组成。在墙高范围内肋柱可设一级或多级。当采用多级肋柱时，相邻肋柱间可以顺接，也可以错台。

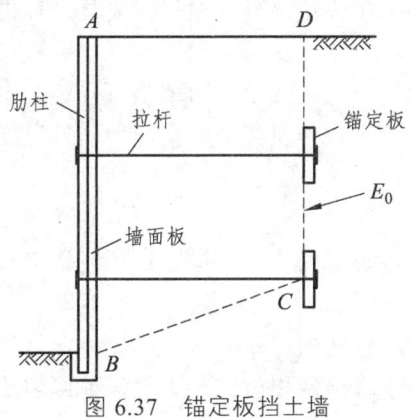

图 6.37 锚定板挡土墙

（二）施工要点

锚定板挡土墙施工的关键性工序是肋柱安装和拉杆及锚定板的安装。

1. 肋柱安装

肋柱安装前，基础的杯口应打扫干净，铺设一层沥青砂浆，清除预制构件上的污染物，清扫和平整吊机及车辆的运行道路，测定控制各构件就位的定位线，预备一定数量的垫木和木楔等。相关肋柱的安装步骤及注意要点与锚杆挡土墙相似，不再赘述。

2. 拉杆及锚定板的安装

拉杆与锚定板能否处于正常的工作状态，符合设计受力的要求，这与安装质量有着密切的关系。如拉杆与肋柱或锚定板的连接不紧，致使拉杆受力不均，个别拉杆受力偏小，而某些拉杆又受力过大，改变了肋柱内力的设计状态，从而造成肋柱裂纹，根部断裂等弊病；若螺母与螺杆不配套，易形成螺母松动甚至脱落，引起两肋柱间的填土坍塌，致使肋柱倾斜，根部断裂。

施工过程中应按照逐层拼装挡土墙、拉杆、锚定板，逐层填土的顺序循环进行。

（1）拉杆的安装。

拉杆安装的关键在于确保拉杆顺直，拉杆与肋柱、锚定板的连接紧密牢固。

当填土压实至拉杆标高以上 20 cm 时，按设计规定的拉杆倾斜度及位置，将预制好的拉杆及锚定板安装就位。挖槽时一般使锚定板位置比设计位置抬高 2~4 cm，以免因填土沉降引起拉杆下垂。拉杆就位后，螺母的松紧应适度，在安装整个墙面系的过程中，应经常检查螺母是否松动。随时使其处于受力状态，待挡土墙全部完工，且填土基本稳定后，再一次普遍检查拧紧，使各拉杆处的螺母受力一致、均匀。

拉杆与肋柱的连接，一般用垫板上套双螺母拧紧（即螺母锚固），也可采用弯钩锚固和焊短钢筋锚固。连接锚固处应在填土前用沥青砂浆充填肋柱预留拉杆孔的空隙，并用沥青麻筋塞缝。外露的金属部分应在填土下沉基本稳定后，及时用水泥砂浆或小石子混凝土封闭，并作永久性防锈处理。

拉杆与锚定板的连接，有用螺栓、锻粗的端头及焊接的锚具等多种形式。其中锻粗的端头，往往给安装工作带来不便，因而使用不多。用螺栓连接，可比照拉杆与肋柱连接的螺栓端杆的要求来选用与安装。若采用焊接锚具，往往在安装过程中进行施焊，所以，电焊工作必须与安装工作紧密配合。

拉杆安装完毕后，拉杆槽用石灰土回填，回填土可轻轻夯平。当上部填土下沉时，拉杆上的回填土，尚有压缩的余地，可减小拉杆上的次应力，且可使拉杆不致弯曲，较为顺直，为拉杆提供良好的受力状态。

（2）锚定板的安装。

在填土层上已经挖好的锚定板坑内，吊入锚定板，使锚定板与拉杆符合设计指定的状态（一般采用锚定板与地面成垂直的状态）。在锚定板安装完毕后，用干硬性水泥砂浆封闭其锚固部分以及充填锚定板上预留拉杆孔的空隙。锚定板周围的土方回填工作，应注意夯填质量，若回填土上开挖的锚定板坑较小，锚定板就位后不易保证回填压实质量时，可用混凝土回填锚定板周围的空隙。

挡土板的安装，随着填土高度增加，随时用小车推入，人工安装就位。应使挡土板与肋柱尽可能密贴，必要时可在肋柱与挡土板搭接处抹一层水泥砂浆，以保证其受力均匀，不致产生局部挤压破坏。

四、薄壁式挡土墙

薄壁式挡土墙是钢筋混凝土结构，属轻型挡土墙，包括悬臂式和扶壁式两种形式。悬臂式挡土墙是由立壁（墙面板）和墙底板（包括墙趾板和墙踵板）组成，呈倒"T"形，具有三个悬臂，即立壁、墙趾板和墙踵板。扶壁式挡土墙由立壁（墙面板）、墙趾板、墙踵板及扶肋（扶壁）组成。

（一）适用情况

薄壁式挡土墙如图 6.38（a）所示，结构稳定性是依靠墙身自重和墙踵板上方填土的重量来保证，而且墙趾板也显著地增大了抗倾覆性，并大大减小了基底应力。一般情况下，墙高 6 m 以内采用悬臂式，6 m 以上则采用扶壁式，但扶壁式挡土墙高不宜超过 15 m，一般为 9~10 m 左右，适用于缺乏石料及地基承载力较低的地区。由于墙踵板的施工条件，一般用于填方路段作路肩墙或路堤墙使用。

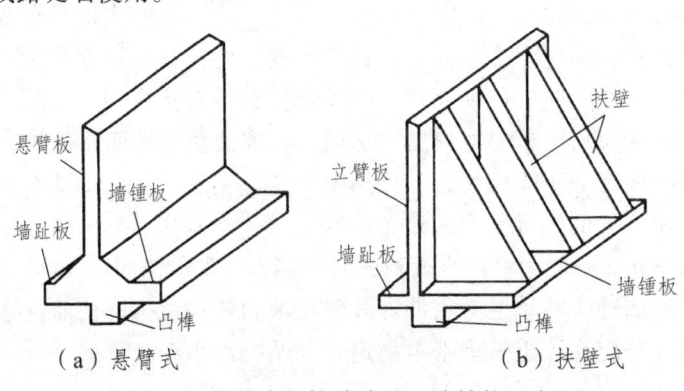

图 6.38　悬臂式和扶壁式挡土墙结构示意图

（二）构 造

1. 悬臂式挡土墙构造

（1）立臂。

为便于施工，悬臂式挡土墙立臂内侧（即墙背）做成竖直面，外侧（即墙面）可做成 1∶0.02～1∶0.05 的斜坡，具体坡度值将根据立臂的强度和刚度要求确定。当挡土墙墙高不大时，立臂可做成等厚度。墙顶的最小厚度通常采用 20 cm，当墙较高时，宜在立臂下部将截面加厚。

（2）墙趾板和墙踵板。

墙趾板和墙踵板一般水平设置，通常做成变厚度，底面水平，顶面则自与立臂连接处向两侧倾斜。当墙身受抗滑稳定控制时，多采用凸榫基础。

墙踵板长度由墙身抗滑稳定验算确定，并具有一定的刚度。靠近立臂处厚度一般取为墙高的 1/12～1/10，且不应小于 30 cm。墙趾板的长度应根据全墙的倾覆稳定、基底应力（即地基承载力）和偏心距等条件来确定，其厚度与墙踵板相同。通常底板的宽度 B 由墙的整体稳定来决定，一般可取墙高度 H 的 0.6～0.8 倍。当墙后地下水位较高，且地基承载力为很小的软弱地基时，B 值可能会增大到 1 倍墙高或者更大。

（3）凸榫。

为提高挡土墙抗滑稳定的能力，底板可设置凸榫。凸榫设置的一般技术要求与重力式挡土墙相同，凸榫的高度应根据凸榫前土体的被动土压力能够满足全墙的抗滑稳定要求而定，凸榫的厚度除了满足混凝土的直剪和抗弯的要求以外，为了便于施工，还不应小于 30 cm。

2. 扶壁式挡土墙构造

扶壁式挡土墙如图 6.38（b）所示，由墙面板、墙趾板、墙踵板和扶壁组成，通常还设置凸榫。墙趾板和凸榫的构造与悬臂式挡土墙相同。

墙面板通常为等厚的竖直板，与扶壁和墙踵板固结相连。对于其厚度，低墙决定于板的最小厚度，高墙则根据配筋要求确定。墙面板的最小厚度与悬臂式挡土墙相同。

墙踵板与扶壁的连接为固结，与墙面板的连接考虑铰接较为合适，其厚度的确定方式与悬臂式挡土墙相同。

扶壁为固结于墙踵板的 T 形变截面悬臂梁，墙面板可视为扶壁的翼缘板。扶壁的经济间距一般为墙高的 1/3～1/2，其厚度取决于扶壁背面配筋的要求，通常为两扶壁间距的 1/8～1/6，但不得小于 30 cm。

扶壁两端墙面板悬出端的长度，根据悬臂端的固端弯矩与中间跨固端弯矩相等的原则确定，通常采用两扶壁间净距的 0.41 倍。

（三）施工要点

（1）悬臂式与扶臂式挡土墙均应设置伸缩缝，沉降缝、伸缩缝的间距不应大于 20 m。沉降缝、泄水孔的设置与重力式挡土墙的要求相同。

（2）墙身混凝土强度不宜低于 C20，受力钢筋直径不应小于 12 mm。

（3）墙趾板、墙踵板、墙面板及扶臂的钢筋一次绑扎、安装，宜一次性完成混凝土灌注。

（4）墙面板、扶臂的模板应支架稳固、接缝紧密，具有足够的强度和刚度。

（5）墙后填土应在墙身混凝土的强度达到设计强度的70%后进行。填料应分层夯实，反滤层应随填筑及时施工。

（6）立臂的混凝土是在墙底部分混凝土凝固以后才进行灌注的，因而在立臂底面形成一施工缝。较好的方法是把立臂下部十几厘米高的混凝土与墙底板部分同时灌注。混凝土灌注后，将层面上的残渣除去，并将此层面凿毛，露出粗集料，这一小部分立臂可以作为立臂底部模板定位之用。

五、抗滑桩施工

抗滑桩又称锚固桩。我国1967年首次用于整治成昆线沙北滑坡工点获得成功。它是近二十多年来获得广泛应用的一种新型抗滑支挡结构物。抗滑桩埋于稳定滑床中，依靠桩与桩周岩（土）体的相互钳制作用把滑坡推力传递到稳定地层，利用稳定地层的锚固作用和被动抗力，使滑坡得到稳定。桩可改善滑坡状态，促使滑坡向稳定转化。抗滑桩的埋置情况如图6.39所示。

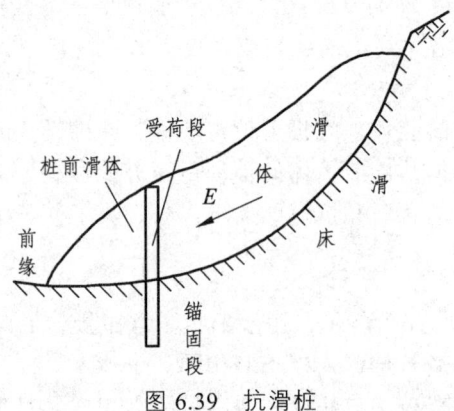

图6.39 抗滑桩

抗滑桩应用于整治滑坡有如下一些优点：与抗滑挡土墙比较，它的抗滑能力大，圬工量小；设桩位置比较灵活，可集中设置，也可分级设置，可单独使用，也可与其他支挡工程配合使用；桩施工时破坏滑体范围小，不致改变滑坡稳定状态；施工简便，采用混凝土抗滑桩后可保证施工安全；由于分段同时施工，劳力易于安排，工期可缩短；成桩后能立即发挥作用，有利于滑坡稳定，而且施工可不受季节限制；施工开挖桩孔过程中易于校对地质资料，如有出入可及时修改设计；采用抗滑桩处理滑坡时，可不做复杂的地下排水工程。因此，抗滑桩在滑坡整治中得到了广泛应用。

抗滑桩除用于稳定滑坡外，还可用于路基边坡加固，防止填方沿基底滑动，加固已成建筑物，如挡土墙及隧道防止开裂扩大等。

抗滑桩一般设置在滑坡前缘抗滑段上，并垂直于滑坡主滑方向成排布置。

（一）抗滑桩的分类

抗滑桩按材质分类有木桩、钢桩、钢筋混凝土桩和组合桩。抗滑桩按成桩方法分类，有打入桩、静压桩、就地灌注桩，就地灌柱桩又分为沉管灌注桩、钻孔灌注桩两大类。在常用的钻孔灌注桩中，又分机械钻孔和人工挖孔桩。抗滑桩按结构形式分类，有单桩、排桩、群桩和有锚桩,排桩形式常见的有椅式桩墙、门式刚架桩墙、排架抗滑桩墙,有锚桩常见的有锚杆和锚索,锚杆有单锚和多锚,锚索抗滑桩多用单锚。抗滑桩按桩身断面形式分类,有圆形桩、方形桩和矩形桩、"工"字形桩等。

(二)施工工艺流程

抗滑桩施工工艺流程见图6.40。

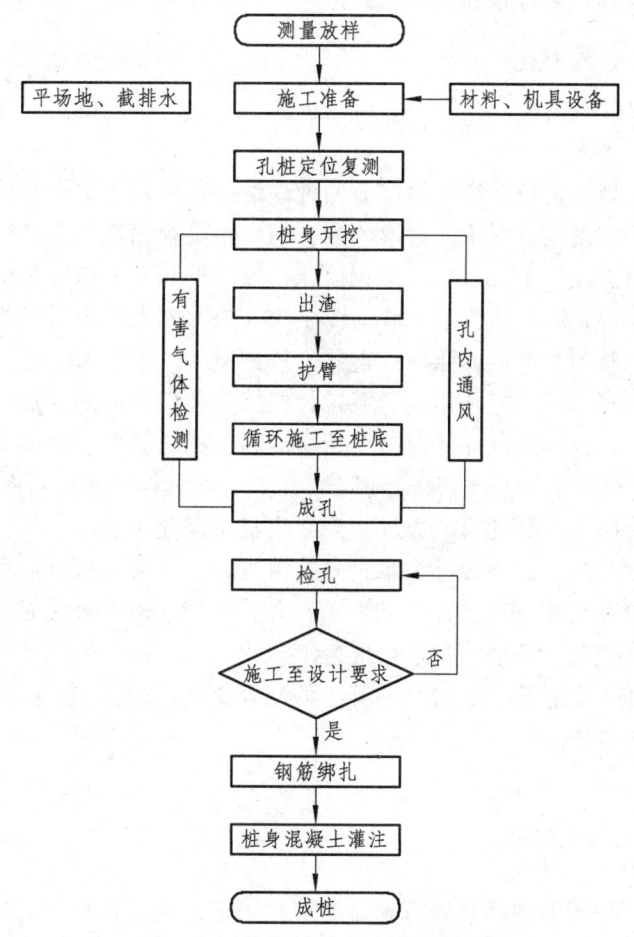

图6.40 抗滑桩施工工艺流程图

(三)施工要点

1. 开挖及支护

(1)开挖及支护应尽量避免在雨季施工,严禁在桩顶以上边坡设置施工便道。

(2)开挖应分节,每节高度宜为0.6~2.0 m,并及时浇筑混凝土护壁。护壁混凝土应紧贴围岩,浇筑前应清除孔壁上的松动石块、浮土。地层较松软、破碎或有水时,分节不宜过长。严禁在土石层变化处或滑动面处分节。

(3)滑动面处的护壁应加强,承受较大推力的护壁和锁口混凝土应增加钢筋。

(4)下一节桩孔开挖应在上一节护壁混凝土拆模后进行。

（5）围岩松软、破碎或有滑动面的节段，应在护壁内顺滑动方向用临时支撑加强支护，并经常观察其受力情况，及时进行加固。发现横撑因受力变形、破损而失效时，孔下施工人员必须立即撤离。

（6）开挖孔径应符合设计要求，装渣不应超出盛渣器皿上边缘，孔内垂直提升运输吊具应采用有自锁功能的绞架。孔下爆破应采取减振措施。弃渣不应堆放在滑坡范围内。

（7）开挖桩群应从两端向滑坡主轴方向隔桩开挖。桩体混凝土浇筑后，方可开挖邻桩。

（8）开挖时应做好孔内排水和通风，确保挖孔作业安全。

2. 灌注抗滑桩身混凝土

（1）核对断面尺寸及桩底地质资料，放出桩底十字线。当混凝土护壁作为桩身断面时，护壁必须清刷干净。

（2）钢筋绑扎、焊接定位：绑扎钢筋有两种做法，一种是单根钢筋放到井下定位绑扎。但井下绑扎，电焊工作量大，对工人健康不利；另一种是根据起吊设备和抗滑桩深度情况，整体吊装，将钢筋预制成每节 5～7 m 的钢筋笼，逐节放到井下搭接焊牢。为防止钢筋笼在搬运和下井过程中变形，每节钢筋笼可增设直径 25～28 mm 加劲箍筋两道或增加钢轨、型钢等，钢筋笼就位后，其与护壁的间距应以混凝土块楔紧。

（3）灌注桩身混凝土：最好使用输送泵搅拌机置于井口，应随时观察井内情况以防止意外。当钢筋笼定位后，以串筒漏斗将混凝土传送至井中捣固。一般混凝土灌至一节钢筋笼外露部分 40 cm 时，进行下节钢筋笼搭接电焊（要注意上下节钢筋笼长短钢筋对口面），经检查合格方可继续灌注混凝土。如此反复循环直到灌完桩身混凝土。

（4）抗滑桩的承台施工：当设计为承台式抗滑桩时，在灌完桩身混凝土后，根据承台底面标高及承台底面轮廓尺寸进行放样，开挖土石方。凿除高出承台底面的桩孔混凝土护壁，安装承台模板，绑扎钢筋，分层灌注承台混凝土。

（5）所用钢筋加工、绑扎、焊接及混凝土的配合比选定与拌和、捣固、脱模、养生、用料要求等均应按有关规定执行。

六、预应力锚索施工

预应力锚索是一种新型的路堑岩石高边坡加固工艺，通过钻孔、安装锚索、注浆、锚索张拉等工艺完成锚索的施工，把不稳定的岩体与稳定基岩锚固成一整体，从而达到稳固边坡的效果。预应力锚索的特点是施工简便，结构新颖，造价低，能大大降低工人的劳动强度。因此，预应力锚索在路堑高边坡防护中得到广泛的应用。

预应力锚索施工要点如下：

（一）锚索体加工和组装规定

（1）锚索表面无损伤，除锈去污，并严格按设计尺寸下料。

（2）编排钢丝或钢绞线，应安设排气管；每股钢丝或钢绞线沿锚索轴线方向应平直、头齐，每隔 1.0～1.5 m 设置隔离架或内芯管，必要时可设置对中支架；锚索体应捆扎牢固，捆扎材料不宜用镀锌材料。

（3）锚索体与内锚头及外锚具的连接必须牢固，其强度应大于锚索的张拉力。

（二）孔口支承墩规定

（1）支承墩尺寸和强度，应根据所施加的预应力大小、岩体强度和施工场地等条件决定。
（2）支承墩的承力面应平整，并与锚索的受力方向垂直。

（三）预应力锚索的安装规定

（1）机械式内锚头安装时，宜采用活扣绑扎，待内锚头送至锚固部位后，再松绑固定；安装过程中应防止捆扎材料损伤和磨断，以防外夹片脱落。
（2）胶结式内锚头的胶结材料，可采用灰砂比为1∶1，水灰比为0.45~0.50的水泥砂浆；胶结材料未达设计强度时，不得张拉锚索。
（3）安装锚索时，必须保护好排气管，防止扭压、折曲或拉断。

（四）锚索的张拉

张拉锚索前需对张拉设备进行标定，取3次标定的平均值，然后绘出千斤顶出力（kN）和压力表指示的压强（MPa）曲线作为锚索张拉时的依据。国产压力表初始启动压强不完全相同，所以标定曲线上必须注明标定时的压力表号，使用中不得调换。压力表损坏或拆装千斤顶后，要重新标定。

若锚索由少数钢绞线组成，可采用整体分级张拉的程序，每级稳定时间为2~3 min；若锚索由多根钢绞线组成，则组装长度不会完全相同，为了提高锚索各钢绞线受力的均匀度，应采用先单根张拉，3天后再整体补偿张拉的程序。

锚索张拉应符合设计要求及下列规定：
（1）张拉设备及仪表应配套标定，配套使用，并按规定周期进行检校。使用过程中张拉设备出现异常现象或设备检修后，均应重新进行检定。
（2）锚固段砂浆强度达到设计强度70%后可张拉锚索。
（3）锚具、锚塞（夹片）、垫板安装位置应符合设计要求。锚具底座顶面与锚孔轴线应互相垂直。
（4）锚索张拉前应按照设计要求埋设应力计并做好保护，应力计观测应按设计要求进行。锚索张拉应分两次逐级进行，对加力值及锚索伸长值应做好记录。第一次张拉值应为总张拉力的70%，两次张拉间隔时间不宜少于3~5天，其总拉力应符合设计要求。
（5）锚索张拉应采用伸长值校核应力，实际伸长值与理论伸长值之差不应大于±6%。
（6）锚索张拉时，滑（断）丝总数不应超过钢丝总数的5‰，且一束内滑（断）丝不超过1根。
（7）锚索张拉完成7天后，应对其张拉力和外观进行复查，复查合格后方可切除多余的锚索，并锚固锁定。

（五）封孔注浆

补偿张拉后，立即进行封孔注浆。对于下倾锚索，注浆管从预留孔插入，直至管口进到锚固段顶面约 50 cm；对于上倾和水平锚索，通过预留注浆管注浆。孔中的空气经由设在定止浆环处的排气管排出。封孔注浆应符合下列规定：

（1）封孔注浆浆液配比应符合设计要求。采用纯水泥浆时，水灰比宜为 0.3~0.4；采用水泥砂浆时，宜为 0.5。

（2）张拉段注浆应在补偿张拉完成后立即进行，注浆应饱满密实，锚垫板及锚头各部分空隙应采用水泥浆灌注满。

（3）封孔注浆时，注浆管应插到底，并应符合相关规定。

（4）封孔注浆后，锚头部分应涂防腐剂，并按设计要求进行封闭。

（六）安全保证措施

（1）施工前应进行技术安全交底，施工中应明确分工，统一指挥。

（2）各种机械、机具应处于完好可靠状态。

（3）上岗前要做好安全检查工作，由班组长负责，责任到人，互相监督，施工人员进入现场应戴好安全帽，操作人员应精神集中，遵守有关安全操作规程。

（4）机械、电器设备应专人操作。

（5）电（气）焊操作工应有操作证。

（6）边坡加固工程钻孔通常是在脚手架上作业的，为确保脚手架绝对安全稳定，采用双排方式，间距为 1.2~1.3 m。重力集中处增加斜向及横向支撑，并设置短锚桩，将脚手架锚固在稳定的岩壁上。

（7）高空作业应设安全防护设施，在既有线附近作业时，应设行车安全防护。

（8）风动钻机管路连接应牢靠，避免脱开甩出伤人。

（9）切割钢绞线使用的砂轮切割机要设安全护罩，以免断片伤人。

（10）注浆管路应畅通，不得有堵塞现象，避免浆液突然喷出伤人，注浆管路不使用时要及时注压清水冲洗干净。

任务五　挡土墙的养护维修

一、挡土墙的检查与养护

挡土墙是否坚实、稳固和完整，对行车安全影响甚大。因此，必须加强检查和养护维修。

挡土墙检查时应注意墙身是否开裂、凸出和倾斜，有无勾缝脱落、片石松动等现象；墙顶有无积水、开裂和下沉；趾前地面有无冲刷和挤出；墙后地面有无开裂、沉陷；排水系统有无堵塞和失效等。

检查出的较小病害应在维修中加以处理。较大病害应联系地形、地质、排水及施工质量等分析原因，制定措施，加以整治。对墙身裂纹应做好记录、并做灰块标志进行监视。

挡土墙的日常维修主要包括：疏通泄水孔，除草，墙身勾缝，抹面修补，基础加固与冲刷防护，夯填地表裂纹及坑洼，搞好地表排水等工作。

二、挡土墙的加固

挡土墙加固技术是指在轨道行车不受影响的前提下，结合现场实际，利用现有条件对失稳的挡土墙选取合适的加固方法，使其能够重新满足规范与业主对安全性、可靠性与耐久性的要求，减少事故的发生，延长挡土墙的使用年限，保证其使用要求。

（一）重力式挡土墙加固原则

现有挡护工程的加固，应结合结构的受力特点、新的功能要求、周围环境等因素，从安全、适用、经济的角度出发，一般应遵循下列原则：

（1）加固方案应在不影响正常行车的原则下进行。

（2）结构加固必须考虑结构的整体性。新增构件与原结构之间应有可靠连接；加固或新增构件的布置，应消除或减少不利因素，防止局部加固导致结构刚度或强度突变。

（3）加固方案应结合原结构的特点和技术经济指标，优先采用新型加固方法。

（4）对地震、大雨暴雨等自然环境因素引起的原结构损坏，应在加固设计中提出有效的防治措施，并按设计规定的顺序进行治理和加固。

（5）加固方案的优化原则。一般来说，加固方案不是唯一的，例如可以用锚杆加固也可以用锚杆框架梁进行加固。优化的主要因素有：加固方案经济合理，技术可靠，便于施工，质量易于保证。

（6）加固施工过程中，发现设计图纸与原结构不符或发现结构其他隐患时，应及时与设计人员沟通，采取有效措施后方可继续施工。

（7）加固后的支挡结构应满足《铁路路基支挡结构设计规范》（TB 10025）、《建筑边坡工程技术规范》（GB 50330）等相关现行规范的要求。

（二）既有线路重力式挡土墙加固方法

1. 框架梁与锚杆框架梁

框架梁指两端与框架柱相连的梁，或者两端与剪力墙相连，但跨高比不小于5的梁。适用于土质、软质岩、节理裂隙发育的硬质岩路堑稳定边坡防护。作为一种新型的高边坡加固防护方法，主要针对土、岩极易风化、崩解、受水冲蚀、遇水软化，抗压强度低，开挖路堑边坡易崩塌，甚至产生大面积滑动的特征，锚杆框架梁结构极大地保证了开挖边坡的稳定性，设计新颖，形式独特，结构布置合理，又兼顾绿化，尤其适用于膨胀势较强和高路堑边坡地区。

2. 刷坡减载、重新修建挡墙、护坡

刷坡减载通常在防止塌方中采用，其数量需根据土石的物理力学性质进行验算，并考虑边坡的地质条件。刷坡减载可以采用降低重力式挡土墙高度或者降低边坡的坡率，使失稳挡土墙重新达到稳定性的要求。

3. 压灌浆法

压灌浆法是利用液压、气压或者电化学原理，通过压浆管把浆液均匀地灌注到土层中，浆液以填充、渗透和挤密等方式，挤掉土颗粒间或者岩石裂隙中的水分和空气后占据其位置，经过人工控制一定时间后,形成一个结构新、强度大、防水性能高和化学稳定性良好的"结石体"。实质上在静压力作用下将某些能固化的浆液注入各种介质的裂缝或者空隙,硬化后形成固体以改善地基的物理力学性质,提高土层强度,降低其压缩性。

常见的压浆方法:

(1)渗透压浆。这是指在压力作用下使浆液填充的空隙和岩石的裂隙,排挤出空隙中存在的自由水和气体,而基本上不改变原状土的结构和体积,一般只应用于中砂以上的砂性土和有裂隙的岩石。

(2)劈裂压浆。这是指在压力作用下,浆液克服地层的初始应力和抗拉强度,引起岩石和土体结构的破坏和扰动,使其沿垂直于小主应力的平面上发生劈裂,使地层中原有的空隙或孔隙张开,形成新的空隙或裂隙,浆液的可灌性和扩散具体增大,而所用的压降压力相对较高。

(3)挤密压浆。这是指通过钻孔在土中灌入极浓的浆液,在压浆点使土体挤密,在压浆管端部附近形成"浆泡"。常用于中砂地基,黏土地基中若有适宜的排水条件也可采用,如遇排水困难而可能在土体中引起高空隙水压力时,这就必须采用很低的压浆速率。挤密压浆可用于非饱和的土体,以调整不均匀沉降进行托换技术,以及在大开挖或隧道开挖时对邻近土进行加固。

(4)电动化学压浆。这是指在施工时将带孔的压浆管作为阳极,用滤水管作为阴极,将溶液由阳极压入水中,并通以直流电,在电渗作用下,孔隙水由阳极流向阴极,促使通电区域中土的含水量降低,并形成渗浆通路,化学浆液也随之流入土的空隙中,并在土中硬结,适用于土的渗透系数 $k<101\ cm/s$。

【思考及训练】

1. 简述轨道路基施工常用的挡土墙类型。
2. 什么情况下挡土墙上应设置防护栏杆?
3. 重力式挡土墙施工要点是什么?
4. 作用在挡土墙上的主要力有哪些?
5. 有哪些措施可增加挡土墙的滑动稳定性和倾覆稳定性?
6. 加筋土挡土墙的构造及其施工要点有哪些?
7. 锚杆挡土墙如何进行锚杆施工?
8. 抗滑桩的作用和优点是什么?

项目七　路基病害与维护

【学习目标】

（1）掌握路基病害的种类；
（2）掌握常见基床病害的类型及整治方法；
（3）掌握路基冻害产生的原因及整治方法；
（4）掌握不良地质现象引起的路基病害及整治方法；
（5）能根据施工现场条件选择适合的支挡结构，并协助完成重力式挡土墙的设计计算；
（6）具有路基日常检查和维护能力。

路基是条带状结构工程，沿线经过的地质条件差别较大，填料也不均匀，而不少地区存在膨胀土、红黏土、软岩风化残积土等各种工程性质不良的土，且受到地理和气候环境常年变化的影响，加之技术水平、经济条件及施工机械设备等方面的原因，导致路基病害成为一种分布广、治理难、多发性强的病害。

路基病害的产生和发展是由于路基填料的工程性质、地表水与地下水、列车振动荷载、土的动力强度特性和温度及温度变化综合作用，原因非常复杂，并且每一种病害都有自己特殊的病理。归纳起来主要有以下两个方面：①病害的发生取决于特定的地质环境；②病害的发生与相应的气候变化和列车振动荷载息息相关。

路基病害的种类很多，主要有：路基坡面病害、基床病害、路基冻害；不良地质现象引起的路基病害，如崩塌、落石、滑坡、泥石流等地段的路基病害；地区性的路基病害，如黄土路基、软土及泥沼地区路基、盐渍土路基、盐湖路基、雪害地区路基、风沙地区路基、岩溶地区路基、采空区路基病害等。这些路基病害段所受的动应力远大于一般路基段，列车引起的动应力致使路基病害加重，上部线路难以维护，最终导致列车限速或影响运营安全。所以了解病害的类型及其发生机理，并对其进行实用的检测，对路基的防护和治理至关重要。本章将主要对基床病害、路基冻害和不良地质现象引起的路基病害及整治进行讲授，对坡面病害及防护在项目五中进行讲授。

任务一　基床病害及整治

一、常见基床病害类型

铁路路基病害按路基面形状可分为路堤病害和路堑病害；按发生部位可分为基床病害、路基本病害和地基病害；按表现形式可分为翻浆冒泥、基床下沉、挤出变形、基床冻害等。

（一）翻浆冒泥

翻浆冒泥的实质是由翻浆和冒泥两种不同性质的病害所组成。根据翻浆的特征和发生的部位，可分为道床翻浆和路基面翻浆。

当道床中道砟破碎的粉末和施工时道砟中混杂的黏性土，或因风吹、水冲将泥土带入道床，造成道床不洁，填满了道砟空隙，形成了不透水层，使地表水滞留其中，在列车的反复振动、抽吸作用下道床内便形成泥浆，待到一定程度，再经列车反复荷重的挤压、抽吸，泥浆便由道床内向其表面冒出，这种现象称为道床翻浆。

在北方，冬季道床冻结，当春融时节，上面的冰雪已融化，下面仍处于冻结状态，使融化了的冰水及雪水无法下渗，待到不洁道床的含水量达到饱和或超饱和程度，使不洁道床形成泥浆，也会造成道床翻浆。

由于构成路基的黏土，以及风化且有裂隙眼孔的岩石路基面，受地表水和地下水，毛细水的浸润作用而软塑，以致泥化，在列车反复荷载的振动、抽吸作用下形成泥浆，通过道床向上翻冒的现象，称为路基面翻浆。

在不少情况下，道床翻浆发展的结果，会引起路基面翻浆，路基面翻浆的结果，也会导致道床的翻浆，呈复合状态出现，但道床翻浆和路基面翻浆两者又有所区别。

现场大多通过下述现象加以鉴别道床翻浆和路基面翻浆：

道床的翻浆多为稀泥状，颜色与路基面的土色不同；翻浆的部位发生在道床内，越接近道床上部越严重；干旱天气不翻浆，道砟固结成硬块。

路基的翻浆有稀有稠，颜色与路基面土质相同；翻浆的部位发生在路基面上，泥浆从路基面上翻冒，越接近路基面越严重，往往先在钢轨接头处翻冒。

在北方，路基基床下的深层也有翻浆发生。主要原因是由于地下水位接近冻结深度或接近渗水冻结深度且冻结在基床底部，或由于基底藏冰融化等原因，造成路基的深层翻浆，翻浆的同时，伴有大幅度的路基下沉或路基侧向挤出的现象发生。

冒泥，是翻浆的另一种表现形式。它往往发生在比较软弱的黏性土或粉质黏土的路基面，特别是轨道结构层较弱的线路上，在列车反复振动作用下，路基面松散的土顺着阻力薄弱的地方向路肩和轨道中心以及轨枕孔内冒出，这种现象称为冒泥。

翻浆与冒泥两种路基病害，表现形式不同，但其构成的条件和形成后对线路的危害情况大致相同，现场习惯把翻浆和冒泥两种病害联系起来，统称为翻浆冒泥，如图7.1所示。

图 7.1　翻浆冒泥

翻浆冒泥危害：使轨道下沉和变形。道床的空隙被泥浆填充，晴天干燥时，造成道床板结，使道床的弹性显著降低，增加了列车对路基的冲击力，雨天潮湿时，软塑了路基面，显著地降低了路基的承载能力，造成或恶化路基面的坑洼不平，道砟陷坑等病害。

（二）基床下沉

基床下沉主要是路基填筑密度不够和强度不足所致。基床土在水及动力作用下发生局部或大面积下沉、软化，使道砟压入基床，形成道砟囊或道砟袋（见图7.2），从而产生积水现象，使线路平顺性产生巨大变化。填方路基下沉导致断面尺寸改变的病害现象，称为路堤沉陷。由于路基土密度不足或地基松软，在水、荷重、自重及振动作用下发生局部或较大面积的竖向变形。一般经列车运行一段时间后，下沉会趋于缓解，但有时随着荷载增加或水的作用使沉降速率加大。局部下沉也会造成陷槽使路线不平，影响正常运营。

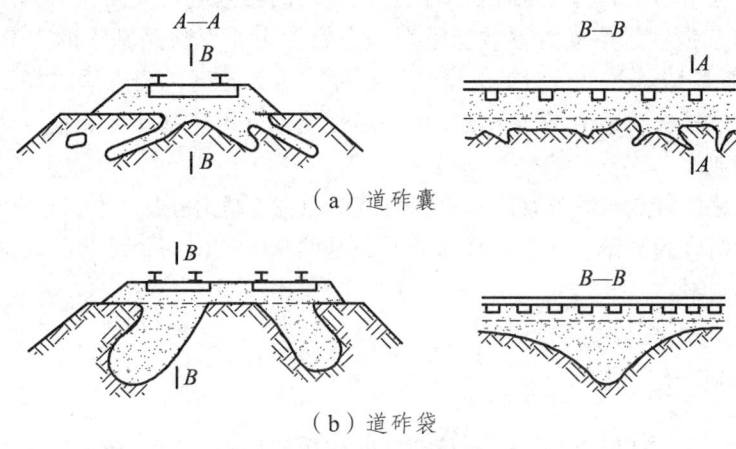

图 7.2 道砟囊和道砟袋

（三）挤出变形

其表现形式有路肩隆起、路肩外挤，见图7.3和图7.4。主要是由于土体强度不足而产生的剪切破坏或塑性流动，基床内的土经常处于软塑状态，在列车荷载的作用下，基床上发生剪切破坏，外挤变形。

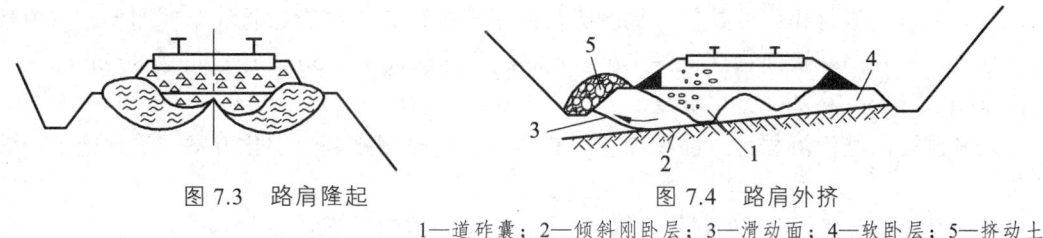

图 7.3 路肩隆起　　　　图 7.4 路肩外挤

1—道砟囊；2—倾斜刚卧层；3—滑动面；4—软卧层；5—挤动土

二、基床病害检测

为了对基床病害进行合理整治，必须准确检测病害状况，分析病害成因。

根据铁路既有线的特点，路基检测应不干扰或少干扰行车，为此需采用的检测手段应力求准确、可靠、快速，从而为将来的整治工作提供准确可靠的信息。可采用轻型动力触探、地质雷达、瞬态面波法和取土试验等多种手段对线路进行试验检测，探地雷达具有直观反映道床几何形态、表层分别率高的优点，可以探明路基结构的分层；探测路基病害类型、程度和具体位置，用于分析道床、路基各个土层的地质情况；探地雷达测出的结果是基床的电性参数，而无法给出路基的力学特性。瞬态面波法在土中频散曲线比较平滑，能够准确反映路基土的力学参数随深度的变化，测试的深度也较深，正好弥补了探地雷达法不能反映路基土力学参数和测试深度浅的不足；但瞬态面波法由于是石砟的散射和高频信号的限制不能精确的反映表层状况，探地雷达法正好可以弥补这种不足。所以两种方法结合，优势互补，正好能达到路基的测试目的。具体步骤和方法如下：

（1）典型地段开挖横沟，了解路基的几何特性。

（2）采用探地雷达法和瞬态面波法对试验区段内的路基进行大面积的扫描检测。

（3）分析路基强度、刚度等参数。重型动力触探主要反映路基土的力学性能，是以击数 $\times 10 \mathrm{~cm}^{-1}$ 来反映路基各个位置的力学性能指标，击数越高说明土质越好，强度越高，且可以从不同深度位置来测试出不同深度土的力学性能以分析路基状况。轻型动力触探与重型动力触探原理相似。

针对既有线路的特点，对既有路基检测应遵循原位（动力触探）和区段测试（地质雷达、瞬态面波法）相结合的测试方法，这样对既有路基的状况做出一个综合的评价，为路基病害的处理提供基础资料。

三、基床病害整治

由于基床病害是由基床土、水、动荷载共同作用产生的，所以基床病害的整治应从改良路基填料、防止水分浸入、提高路基强度及刚度这几个方面入手。

路基病害的整治办法有很多，如压力灌浆法、改良基床土质、土工合成材料加固和封闭基床等。

病害的预防工作包括以下内容：① 资料收集，包括线路的设计、施工资料及线路区域的气候、水文、工程地质等情况，并了解其变化规律，为防治病害提供第一手资料；② 根据线路当前的状态及运营情况，应每 3~5 个月进行一次线路的普查，评估线路的安全状态，提前发现病害趋势并进行相应的处置。调查方法除了传统的人工调查、轨检车检测外，铁道部目前正在推广铁路路基快速物探检测系统，检测深度达轨面下 2.5 m，速度可达 80 km/h。③ 防止路基积水，保持路基面排水坡度。

路基病害的整治流程为：前期准备→总体方案→检测路基→细化方案→治理施工→效果评价。

不同基床病害整治措施不同。常见基床病害整治措施如下：

（一）清筛道床

彻底清筛道床，是用来整治因道床不洁所造成的道床翻浆病害最有效的方法。并为防治其他路基病害创造了最有利的条件。

方法：将道床内的泥砟彻底清除到规定的深度，并将路基面做成横向排水坡度，然后按规定回填和补充洁净的碎石道砟。

当路基面存在道砟陷坑时，应一并处理。一般的做法是：通常在陷坑底部深度不少于15~20 cm 处修筑横向渗水盲沟，以疏排陷坑内积水。

（二）线路抬道

按照力的传递规律，作用在基床面的动应力随基床深度而扩散。根据铁道部科学研究院对于碎石道床粉质黏土基床的动应力变化经验公式，可求得在基床面以下 0.6 m（可视为基床表层底部）处的列车动应力大约已衰减 55%，若同时考虑基床上部恒载则可求得在基床面以下 0.6 m（可视为基床表层底部）处上部荷载总应力大约已衰减 35%。若抬道 30 cm，在保证原标准道床厚度的情况下，可视为基床面高程抬高 30 cm，则基床面以下 0.9 m 处（即原基床表层底部）的列车动应力大约可衰减 63%。

抬道施工简单快捷，在有条件改变线路纵断面的地段，采用线路抬道的方法可使既有基床面降低一个相当于抬道量的厚度，使上部传来的荷载继续扩散，应力进一步衰减，削弱了对强度不足基床的影响，减少了基床的变形。该方法适用于程度较轻的基床翻浆冒泥、基床下沉外挤病害的整治。

（三）加铺砂垫层

加铺砂垫层是为了防止基床土壤侵入道床，产生翻浆冒泥，一般在道砟和基床之间垫一层细砂。适用于整治无地下水影响的土质基面及风化石质基面翻浆冒泥，不适于整治裂隙泉眼翻浆冒泥。砂垫层的顶面宽度不宜超过轨枕长度（注：普通轨枕长度为 2.5 m），一般采用 230 cm，边坡 1∶2，厚度 15~25 cm。铺设砂垫层的范围一般为从翻浆地段两端向外至少各延长 5 m。

加铺砂垫床的施工有两种方法：

（1）采取封锁线路：施工作业不受行车干扰，施工质量好，进度快，但影响行车。

（2）采用列车限速慢行：由于这种方法在施工时能维持运营，减少了对运输的干扰，虽效率稍差，但在全国各铁路线上被广泛采用。

（四）设置封闭层

若采用砂垫层方法有困难时，可采用封闭层法，使地表水不致下渗，泥浆不致上冒，并提高路基面的承载能力。封闭层一般采用沥青砂或水泥沥青砂或土工合成材料。

近几年广泛应用的是设置土工膜（板）封闭层或无纺土工纤维渗滤层。它有隔离地表水、过滤基面水和均布基面应力等多种效用，常与换砂、砂垫层配合使用。作为隔断排水层的材料，它能渗水，又能隔断黏土细粒，具有足够的强度，又有延伸性，是整治基床病害的主要材料，但其造价较高，使用寿命尚待测试。

在新线施工时，可将土工布直接铺在基床顶面上。在运营线上，可铺在上下砂层之间或在维修中更换脏污道床时，将土工布铺在道床和基床之间，或铺在道床的脏污层和未脏污层之间。

铺设土工合成材料封闭层的施工需在线路封锁（如施工"天窗"）或架空轨道、限速慢行的条件下进行。封闭层宽度至少应满足上部荷载应力扩散宽度（膨胀土、湿陷性黄土地区适当加宽），必要时应在基床面全宽度铺设。相比基床换填渗水料（含降沟）的方法，铺设土工合成材料封闭层设计简单，投资较低，效果良好。该方法适用于各种土质、风化岩质基床的基面翻浆冒泥病害的整治，但基床土强度不足时不宜采用。

（五）基床换填或改良

由于基床土承载能力不足而出现下沉挤出现象时，可根据具体情况采用换填、灌浆等方法。换填深度应以满足承载力要求为原则计算。

1. 换　填

对于下沉外挤或道砟囊病害的软弱基床，可挖除基床不良土，换以渗水土或砂等，改良基床土质，提高基床的承载能力。换填地段的范围从基床病害地段向两侧各延长 2~5 m。换填厚度视软弱层厚度而定，一般为 50~60 cm。在换填地段两端各 10 m 范围内应彻底清筛道床，并做好路拱，铺设砂垫层，抛石挤淤。采用换填法时要保证层变处设置可靠的隔离层，避免形成道砟囊。换填法的缺点是施工强度大，对既有线运营干扰大。

2. 灌　浆

灌浆是利用以水泥为主的浆液注入基床或道砟囊中。灌浆的作用是将土粒胶结，增加土粒间的黏聚力，提高基床的强度，在路基面上形成水泥砂浆封闭层，以隔绝地表水下渗。适用于基床为软黏土、砂黏土或黄土的基床病害地段，不适用于基床为风化泥质页岩的基床病害地段。灌浆时先用震动钻在基床中打入带孔钢管，利用气压或水压进行灌浆。灌浆孔可布置在轨道两侧，呈交错状排列，间距一般采用 1.5~3.0 m。

（六）基床表层补强

在基床表层内铺设土工网（平面材料）、土工格栅（经拉伸的平面材料）、土工格室（三维材料）均可起到提高基床承载力与稳定性的补强作用，如图 7.5。其中，以土工格室的整治效果最理想。

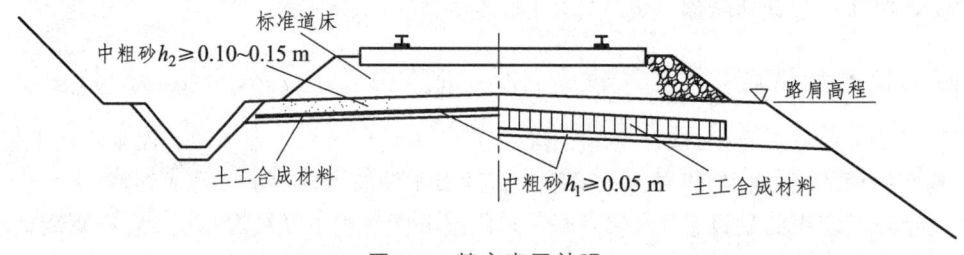

图 7.5　基床表层补强

注：左侧所示为土工网、土工格栅等平面材料；右侧为土工格室等三维材料

土工格室是 20 世纪 90 年代新出现的一种高密度聚氯乙烯土工合成材料，其结构特点是变二维为三维，如图 7.6。在蜂窝状格室中，经强化的 PE 条通过强力焊接后产生的横向限制力以及格室中填料与格室壁的摩擦力，使得各相连格室内的填料共同形成了有较大刚度与强度的基床表层。同时上部荷载通过这一加强层改善了应力分布状态，满足了下部基床土的容

许承载力，减少了基床的变形。格室内的渗水填料保持了基床的排水能力，可避免地表水滞留基床面软化土体。若在土工格室下铺设土工织物，还可以起反滤和隔离作用。

图 7.6　土工格室

铺设土工格室的施工需在线路封锁（如施工"天窗"）或架空轨道、限速慢行的条件下进行。土工格室应在基床面以下挖除软弱层后进行铺设，铺设宽度至少应满足上部荷载应力扩散宽度（膨胀土、湿陷性黄土地区适当加宽）。由于基床开挖不深，一般不需降低侧沟，故在长大路堑内铺设土工格室与使用基床换砂（含降沟）的方案相比具有节约投资、缩短工期、减少行车干扰的优势。同时铺设土工格室整治基床下沉外挤病害的后期效果好，可有效地减少线路维护工作量。

（七）基床桩体加固

根据复合地基原理（即由加固桩与桩间土形成人工地基共同承受上部荷载），采用水泥挤密桩、石灰砂桩等各类小直径改性桩体加固软弱基床，可提高基床的承载力与抗剪强度，减少沉降量。桩体加固的方法适用于基床软弱层较厚、下沉外挤病害较严重的地段。各类改性桩体对基床的加固作用表现在物理和化学效应两方面。第一，通过不排土成桩工艺打入的加固桩体对原有基床土有置换和挤密作用，从而改善了桩间基床土的物理性质。第二，加固桩体一般掺有水泥或石灰、粉煤灰等水硬性或气硬性胶凝材料，不仅可以硬化桩体本身，还与桩间土起离子交换——水胶连接作用及化学固结反应，从而改善基床土的化学性质，明显提高了基床的后期强度。

采用桩体加固基床不影响线路的纵断面状态，工作量远远小于基床换填方法；在行车密度不大的运营线上，利用列车间隔时间灵活施工，有一定的优越性。

任务二　路基冻害及整治

一、冻害的现象与原因

中国东北地区及西北高原地区，多为季节性冻土地区，地表土层一般冬季冻结，春季开始融化，夏季除永冻层外将全部融化。这类地区的路基，在土、水、温度的共同影响下，路基面将发生不同程度的冻胀。冻胀是由于路基下部的水向上集聚并冻结成冰所致。冻胀是翻浆过程的一个阶段同时也是一种单独的路基病害。对于铁路线路来说，有意义的常不是冻胀的绝对数值，而是在纵横方向上冻胀的不均匀程度。均匀冻胀在一般情况下并不构成冻害，而冻胀的不均匀性却常使线路的水平、高低发生不能允许的变化，这种现象统称为"冻害"。冻害是严寒地区的主要路基病害。

冻胀是由于土中的水在冻结过程中有向冻结锋面迁移的特征，并不断析出冰层，且体积增大9%这一物理力学现象造成。所以，冻结过程中涉及土中水的迁移机理，这是产生路基冻害的基本原因。影响因素有如下几个方面。

1. 温度的影响

当土层温度处于负温相转换区，且冻结速率较低时，土中水迁移最活跃，以致形成较大的冻胀。

2. 土质的影响

由粒径大于 0.1 mm 的粗颗粒组成的填料，无冻胀或冻胀较小，如砂、砾石、碎石等；由粒径小于 0.1 mm 细颗粒组成的填料，如砂黏土、黏土等，有较大冻胀性，尤其是黏粒含量大于 15%，密度较小的粉粒土，其冻胀最强烈。

3. 水分的影响

填料的含水率越大，冻胀性也越大，特别是有地下水补给时，会发生强烈的冻胀。

二、冻害的表现形态

1. 按纵向外部形态分类

按纵向外部形态进行分类，冻害可分为冻峰、冻谷和冻阶，如图 7.7。
（1）冻峰：路基面在短距离内的冻胀高度大于相邻两地段的冻胀高度所形成的凸起部分。
（2）冻谷：路基面在短距离内的冻胀高度小于相邻两地段的冻胀高度所形成的凹槽部分。
（3）冻阶：路基面两相邻地段的冻胀高度不同而在连接处所形成的错台部分。

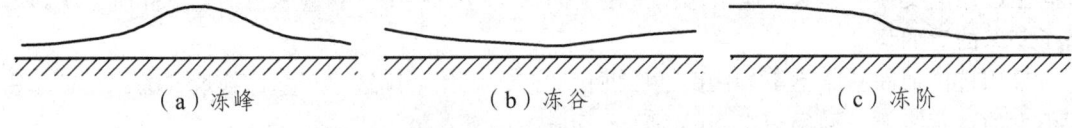

(a) 冻峰　　　　　　(b) 冻谷　　　　　　(c) 冻阶

图 7.7　路基冻害在线路纵断面上的形式

2. 按横向外部形态分类

按横向外部形态进行分类，冻害可分为单侧冻害、双侧冻害和交错冻害。
（1）单侧冻害：沿路基横断面两侧冻胀高度不等。
（2）双侧冻害：沿路基横断面整个冻胀高度大体一致。
（3）交错冻害：在相邻地段的冻胀高度均不相同，形成高低交错的现象。

3. 从冻害产生部位分类

按冻害产生部位,冻害可分为道床冻害、基床表层冻害、基床深层冻害。

(1)道床冻害:因道床不洁,部分道砟孔隙被充填,冻结时,道床由侧沟或限槽中吸取水分,使道床不均匀冻起。道床冻害虽不属于路基冻害的范围,但其性质对线路的影响与路基冻害相同。

(2)基床表层冻害:受地表水影响产生的冻胀,多发生在路基土体临界冻结深度内的上半部分。一般冻胀高度较小,表现为"早起早落"型。

(3)基床深层冻害:受地下水影响产生的冻胀,多发生在路基土体临界冻结深度内的下半部分。一般冻胀高度较大,表现为"晚起晚落"型。

(4)按冻起高度分类,冻起高度小于25 mm为一般冻害;冻起高度25~50 mm,为较大冻害;冻起高度大于50 mm,为大冻害。

三、冻害的整治

如前所述冻胀是由土中水在冻结过程中有向冻结锋面迁移的特征,并不断析出冰层,且体积增大9%这一物理力学现象造成的。所以冻结过程中土中水的迁移机理是产生冻胀病害的基本原因。冻害发生后,首先应认真进行调查,弄清冻胀发生部位、形状、高度、起落及发展过程,弄清冻胀土层的性质、结构及水文地质条件,以便分析冻胀产生的原因和变化规律,然后提出相应的整治措施。常用的整治措施如下:

1. 排水及隔水

目的在于排除地表水或降低地下水及隔断下层水以消除和减少路基土体的冻胀。例如修建具有抗冻防渗能力的地表排水设施以防地表水节流引起冻胀;修建渗沟、暗沟、截水沟等截断、疏导地下水或降低地下水位,以防地下水补给引起冻胀。

2. 换 土

换土是最普遍、采用最多的一种整治冻害的措施。通过换土主要达到三个目的:一是挖除冻害地段的基床土,换填无冻胀或冻胀很小的碎石、河砂、砂类土等,以便减小冻胀值;二是将冻胀性较弱的土(或不冻胀土)换以冻胀性较强的土,以便消灭冻谷或单侧冻起等;三是改换土中的冻胀土层,改善冻胀土质的不均匀条件,消除冻害条件。

换土在基床冻害的整治中是有条件的,经调查分析认定基床冻害产生的原因是基床土体中土质条件时(是土质不均匀,或是土层厚薄层次不等)才可采取更换土质的措施。如果基床冻害是水的原因(即地表水或地下水的不均匀渗入或浸湿)而不是土的原因,则应采用排水措施,而不应采用换土措施。所以,在整治冻害的过程中,首先要"对症下药",必要时应与排水措施相结合,不然是不能达到预期效果的。

3. 设保温层

在基床表层铺设保温层,改善基床温度环境、使表层下的基床土不冻结或减小冻结深度。保温材料一般用炉渣,其导热系数小,成本低廉,也可用石棉、泡沫聚苯乙烯板等保温材料。

国外经验表明，用泥炭或冷压泥炭砖作保温材料效果良好、使用时间长。湿度大的泥炭在水分冻结时，会释放大量潜热，能防止进一步冻结。

4. 人工盐化基床土

用氯盐整治路基冻害费工较多，效果虽然明显，但有效时间短，一般只用于基床表层冻胀地段。

选择上述措施时，应注意总体效果，考虑相互配合，以期达到根除冻害的目的。

任务三　崩塌落石及其防治

一、崩塌、落石的概念

崩塌是指陡峻斜坡上的岩体或土体突然而急剧地向下崩落的一种动力地质现象。崩塌规模小的为几立方米至十几立方米，大的可达数百立方米甚至几十万立方米以上，能摧毁线路、桥梁，甚至堵塞河道，毁坏农田和村庄。如图 7.8 所示，2010 年 7 月广西百色市凌云县伶站瑶族乡发生山体崩塌事故，造成村民房屋倒塌和裂缝，近 400 名瑶族群众被紧急转移。

落石是指个别岩块从悬崖陡坡上突然坠落。落石的规模较小，岩块体积从几立方厘米至几立方米。落石常造成钢轨砸伤，列车砸损及列车脱线等。

图 7.8　2010 年 7 月广西百色凌云县山体崩塌事故

崩塌落石具有突然、快速和较难预测的特点，是地形、地质比较复杂的山区铁路十分常见的路基病害，对铁路行车安全危害甚大，经常导致中断行车，甚至列车颠覆。

二、崩塌、落石的形成原因

形成崩塌的原因有如下几个方面。

（1）陡峭高峻的边坡或山体斜坡，坡度大于 45°、高度大于 30 m，特别是坡度在 55°～75°的斜坡，是崩塌多发地段。

（2）由风化的坚硬岩层组成的又高又陡的斜坡，如互层砂岩，稳定性更差，容易形成崩塌。

（3）受地质构造影响严重，有很多结构面将岩体切割成不连续体的斜坡，特别是有两组结构面倾向线路，其中一组倾角较缓时，容易向线路崩塌。

（4）水的作用是产生崩塌的重要因素。绝大多数的崩塌发生在雨季或暴雨之后，因为水的渗入，对岩石产生软化、润滑和动水压力作用，使岩体强度降低，内摩擦力减小，促使崩塌发生。

（5）其他如地震、爆破、人工开挖斜坡及列车震动等，都是诱发崩塌的因素。

三、崩塌、落石的防治与维护

（一）防治原则

崩塌落石的防治以预防为主，治早治小，一次根治杜绝留后患为原则。

（1）预防为主。

新建铁路应加强工程地质工作，对崩塌落石地段，严重者应予以绕避，不能绕避时，应修建必要的预防性工程，防患于未然。

（2）治早治小。

养护维修应对可能发生崩塌落石地段，加强检查巡视，发现变形失稳征兆，应及时采取措施，治早治小，防止因病害扩大而导致灾害的发生。

（3）一次根治杜绝留后患。

病害发生后，整治工作要坚持一次根治杜绝留后患。否则，往往会导致大的灾害。

（二）防治措施

防治措施应根据病害性质、规模及所处地形、地质情况，因地制宜地选择。常用的防治措施有如下类型。

1. 拦截类

适用于小规模、小块体的崩塌落石。拦截构造有落石平台、落石坑、落石沟、拦石墙、钢轨栅栏及柔性拦石网等。

2. 遮拦类

应用于规模较大的崩塌落石，遮拦建筑有各种明洞和棚洞。修建明洞、棚洞，既可遮挡崩塌落石，又可对边坡下部起稳定和支撑作用。

3. 支挡加固类

适用于不宜或难于消除的大危岩或不稳定的大孤石。支挡建筑有支顶墙、支护墙、明洞式支墙、支柱、支撑等。

4. 护坡、护墙

适用于易风化剥落的边坡。边坡陡者用护墙，边坡缓者用护坡。

当上述措施均不能奏效时，应考虑改线绕避。

（三）养护维修要点

（1）崩塌落石地段应进行定期检查、经常检查和雨季汛期检查。

所谓定期检查是指春检和秋检，对崩塌落石地段及其防护建筑物进行全面地检查。春检时发现隐患，采取防范措施安全度汛；秋检是检查汛期过后崩塌落石处所的变化情况及防护建筑物的破损情况，分轻重缓急，安排路基大修、维修计划。巡山工和重点病害看守工对所管责任地段或处所，应经常巡视检查，监视危岩落石的发展动向，防患于未然。雨季汛期应加强检查力度，执行雨前、雨中、雨后检查制度，是防止崩塌落石事故的有效措施。

（2）及时清理被拦截的崩塌坠落土石方，修理被破坏的建筑物及排水设备。

（3）对范围大、数量多、危石分散、清除整治困难的崩塌落石地段，应设置报警装置，以防发生事故。

任务四　滑坡及其防治

一、滑坡的概念和分类

斜坡上的岩土沿坡内的软弱带或软弱面向前和向下发生整体移动的现象，称为滑坡。中国铁路有些区段滑坡病害较为密集，平均每百公里分布高达20~30处，多为山区铁路。发生滑坡常常中断行车，甚至使列车颠覆，给运输安全带来严重危害。2015年11月13日晚，浙江省丽水市莲都区雅溪镇里东村发生山体滑坡，滑坡体规模达30余万立方米，27户房屋被埋，房屋进水21户。山体滑坡造成26人遇难，11人失联，如图7.9所示。

图7.9　浙江丽水山体滑坡

项目七 路基病害与维护

滑坡按其特点可进行各种不同的分类。中国铁路按滑体的物质组成及其成因，把滑坡分为黏性土滑坡、黄土滑坡、堆填土滑坡、堆积土滑坡、破碎岩石滑坡和岩体滑坡等六类。

产生滑坡的原因有内在因素，也有外在因素。内在因素是形成滑坡的先决条件，它包括岩土性质、地质构造、地形地貌等。外因通过内因对滑坡起着促进作用，它包括水的作用、地震和人为因素等。所以，滑坡是内外各因素综合作用的结果。

二、滑坡的形成条件

发生滑坡的软弱带又称滑动带。滑动带在重力作用下，或在其他外力作用下使其剪切应力大于强度，或因振动液化、溶蚀潜蚀、自然、人为开采等因素的作用下，使其结构破坏、岩土性质改变而丧失强度，就会引起滑动带上覆岩体或土体发生滑动。滑坡一般从地表上呈现的裂缝等迹象的变化可大致划分出蠕动、挤压、微动、滑动、大动和滑带固结六个阶段。在发生滑坡的地方，常出现环状后缘、月牙形凹地、滑坡台阶和垅状前垣等独特的地貌景观。但岩体滑坡由于其界面的生成多依附于岩体内既有的构造裂面，因此其后缘和分块裂缝一般呈直线或折线状。滑坡结构如图 7.10 所示。

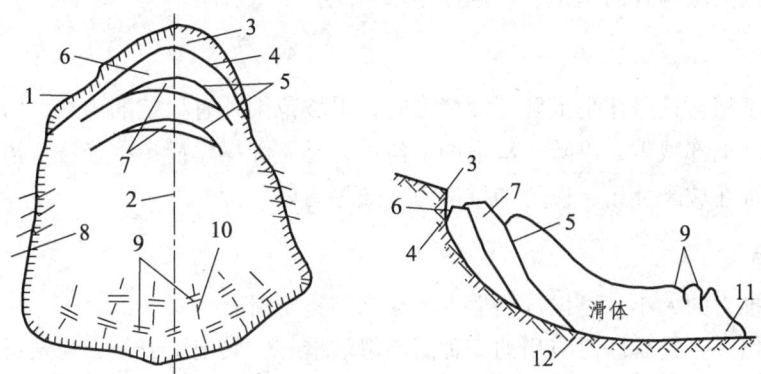

图 7.10　滑坡结构示意图

1—滑坡周界；2—滑坡主轴；3—滑坡壁；4—主裂缝；5—拉张裂缝；6—封闭洼地；7—滑坡台阶；
8—剪切及羽毛状裂缝；9—鼓胀裂缝；10—放射状裂缝；11—滑坡舌；12—滑坡床

三、滑坡的防治与维护

（一）滑坡的防治原则

（1）预防。

对有可能新生滑坡的地段或可能复活的古滑坡，应采取必要的工程措施，以防止产生新的滑坡或古滑坡的复活。

（2）治早。

滑坡的发生与发展，是有一个过程的，早期整治，能收到事半功倍的效果。

（3）一次根治与分期整治相结合。

滑坡一般应一次根治，杜绝后患。但对规模较大、性质复杂、变形缓慢，暂时尚不致造成重大灾害的滑坡,也可在全面规划下,分期整治。同时注意观测每期工程效果,为确定下期工程提供依据。

防治滑坡的措施应在弄清滑坡成因的基础上,对诱发滑坡的各种因素,分清主次,采取相应的工程措施。

(二) 防治措施

常用的防治措施有排水、减重、支挡、改善土体物理力学性质等。

1. 排　水

滑坡的发生和发展都与水的作用有关,排水是防治滑坡之本,但应根据具体情况,采用切合实际的排水方式。对滑坡体以外的地表水,应加以拦截和引出,在滑坡可能发展的边界 5 m 以外修建一条或多条环形截水沟;对滑坡体以外的地下水,应修建截水盲沟;对滑坡体内的地下水,应疏干和引出,对于浅层地下水可采用支撑盲沟排出,深层地下水采用泄水隧洞,亦可采用垂直孔群或仰斜孔群排水;对滑体范围内的地表水,应尽快汇集引出以防其下渗,在充分利用天然沟谷的基础上,修建排水系统。

2. 减　重

当滑动面不深,且滑体呈上陡下缓情形时,滑坡范围外有稳定的山坡,滑坡不可能向上发展时,在滑坡上部减重,以减小滑坡的下滑力,是一种操作简单、经济实惠的防治措施。将减重的土体堆在坡脚反压,以增加抗滑力,效果更好。

3. 支　挡

根据滑体推力的大小,可以选用适当的支挡结构防滑。

(1) 抗滑挡墙。它是广泛应用的一种防治滑坡措施,其施工方便,稳定滑坡收效快。抗滑挡土墙多为重力式。

(2) 抗滑桩。它是利用桩体在稳定岩土中的嵌固力支挡滑体的建筑物。它具有对滑体扰动少,操作简便,工期短,收效快,对行车干扰小,安全可靠等优点,抗滑桩多为挖孔或钻孔而后放入钢筋骨架灌筑混凝土而成。抗滑桩在滑动面以下的锚固深度,应根据滑体作用在桩上的主动土压力、桩前的被动土压力、岩土性质等确定。

(3) 锚杆挡墙。它是一种新型支挡结构,由锚杆、肋柱和挡板三部分组成,用于薄层块状滑坡或基岩埋深较浅、滑体横长、滑面较陡的滑坡。具有结构轻盈,节约材料,适宜机械化施工,提高生产效率等优点。

(4) 抗滑明洞。若滑动面的下缘处在边坡上的较高位置,可视地基情况设置抗滑明洞,洞顶回填土石支撑滑体,或滑体越过洞顶落在线路之外。但这一措施对行车干扰大,施工困难,造价昂贵,只有在其他措施难以奏效时采用。

4. 改善滑坡土体的物理力学性质

用物理化学方法加固和稳定滑坡方法很多,如焙烧、成浆、加灰土桩、硅化、电渗、离子交换等。这些方法,由于工序复杂,成本较高,目前中国铁路仅小规模试用。

5. 改　线

绕避上述整治措施难以奏效时，在经济技术合理情况下，可以考虑改线绕避。

（三）养护维修要点

（1）滑坡区的地表排水设备，如截水沟、排水沟、吊沟等应做到无淤积、无漏水、无冲刷、排水畅通、沟涵相通。对失效损坏处所，应及时修补，确保状态良好。

（2）滑坡区的地下排水设备，如支承渗沟、暗沟、隧洞、渗井、渗管等，应定期检查，及时清理和疏通。对失效或损坏处所，应及时修补或整治。地下排水设施，一般每年在春融之后和冰冻之前，在雨季开始之前和暴雨之后，必须仔细观测其流量，掌握其变化规律和排水效果，发现异常及时处理。

（3）滑坡区的防护和加固建筑物，应保持完整无损，如有开裂、滑移，必须认真查明原因，采取治理措施，不可麻痹大意，要防患于未然。

（4）对规模大、情况复杂的大滑坡，虽经整治仍在缓慢变形或间歇变形，应对其认真观测，实行动态监控，掌握变化规律和发展趋势，以便及时采取有效措施。

（5）保护好山坡植被，搞好水土保持，也是滑坡区养护维修的重要任务

任务五　泥石流及其防治

泥石流是指在山区或其他沟谷深壑，地形险峻的地区，因为暴雨暴雪或其他自然灾害引发的山体滑坡并携带有大量泥沙以及石块的特殊洪流。泥石流常常会冲毁公路、铁路等交通设施甚至村镇等，造成巨大损失。如图 7.11 为 2010 年 8 月 8 日凌晨，甘肃省甘南藏族自治州的舟曲县因暴雨引发山洪灾害，泥石流冲进县城，造成一千余人死亡。

图 7.11　甘肃舟曲特大山洪泥石流

一、泥石流的特征

泥石流具有暴发突然、来势凶险、运动快速、能量巨大、冲击力强、破坏性大和过程短暂等特点。

泥石流流动的全过程一般只有几个小时，短的只有几分钟。泥石流是一种广泛分布于世界各国一些具有特殊地形、地貌状况地区的自然灾害。是山区沟谷或山地坡面上，由暴雨、冰雪融化等水源激发的、含有大量泥沙石块的介于挟沙水流和滑坡之间的土、水、气混合流。泥石流大多伴随山区洪水而发生。它与一般洪水的区别是洪流中含有足够数量的泥沙石等固体碎屑物，其体积含量最少为15%，最高可达80%左右，容重在 1.3 t/m³ 以上，最高达 2.3 t/m³，因此比洪水更具有破坏力。

泥石流是多产生于山区的一种严重的地质灾难，常与滑坡同时发生。泥石流的流态取决于固体物质的岩性和流体稠度、流量与暴雨特点、堵塞崩溃形式等；流速受制于地形地貌、流体内外阻力等因素。泥石流固体物质粒径分布范围很宽、流体性质很不稳定，冲和淤是其主要危害。由于它的大冲淤性，比滑坡、崩塌危害更大。

二、泥石流的分类

（一）按泥石流体的物质组成分类

1. 泥石型

泥石型是由浆体和石块共同组成的特殊流体，固体成分从粒径小于 0.005 mm 的黏土粉砂到几米至 10~20 m 的大漂砾。

2. 泥流型

泥流型是指发育在我国黄土高原地区，以细粒泥石流为主要固体成分的泥质流。泥流中黏粒含量大于石质山区的泥石流。泥流含少量碎石、岩屑，黏度大，呈稠泥状，结构比泥石流更为明显。

3. 水石型

水石型是指发育在大理岩、白云岩、石灰岩、砾岩或部分花岗岩山区，由水和粗砂、砾石、大漂砾组成的特殊流体，黏粒含量小于泥石流和泥流。水石流的性质和形成，类似山洪。

（二）按泥石流的流体物质分类：

1. 黏性泥石流

这类泥石流含有大量的细粒黏土物质，固体物质占含量的 40~60%，最高可达 80%，水和泥沙、石块凝聚成黏稠的整体，黏性很大，密度大（大于 1.6 t/m³），浮托力强。当它在流通中经过弯道或遇障碍物时，有明显的爬高和截弯取直作用。黏型泥石流在堆积区不发生显著的散流，而呈长舌状，堆积物表面坎坷，停积时无分选性。

2. 稀性泥石流

这类泥石流固体物质含量较少，一般为 10~40%，而且细粒物质少，不能形成黏稠的整体，在运动过程中，水泥浆速度远远大于石块的运动速度，石块以流动或跳动方式下泄，具有极强的冲刷力和下切能力。在堆积区呈扇状散开，将原来的堆积山切割成条条深沟，堆积后水泥浆逐渐散开，堆积物表面较平坦，结构松散，有一定的分选性。

（三）据发育泥石流的地貌分类

1. 标准型泥石流

为典型的泥石流，流域呈扇形，流域面积较大，能明显地划分出形成区、流通区和堆积区。

2. 河谷型泥石流

流域呈狭长条形，其形成区多为河流上游的沟谷，固体物质来源分散，沟谷中有时常年有水，故水资源丰富，流通区与堆积区往往不能明显分出。

3. 坡面型泥石流

流域呈斗状，面积一般小于 $1\ km^2$，无明显流通区，形成区与堆积区直接相连。

以上分类是中国最常见的三种分类。除此之外还有多种分类方法。如按泥石流的成因分类有：水川型泥石流，降雨型泥石流；按泥石流流域大小分类有：大型泥石流，中型泥石流和小型泥石流；按泥石流发展阶段分类有：发展期泥石流，旺盛期泥石流和衰退期泥石流等等。

三、泥石流的产生条件

（一）泥石流产生的基本条件

泥石流的形成必须同时具备地形地貌、松散物质来源和水源三个基本条件：

1. 地形地貌条件

在地形上具备山高沟深，地形陡峻，沟床纵坡大，流域形状便于水流汇集。在地貌上，泥石流的地貌一般从上游到下游可分为形成区、流通区和堆积区三部分。上游形成区的地形多为三面环山、一面出口的瓢状或漏斗状，地形比较开阔、周围山高坡陡、山体破碎、植被生长不良，这样的地形有利于水和碎屑物质的集中；中游流通区的地形多为狭窄陡深的峡谷，谷床纵坡较大，使泥石流能够迅猛直泻；下游堆积区的地形为开阔平坦的平原或河谷阶地，使碎屑物堆积。

2. 松散物质来源条件

泥石流常发生于地质构造复杂、断裂褶皱发育，新构造活动强烈，地震烈度较高的地区。地表岩石破碎，崩塌、错落、滑坡等不良地质现象发育，为泥石流的形成提供了丰富的固体物质来源；另外，岩层结构松散、软弱、易于风化、节理发育或软硬相间成层的地区，因易受破坏，也能为泥石流提供丰富的碎屑物来源；一些人类工程活动，如滥伐森林造成水土流失，开山采矿、采石弃渣等，往往也为泥石流提供大量的物质来源。

3. 水源条件

水既是泥石流的重要组成部分，又是泥石流的重要激发条件和搬运介质（动力来源）。降雨、冰雪融化、地下水、湖库溃决等都可形成泥石流，最多的是降雨发生的泥石流。比如长时间的连续降雨，如降雨 1 小时雨强在 30 mm 以上和 10 分钟雨强在 10 mm 以上的短历时暴雨。冰雪融化、地下水、湖库溃决也可形成泥石流。

简单来说就是泥石流的形成必须同时具备有利于贮集、运动和停淤的地形地貌条件、有丰富的松散土石碎屑固体物质来源和短时间内可提供充足水源三个基本条件。

（二）泥石流产生的人为因素

1. 毁　林

毁林的原因很多，包括取用木材、薪材、药材，扩展耕地、牧地以及军事活动等。

2. 开荒与陡坡耕作

由于我国人口剧增，工矿、道路、城镇、农田水利建设不断占用耕地，人均耕地面积不断减少。由于山区耕作地向山坡不断扩展，先缓坡后陡坡。而这些耕地，既无地埂，又年年翻耕，表土松动，因此一遇暴雨，沙石俱下，汇集而成泥石流。

3. 过度放牧

我国草原加上农区草山草被的面积约占全国总面积的 36.8%，约为耕地面积的 2.6 倍。其中山区草坡一般分布山坡等地的林间、林下地段，有些位居山地陡坡土层较薄地带，这些地方一旦过度放牧，尤其是泥石流源地，便可迅速出现草场退化，草场退化可发展为裸露地或裸岩地，在一定条件下，山坡裸露地往往变成泥石流源地。

4. 水库溃决、渠水渗漏

随着山区资源开发，越来越多地修建山区水库和渠道。在储存和流动中，这些水体均有不同程度的渗漏。当渗漏超过泥石流始发临界值时，便可暴发人为泥石流。如 1973 年，四川米易陡沟内水库溃决，形成溃决型泥石流，淤埋成昆铁路湾丘火车站，迫使铁道断道阻车 7 昼夜。

5. 不合理开挖

主要指修建铁路、公路、水渠以及其他工程建筑的不合理开挖。有些泥石流就是在进行不合理开挖时破坏了山坡表层而形成的。如香港多年来修建了许多大型工程和地面建筑，几乎每个工程都要劈山填海或填沟方可获得合适的建筑场地。1972 年一次暴雨，使正在施工的挖掘工程现场有 120 人死于滑坡造成的泥石流。

6. 不合理的弃土、弃渣、采石

不合理的弃土、弃渣及采石等形成的泥石流事例很多。例如：在 1972 年时，四川冕宁县泸沽铁矿汉罗沟因不合理堆放弃土矿渣，一场大雨时暴发了矿山泥石流，冲出松散固体物质约 10 万立方米，淤埋成昆铁路 300 m 和喜（德）一西（昌）公路 250 m，中断行车，给交通运输带来严重损失。

四、泥石流的防治

泥石流的防治要贯彻"避强制弱、局部防护、重点处理、以防为主、综合防治"的防治原则。

泥石流灾害是多种因素形成的，在防治泥石流时需采取综合防治措施，要充分考虑到被保护地区与具体工程的要点。一般可以在泥石流形成区采取水土保持措施，如平整山坡、植树造林、修建谷坊、坡面排水等；在泥石流流通区采取拦挡措施，如各种拦挡坝与坝群；在泥石流堆积区采取排导措施，如排洪道、导流堤、停淤场。具体防治措施有生物措施和工程措施这两类。

（一）生物措施

生物措施包括恢复或培育植被，合理耕牧，维持较优化的生态平衡，这些措施可使流域坡面得到保护，免遭冲刷，以控制泥石流发生。

植被包括草被和森林两种，它们是生物措施中不可分割的两个方面。植被可调节径流，延滞洪水，削弱山洪的动力；森林可保护山坡，抑制剥蚀、侵蚀和风蚀，减缓岩石的风化速度，控制固体物质的供给。因此在流域内（特别是中，上游地段）要加强封山育林，严禁毁林开荒。

（二）工程措施

1. 蓄水、引水工程

这类包括调洪水库，截水沟和引水渠等。工程建于形成区内，其作用是拦截部分或大部分洪水，削减洪峰，以控制暴发泥石流的水动力条件。同时，还可灌溉农田、发电或供生活用水等。大型引水渠应修建稳固而短小的截流坝作为渠首，避免经过崩滑带而应在它的后缘外侧通过并严防渗漏、溃决。

2. 支挡工程

支挡工程有挡土墙、护坡等。在形成区内崩塌、滑坡严重地段，可在坡脚处修建挡墙和护坡，以稳定斜坡。此外，当流域内某地段山体不稳定，树木难以"定居"时，应先铺以支挡建筑物以稳定山体，生物措施才能奏效。

3. 拦挡工程

这类工程多布置在流通区内，修建拦挡泥石流的坝体，也称谷坊坝。它的主要是拦泥石流和护床固坝。目前国外挡坝的种类繁多。从结构来看，可分为实体坝和格栅坝；从材料来看，可分为土质、圬工、混凝土和预制金属构件等；从坝高和保护对象的作用来看，可分为低矮的挡坝群和单独高坝。挡坝群是国内外广泛采用的防治工程。沿沟建筑一系列高 5～10 m 的低坝或石墙，坝（墙）身上应留有水孔以渲泄水流，坝顶留有溢水口可宣泄洪水。我国这种坝一般采用圬土砌筑。国外拦挡小型稀性泥石流，推广采用格栅坝。

4. 排导工程

这类工程包括排导沟、渡槽、急流槽、导流坝等，多数建在流通区和堆积区。最常见的排导工程是设有导流堤的排导沟，它们的作用是调整流向，防止漫流，以保护附近的居民点、工矿点和交通线路。

    5. 储淤工程

这类工程包括拦淤库和储淤场，前者设置于流通区内，就是修筑拦挡坝，形成泥石流库。后者一般设置于堆积区的后缘，工程通常由导流堤、拦淤堤和溢流堰组成。储淤工程的主要作用是在一定期限内，一定程度上将泥石流固体物质在指定地段停淤，从而削减下泄的固体物质总量及洪峰流量。

泥石流的防治应做好三个结合，即防治结合，生物措施与工程措施相结合，民办与公助相结合，全面规划，综合治理。

【思考与训练】

1. 简述路基病害有哪些？
2. 简述常见路基基床病害及其防治措施。
3. 基床下沉外挤包括哪些病害现象？分析其成因并简述整治方法。
4. 简述路基基床病害与哪些因素有关？
5. 基床冻害分为几类？
6. 整治基床冻害有哪些措施？
7. 简述什么是翻浆冒泥，产生的原因是什么？
8. 整治崩塌、滑坡、泥石流的措施有哪些？

项目八　路基压实质量检测

【学习目标】

（1）能说出路基压实质量检测的方法；
（2）能利用相关检测仪器进行路基压实质量检测；
（3）能合理组织试验，完成相关资料填写；
（4）能独立完成路基压实质量的检测和评价，填写质量检验评定资料。

路基施工质量检测是路基施工技术管理的重要组成部分，同时也是工程施工质量控制的必要手段和竣工验收评定工作中不可缺少的重要环节。路基施工质量检测对于提高工程质量、加快工程进度、降低工程造价、推动施工技术进步具有重要意义。

路基施工质量检测是指在地基处理和路基填筑过程中进行的各种质量控制的检查方法。通过路基检测，检验路基是否达到了设计要求，是否具有足够的强度和刚度能够承受列车动荷载的作用。地基处理质量的检测方法有动力触探、静力触探、标准贯入试验、钻孔取芯试验等。本部分内容主要讲述路基压实质量的检测方法，路基压实质量的检测方法如图 8.1 所示。

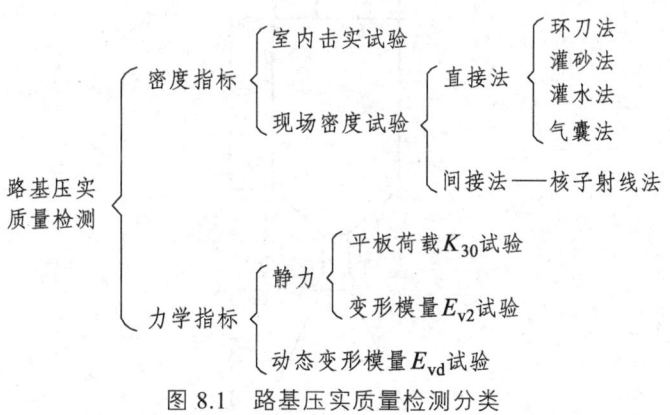

图 8.1　路基压实质量检测分类

任务一　路基密实度检测

路基密实度是路基施工质量检测的关键指标之一，表征现场压实后的密度状况，压实度越高，密度越大，材料整体性能越好。只有对路基结构层进行充分压实，才能保证路基的强度、刚度及稳定性，延长路基的使用寿命。

路基压实度指的是土或其他材料压实后的干密度与标准最大干密度之比,以百分率表示。现场路基压实质量用压实度表示,压实度是指工地实际达到的干密度与室内标准击实试验所得的最大干密度的比值。路基压实度的测定主要包括室内标准密度(最大干密度)确定及现场密度试验。现场路基密实度检测方法主要有灌砂法、环刀法、核子射线法等。

一、灌砂法

灌砂法是利用均匀颗粒的砂去置换试洞的体积,它是当前最通用的方法,很多工程都把灌砂法列为现场测定密度的主要方法。该方法可用于测试各种土的密度,它的缺点是:需要携带较多量的砂,而且称量次数较多,因此它的测试速度较慢。灌砂法适用于现场测定细粒土、砂类土和砾类土,试样最大粒径小于 75mm 的土的密度。

1. 仪器设备

(1)密度测定器:由容砂瓶、灌砂漏斗和底盘组成,如图 8.2 所示。容砂瓶的容积为 4 L;灌砂漏斗高 135 mm、直径 165 mm、颈部有孔径为 13 mm 的圆柱形阀门;容砂瓶和灌砂漏斗之间用螺纹接头连接。底盘承托灌砂漏斗和容砂瓶。填料最大粒径大于 60 mm 时,采用边长 400 mm 的底盘。

(2)天平:称量 10 kg,分度值 5 g;称量 500 g,分度值 0.1 g。

(3)分析筛:孔径 0.25、0.50 mm。

(4)其他:小铁锹、小铁铲、盛土容器等。

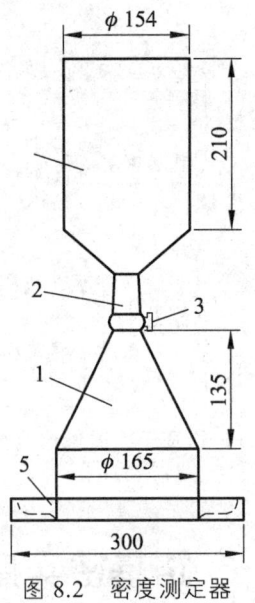

图 8.2 密度测定器

1—容砂瓶;2—螺纹接头;3—阀门;4—灌砂漏斗;5—底盘。

2. 量砂密度的测定步骤

(1)量砂宜选用粒径为 0.25 ~ 0.50 mm,密度为 1.47 ~ 1.61 g/cm^3 的洁净干燥砂。

（2）将容砂瓶与灌砂漏斗经螺纹接头接紧，并作以标记，以后每次拆卸再衔接时都要接在这一位置。称组装好的密度测定器的质量（m_{r1}），准确至 5 g。

（3）将干燥的密度测定器竖立（灌砂漏斗口向上）在工作台上，打开阀门，往密度测定器内注水，直至水面高出阀门，关闭阀门，倒掉漏斗中多余的水，称注满水的密度测定器总质量（m_{r2}），准确至 5 g，同时测定水温，准确至 0.5 °C。再重复测定两次，三次测值之间的差值不得大于 5 g，否则应重新测定，取二次测定值的平均值。

（4）将干燥的密度测定器竖立（灌砂漏斗口向上）在工作台上，关阀门，向漏斗中灌满标准砂。打开阀门使漏斗中的量砂漏入容砂瓶内，边漏边继续向漏斗中补充砂，当量砂停止流动时迅速关闭阀门。倒掉漏斗内多余的砂，称灌满量砂的密度测定器总质量（m_{r3}），准确至 5 g。测定过程中应避免震动。

（5）容砂瓶容积按式（8-1）计算：

$$V_r = (m_{r2} - m_{r1})/\rho_{wT} \tag{8-1}$$

式中　V_r——容砂瓶容积（cm³）；
　　　m_{r2}——注满水的密度测定器的总质量（g）；
　　　m_{r1}——密度测定器的质量（g）；
　　　ρ_{wT}——纯水在 T °C 时的密度（g/cm³）。

（6）量砂的密度按式（8-2）计算：

$$\rho_{sr} = \frac{m_{r3} - m_{r1}}{V_r} \tag{8-2}$$

式中　ρ_{sr}——量砂的密度（g/cm³），计算保留至 0.01 g/cm³。
　　　m_{r3}——灌满量砂的密度测定器的总质量（g）。

3. 试验步骤

测定灌满砂漏斗所需量砂的质量应符合下列规定：

（1）按量砂密度测定步骤中第 4 点要求将量砂灌满容砂瓶，并称取灌满标准砂的密度测定器的总质量（m_{r3}）。

（2）将灌满量砂的密度测定器倒置（即灌砂漏斗口向下）在一洁净的平面上，打开阀门，直至砂停止流动。

（3）迅速关闭阀门，称取剩余量砂和密度测定器的总质量，计算流失的量砂的质量，该流失量即为灌满漏斗所需量砂的质量（m_{r4}）。

（4）重复上述步骤三次，取其平均值。

4. 试验操作

试验操作应符合下列规定：

（1）根据试样最大粒径确定试坑尺寸，如表 8.1 所示。试坑深度不应大于该层填筑深度。

表 8.1　灌砂法试坑尺寸

试样最大粒径/mm	试坑尺寸	
	直径	深度
5～20	150	200
40	200	250
60	250	300
75	300	400

（2）将选定试坑位置的地面铲平，其面积略大于试坑直径，按试坑直径划出坑口轮廓线，在轮廓线内下挖至要求深度，边挖边将挖出的土放入盛土容器内，称土的质量 m_p，准确至 10 g，然后取代表性土样测定含水率。

（3）向容砂瓶内灌满量砂，关阀门，称灌满量砂的密度测定器的总质量 m_{r3}，准确至 5 g。

（4）将密度测定器倒置（灌沙漏斗口向下）于挖好的坑口上，打开阀门，使密度测定器内的量砂流入坑内，当密度测定器内量砂停止流动时关闭阀门。

（5）称密度测定器和剩余标准砂的质量 m_{r5}，准确至 5 g。并计算灌满试坑所用量砂的质量（$m_{sr}=m_{r3}-m_{r4}-m_{r5}$）。

（6）取出试坑内的量砂，以备下次试验时再用。若量砂的湿度发生变化或混有杂质，则应风干、过筛后再用。

（7）试验完毕，应将试坑回填，并夯实。

$$\rho = \frac{m_p}{\dfrac{m_{sr}}{\rho_{sr}}} \tag{8-3}$$

5. 试验结果

试验结果应按式（8-3）和式（8-4）计算。

$$\rho_d = \frac{\dfrac{m_p}{1+0.01W_0}}{\dfrac{m_{sr}}{\rho_{sr}}} \tag{8-4}$$

式中　m_{sr}——灌满试坑所用量砂的质量（g）；

　　　m_p——取自试坑内土的质量（g）。

6. 记录格式

记录格式应符合表 8.2 的要求。

表 8.2 灌砂法密度试验记录

试坑编号			测定
灌满标准砂的密度测定器总质量/g	(1)		
灌砂漏斗所需标准砂的质量/g	(2)		
密度测定器和剩余标准砂的质量/g	(3)		
灌满试坑所用标准砂的质量/g	(4)	(4) = (1) - (2) - (3)	
标准砂密度/（g/cm³）	(5)		
试坑体积/cm³	(6)	(6) = (4)/(5)	
土和容器质量/g	(7)		
容器质量/g	(8)		
土的质量/g	(9)	(9) = (7) - (8)	
土的密度/（g/cm³）	(10)	(10) = (9)/(6)	
土的含水率/%	(11)		
土的干密度/（g/cm³）	(12)	(12) = (10)/[1+0.01(11)]	

复核 _____ ____年____月____日   试验 _____ ____年____月

二、环刀法

环刀法适用于测定粉土和黏性土的密度，通过利用一定容积的环刀切取土样，使土样充满环刀，这样环刀的容积即为试样体积，然后称量试样加环刀的质量和环刀的质量，两者之差就是试样的质量，根据密度定义可计算出土的密度。

1. 仪器设备

（1）环刀：内径 61.8mm 或 79.8mm，高为 20mm。

（2）天平：称量 500g，分度值 0.1g；称量 200g，分度值 0.01g。

（3）其他：切土刀、钢丝锯、直尺、凡士林等。

2. 操作步骤

（1）测定环刀的质量及体积。

用测径卡尺测量环刀的内径及高度，计算得环刀的体积。然后将环刀置于天平上称环刀质量 m_1。

（2）开样。

将土样筒按标明的上下方向放置，剥去蜡封和胶带（野外送到实验室的原状土样都是用土样筒装好并进行严格的密封），开启土样筒取出土样。

（3）切取土样。

在环刀内壁涂一薄层凡士林，将环刀刃口向下放在土样上，垂直下压环刀，并用切土刀沿环刀外侧将土样切削成略大于环刀的土柱，边压边削至土样伸出环刀。距离刃口约 10mm

用钢丝锯和切土刀将试样和环刀一起与土样断开。将切断下来的内含试样的环刀放于试验台面上,先削平环刀上端的余土,使土面与环刀边缘齐平,再置于玻璃板上。然后削平环刀刃口一端的余土,使与环刀刃口齐平。如果是软土,可用钢丝锯整平试样两端。若两面的土有少量剥落,可用切下的碎土轻轻补上。

(4)测定环刀与土样的质量。

擦净环刀外壁,称量环刀加试样的质量 m_2,准确至 0.1 g,并取环刀两端削下的土样测含水率。

3. 试验记录与密度计算

(1)试验数据记录。

将试验数据记录在表格中,记录表格如表 8.3 所示。

表8.3 环刀法密度试验记录表

工程名称:_____;工程编号:_____;试验日期:_____;
试验者:_____;记录者:_____;校核者:_____。

试样编号	环刀号	试样体积(cm³)	环刀质量(g)	试样加环刀质量(g)	试样质量(g)	湿密度(g/cm³)	含水率(%)	干密度(g/cm³)	平均干密度(g/cm³)

复核 _____ 年____月____日   试验 _____ ____年____月

(2)计算试样湿密度。

试样的湿密度按式(8-5)计算,计算准至 0.01 g/cm³。

$$\rho = \frac{m_1 - m_2}{V} \tag{8-5}$$

式中 ρ——试样的密度,g/cm³;
m_1——环刀加试样的质量,g;
m_2——环刀的质量,g;
V——试样的体积,大小等于环刀的容积,cm³。

(3)计算试样的干密度。

试样的干密度按下式计算,计算准确至 0.01 g/cm³。

$$\rho_d = \frac{\rho}{1 + 0.01w} \tag{8-6}$$

式中 ρ_d——试样的干密度,g/cm³;
w——试样的含水率,%。

（4）本试验需进行至少两次平行测定，既分别用环刀在土样上切取 2~4 个试样，分别测定其密度，取其算术平均值，其平均差值不得大于 0.03 g/cm³。

三、灌水法、气囊法、核子射线法

灌水法与灌砂法的原理基本相同，只是用水代替量砂去置换试坑的体积，适用于现场测定最大粒径小于 200 mm 的土的密度。由于水的密度相对稳定，因而操作更简单，测试速度更快，但测试精度要差一些。

气囊法是利用气囊式容积测定仪测定土的密度，适用于现场测定最大粒径小于 40 mm 的土的密度。

核子射线法用于施工现场快速地检测填土的密度和含水率，完成一次检测通常只需要 1 min 或更短时间。核子湿度密度仪或者核子仪是核子射线检测仪的简称，是利用原子核的放射性，测量土的密度和湿度的一种仪器。核子仪在进行密度和水分测量时，分别使用不同的放射源，不同的射线接收器，不同的数据计算系统。所以密度和水分两个检测系统相互独立，其检测数据也互不影响。核子射线法适用于现场测定填料为细粒土、粗粒土的压实密度，测定前宜用灌砂法的结果进行标定。具体试验方法见现行《铁路工程土工试验规程》（TB 10102）。

核子射线法与灌砂法或其他破坏性检测方法相比较，其优势是显而易见的，主要包括无损检测、准确性高、检测速度快、操作简单、"实时"检测。

任务二　地基系数测试

路基压实质量控制的目的是对路基的承载能力和沉降变形进行控制，保持线路稳定与平顺，保证列车能安全、舒适、高速运行。平板载荷试验被广泛地应用于铁路、轨道、公路、机场和其他工业与民用建筑工程的地基检测，作为一种强度及变形指标，地基系数 K_{30} 能够直观地表征路基的刚度和承载能力。

中国自大秦重载铁路修建开始，引入地基系数 K_{30} 值作为路基填料压实质量的检测控制指标，在铁路路基施工方面得到推广应用。K_{30} 平板载荷试验是一种检测路基压实质量的施工现场试验方法。目前，地基系数 K_{30} 已成为现行新建铁路轨道控制基床和路堤填料压实质量的主要指标之一。

一、概　述

（一）地基系数 K_{30} 的概念

地基系数 K_{30} 是表示土体表面在平面压力作用下产生的可压缩性的大小。它是用直径为

30 cm 的刚性承载板进行静压平板载荷试验,取第一次加载测得的下沉量为 1.25 mm 时所对应的荷载 Q_s,按 $K_{30} = Q_s/1.25$ 计算得出,单位是 MPa/m。根据现行《铁路工程土工试验规程》(TB 10102)要求,地基系数试验适用于各类土和土石混合填料,其最大粒径不宜大于承载板直径的 1/4,测试有效深度约为承载板直径的 1.5 倍。

(二)K_{30} 平板载荷试验场地及环境条件

(1)对于水分挥发快的均粒砂,表面结硬壳、软化,或因其他原因表层扰动的土,试验应置于其影响以下进行。

(2)试验应避免在测试面过湿或干燥的情况下进行,宜在压实后 4 h 内检测。

(3)测试面应平整无坑洞。

(4)试验时测试面应远离震源,以保持测试精度。

(5)雨天或风力大于 6 级的天气,不得进行试验。

二、试验过程

(一)试验仪器设备

1. 荷载板

荷载板为圆形钢板,其直径为 30 cm,板厚为 25 mm,荷载板应带有水准泡。

2. 加载装置

(1)液压千斤顶与手动油泵,通过高压油软管连接。千斤顶顶端应设置球铰,并配有可调节丝杆和加长杆件,以便与各种不同高度的反力装置相适应。选用荷载应大于或等于 50 KN。

(2)液压油软管长度不应小于 1.8 m,两端应装有自动开闭阀门的快速接头,以防止液压油漏出。

(3)手动液压泵上应装有一个可调节减压阀,可准确地分级对荷载板实施加、卸载。

(4)荷载量测装置宜采用误差不大于 1% 的测力计、力传感器或精度不低于 0.4 级的防震压力表。

3. 承载能力

反力装置的承载能力应大于最大试验荷载 10 KN 以上。

4. 测量装置

下沉量测量装置由测桥和测表组成。

测桥是用于安装测表固定支架或作为测表量测基准面,由长度大于 3 m 的支撑梁和支撑座组成,当跨度为 4 m 时其截面系数应大于或等于 8 cm^3。测表宜配置 3~4 个精度为 0.01 mm 的百分表或电子数显百分表,量程应不小于 10 mm,每个测表应配有可调式固定支架。

5. 其他

铁锹、钢板尺（长 400 mm）、毛刷、圬工泥刀、刮铲、水准仪、铅垂、干燥中砂、石膏、油、遮阳挡风设施等。

（二）试验仪器校验

测试地基系数时，应对仪器进行测试校验。

新仪器进行试验的 3 个月内，应每月标定 1 次，以做出相应误差修正。当 3 次标定误差小于 ±5% 时，仪器进入稳定期。仪器每次投入新工点或每年必须予以校验 1 次。

（三）试验操作步骤

（1）场地测试面应进行平整，并使用毛刷扫去松土。当处于斜坡上时，应将荷载板支撑面做成水平面。

（2）安置平板载荷仪。

① 将荷载板放置于测试地面上，应使荷载板与地面良好接触，必要时可铺设一薄层干燥砂（2~3 mm）或石膏腻子。当用石膏腻子做垫层时，应在荷载板底面上抹一层油膜，然后将荷载板安放在石膏层上，左右转动荷载板并轻轻击打顶面，使其与地面完全接触，与此同时可借助荷载板上水准泡或水准仪调整水平。

② 将反力装置承载部分安置于荷载板上方，并加以制动。反力装置的支撑点必须距荷载板外侧边缘 1 m 以外。

③ 将千斤顶放置于反力装置下面的荷载板上，可利用加长杆和通过调节丝杆，使千斤顶顶端球铰座紧贴在反力装置承载部位上，组装时应保持千斤顶垂直不出现倾斜。

④ 安置测桥，测桥支撑座应设置在距离荷载板外侧边缘及反力装置支承点 1 m 以外。测表的安放必须相互对称，并且应与荷载板中心保持等距离。

（3）加载试验。

① 为稳固荷载板，预先加 0.01 MPa 荷载，约 30 s，待稳定后卸除荷载，将百分表读数调至零或读取百分表读数作为下沉量的起始读数。

② 以 0.04 MPa 的增量，逐级加载。每增加一级荷载，应在下沉量稳定后，读取荷载强度和下沉量读数。

③ 达到下列条件之一时，试验即可终止：

总下沉量超过规定的基准值（1.25 mm），且加载级数至少 5 级；

荷载强度大于设计标准对应荷载值的 1.3 倍，且加载级数至少 5 级；

荷载强度达到地基屈服点时。

④ 试验过程中出现承载板严重倾斜，承载板过度下沉及试验数据异常等情况时，应查明原因，另选点进行试验，对出现的异常应在试验记录表中注明。

（四）试验结果计算机制图

（1）根据试验结果绘出荷载强度与下沉量关系曲线，如图 8.3 所示。

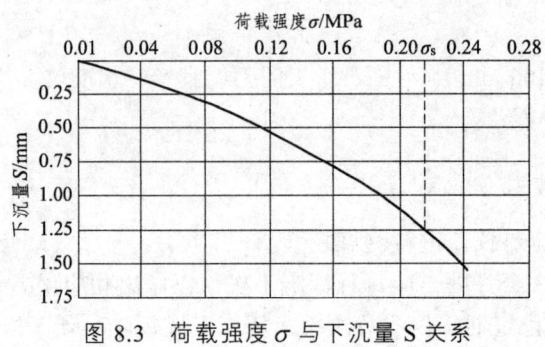

图 8.3 荷载强度 σ 与下沉量 S 关系

（2）从荷载强度与下沉量关系曲线得出下沉量基准值时的荷载强度，并按式（8-7）计算出地基系数

$$K_{30} = \sigma_s / S_s \qquad (8-7)$$

式中　K_{30}——由直径 30 cm 的荷载板测得的地基系数（MPa/m），计算取整数；
　　　σ_s——σ-S 曲线中 S_s=1.25 mm 相对应的荷载强度（MPa）；
　　　S_s——下沉量基准值（1.25 mm）。

（五）随机误差修正

（1）曲线的开始段呈凹形或不经过坐标原点时，所出现的随机误差可通过作图法进行修正。

（2）作图法校正如图 8.4 所示。

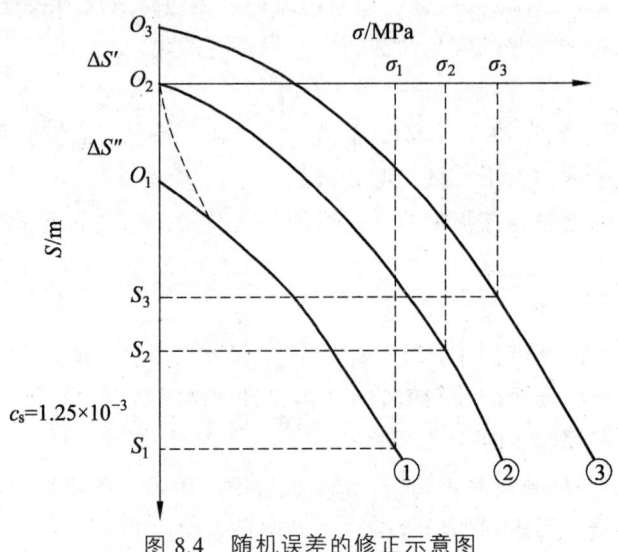

图 8.4 随机误差的修正示意图

当试验结果如图 8.4 中曲线②时，曲线当经坐标原点，可不校正。
当试验结果如图中曲线①时，应在曲线出现明显拐点的位置沿正常曲线曲率延伸，使之

交 S 轴与 O_1 点，此时零点下移 $\Delta S''$，标准下沉量应为 $S_1 = S_s + \Delta S''$，并由此对应的荷载强度 σ_1 计算出值 K_s。

当试验结果如图中曲线③时，应在曲线出现明显拐点的位置沿正常曲线曲率延伸，使之交 S 轴与 O_3 点，此时零点上移 $\Delta S'$，标准下沉量应为 $S_3 = S_s - \Delta S'$，并由此对应的荷载强度 σ_3 计算出值 K_s。

（六）地基系数试验记录表

地基系数试验记录表如表 8.4 所示。

表 8.4 地基系数试验记录表

试验编号：_____　　　　　　　　工程名称：

检测里程：_____　　检测部位：_____
填层厚度：_____　　检测标高：_____
填料类型：_____　　填料最大粒径：_____
仪器型号：_____　　承载板直径：_____

加载顺序	荷载强度 σ/MPa	油压表读数 P/MPa	下沉量（百分表读数）/mm				承载板中心下沉量 S/mm
			表1	表2	表3	平均值 S	
预压							
复位							
1							
2							
3							
4							
5							
6							
7							
8							
9							
10							

荷载强度 σ-下沉量 S 关系曲线：

下沉量基准值 1.25 mm 对应的荷载强度 σ_s：_____MPa
地基系数 K_s：_____MPa/m

附注：

复核_____　____年____月____日　　试验_____　____年____月____日

任务三　二次变形模量测试

路基施工质量是客运专线建设需关注的关键问题之一，而路基填筑质量检测技术是路基施工质量控制的关键环节，科学、合理的试验检测方法是保证路基施工质量的重要措施。二次变形模量 E_{v2} 的荷载——沉降曲线是在逐级加载后，逐级卸载，再二次加载得出，可认为其沉降（变形）消除了填料的塑性变形，测试结果离散性小，更能反映路基土的真实强度，比地基系数 K_{30} 更科学、更合理。

一、概　述

（一）概　念

二次变形模量 E_{v2} 试验是通过圆形承载板和加载装置对地面进行第一次加载和卸载后，再进行第二次加载，用测得的承载板下应力 σ 和与之相对应的承载板中心沉降量 S，来计算变形模量 E_{v2} 及 E_{v2}/E_{v1} 值的试验方法。二次变形模量 E_{v2} 的计量单位为 MPa。

（二）试验适用范围

二次变形模量 E_{v2} 试验适用于粒径不大于承载板直径 1/4 的各类土和土石混合填料。在铁路路基填筑施工质量检测中，采用直径为 300 mm 的承载板。

二、试验过程

（一）试验条件

试验场地及环境条件应符合下列要求：
（1）对于水分挥发快的中粗砂，表面结硬壳、软化或因其他原因表层扰动的土，变形模量 E_{v2} 试验应置于其影响以下进行，下挖深度应不大于承载板直径。
（2）土体的含水率对其强度测定有较大的影响，因此，试验时土体的含水率变化范围应是在其使用期间所能保持的范围。对于粗、细粒均质土，宜在压实后 2~4 h 内开始试验。
（3）测试面应水平无坑洞。对于粗粒土或混合料填层造成表面凹凸不平，承载板下应铺一层厚约 2~3 mm 的干燥中砂或石膏腻子。
（4）试验时测试点必须远离震源，以保证测试精度。
（5）雨天或风力大于 6 级的天气不得进行试验。

（二）试验仪器设备

变形模量 E_{v2} 测试仪器应包括承载板、反力装置、加载装置、荷载量测装置及沉降量测装置。

1. 承载板

承载板为圆形钢板，承载板直径为 300 ± 0.2 mm，厚度为 25 ± 0.2 mm，材质应为 Q345 钢。承载板上应带有水准泡。承载板加工表面粗糙度 Ra 应不大于 6.3 μm。

2. 反力装置

反力装置的承载能力应大于最大试验荷载 10 kN 以上。

3. 加载装置

加载装置的液压千斤顶应通过高压油软管与手动液压泵连接。千斤顶顶端应设置球铰，并配有可调节丝杆和加长杆件，以便与各种不同高度的反力装置相适应。高压油软管长度应不小于 2 m，两端应装有自动开闭阀门的快速接头，以防止液压油漏出。

手动液压泵上应装有可调节减压阀，可准确地对承载板进行分级加、卸载。为使力准确传递，千斤顶两边应固定，并确保不倾斜。千斤顶活塞的行程应不小于 150 mm。在试验过程中，应保证千斤顶高度不超过 600 mm。

4. 荷载量测装置

荷载量测表量程应达到最大试验荷载的 1.25 倍，最大误差应不大于 1%。荷载量测表显示值应能保证承载板荷载有效位至少达到 0.001 MPa。

5. 沉降量测装置

沉降量测装置由测桥和测表组成。测桥的测量臂可采用杠杆式，如图 8.5 所示或垂直抽拉式，如图 8.6 所示。测量臂应有足够的刚度。

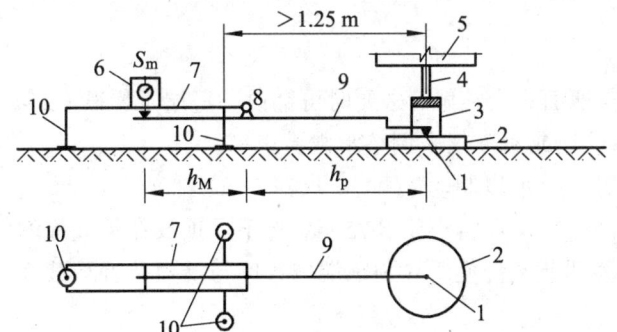 

图 8.5 杠杆式测量臂

1—触点；2—承载板；3—千斤顶；4—加长杆件；5—反力装置；6—沉降量测表；
7—支撑架；8—杠杆支点；9—测量臂；10—支撑座。

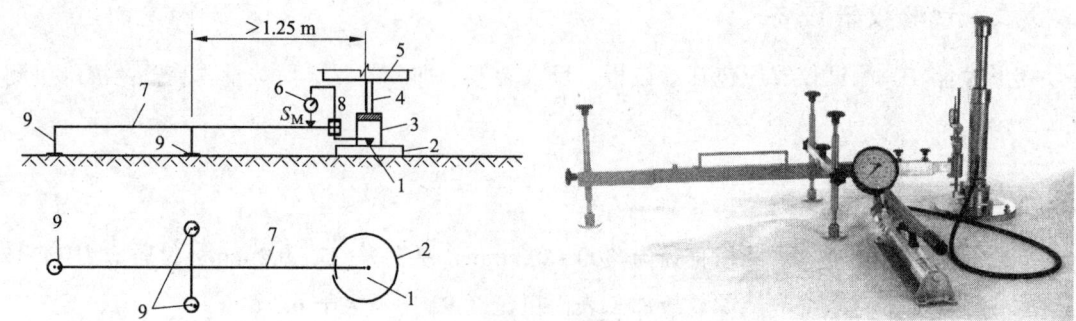

图 8.6 垂直抽拉式测量臂

1—触点；2—承载板；3—千斤顶；4—加长杆件；5—反力装置；
6—沉降量测表；7—支撑架；8—垂直支架；9—支撑座。

承载板中心至测桥支撑座的距离必须大于 1.25 m。杠杆式测量臂杠杆比 $h_P:h_M$ 可在 1∶1 至 2∶1 范围内选择，选定后不得改变。为便于统一，可认为垂直抽拉式测量臂杠杆比为 1∶1。沉降量测表最大误差应不大于 0.04 mm，分辨率应达到 0.01 mm，量程应不小于 10 mm。

6. 辅助工具

辅助工具应包括：铁锹、钢板尺（长 400 mm）、毛刷、刮铲、水准仪、铅锤、褶尺、干燥中砂、石膏粉、油、遮阳挡风设施等。

7. 测试仪器标定

测试仪器标定应符合下列规定：

（1）传感器、测表应按国家有关规定标定；

（2）变形模量 E_{v2} 测试仪必须每年标定一次。

（三）试验操作步骤

1. 试验准备

场地测试面应进行平整，并使用毛刷扫去表面松土。当测试面处于斜坡上时，应将承载板支撑面做成水平面。

2. 安置试验仪器

（1）安置承载板及千斤顶

将承载板放置于测试点上，使承载板与地面完全接触，必要时可铺设一薄层干燥砂（2～3 mm）或石膏腻子，同时利用承载板上水准泡或水准仪来调整承载板水平。

将反力装置承载部位安置于承载板上方，并加以制动。

承载板外侧边缘与反力装置支撑点之间的距离不得小于 0.75 m。将千斤顶放在承载板的中心位置，使千斤顶保持垂直。用加长杆和调节丝杆使千斤顶顶端球铰座与反力装置承载部位紧贴。

（2）安置测桥

将沉降量测装置的触点自由地放入承载板上测量孔的中心位置，沉降量测表必须与测试面垂直。测桥支撑座与反力装置支撑点的距离不得小于 1.25 m。试验过程中测桥和反力装置不得晃动。

3. 预加载

为稳固承载板，预先加 0.01 MPa 荷载约 30 s，待稳定后卸除荷载，将沉降量测表读数调零。

4. 加载与卸载

变形模量 E_{v2} 试验第一次加载必须至少分 6 级，并以大致相等的荷载增量（0.08 MPa）逐级加载，达到最大荷载为 0.5 MPa 或沉降量达到 5 mm 时所对应的应力后，再进行卸载。

承载板卸载应按最大荷载的 50%、25% 和 0 三级进行。卸载后，按照第一次加载的操作步骤，并保持与第一次加载时各级相同的荷载进行第二次加载，直到第一次所加最大荷载的倒数第二级。每级加载或卸载过程必须在 1 min 内完成。加载或卸载时，每级荷载的保持时间为 2 min，在该过程中荷载应保持恒定。

试验中如果施加了比预定荷载大的荷载，则应保持该荷载，将其记录在试验记录表中，并加以注明。

当试验过程中出现承载板严重倾斜，以至水准泡上的气泡不能与圆圈标志重合或承载板过度下沉及量测数据出现异常等情况时，应查明原因，另选点进行试验，并在试验记录表中注明。

5. 资料整理与计算

变形模量 E_{v2} 测试仪包括数据自动采集计算和数据人工记录两种类型。数据自动采集计算型的变形模量 E_{v2} 测试仪，可根据每级荷载的测试数据自动计算并打印荷载-沉降曲线和变形模量值。

数据人工记录型的变形模量 E_{v2} 测试仪，可根据每一级荷载的应力 σ 和相应的荷载板中心的沉降量 S，按以下计算方法，通过相应软件或可编程计算器计算试验结果，即根据试验测试的每一级荷载的应力 σ 和相应的荷载板中心的沉降量 S，确定荷载与沉降量关系式、计算变形模量值和绘制荷载-沉降曲线。

（1）承载板中心沉降量计算。

将每一级荷载的应力 σ 和所对应的沉降量测表读数 S_M 填写到记录表格中。承载板中心沉降量 S 应按式（8-8）计算

$$S = S_M \frac{h_P}{h_M} \tag{8-8}$$

式中 S——承载板中心沉降量（mm）；

S_M——沉降量测表读数（mm）；

h_P/h_M——杠杆比。

（2）试验记录格式。

试验记录格式应符合表 8.5 的要求。

表 8.5　变形模量 E_{v2} 试验记录表

工程名称：	填料类型：	试验编号：	仪器名称：
工程地点：	填层厚度：	杠杆比 h_P/h_M：	型　号：
施工单位：	试验里程：	试验日期：	天　气：
承载板直径：	试验标高：		

加卸载顺序序号	荷载 F/kN	应力 σ/MPa	沉降量测表读数 S_M/mm	承载板中心沉降量 S/mm
预压				
复位				

试验＿＿＿　＿＿年＿月＿日　复核＿＿＿＿　＿＿＿年＿月＿日　试验负责人＿＿＿＿　＿＿＿年＿月＿日

（3）应力-沉降量曲线。

根据试验结果绘制应力-沉降量曲线，如图 8.7 所示，应力-沉降量曲线上应用箭头标明受力方向。

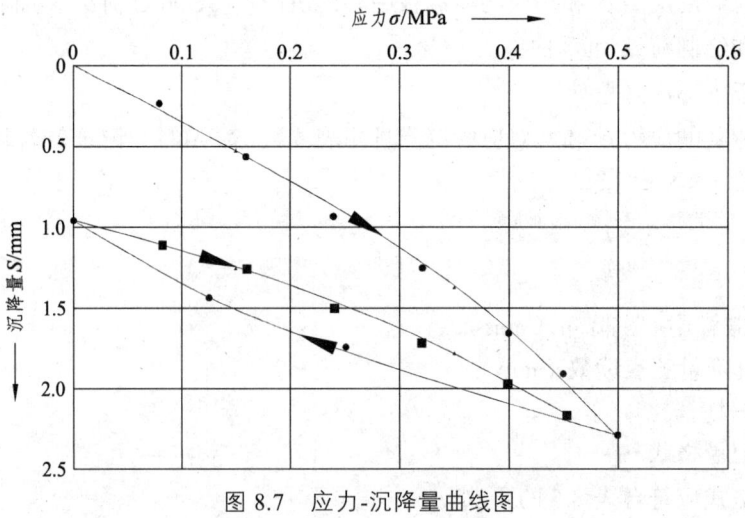

图 8.7　应力-沉降量曲线图

（4）变形模量 E_v 计算。

① 应力-沉降量曲线方程：

第一次加载和第二次加载所得到的应力-沉降量曲线，可用式（8-9）表达：

$$s = a_0 + a_1 \cdot \sigma + a_2 \cdot \sigma^2 \qquad (8-9)$$

式中　σ——承载板下应力（MPa）；

　　　s——承载板中心沉降量（mm）；

　　　a_0——常数项（mm）；

　　　a_1——一次项系数（mm/MPa）；

　　　a_2——二次项系数（mm/MPa^2）。

② 应力-沉降量曲线方程系数计算。

根据测试值确定关系式（8-9），实质就是确定式中的系数 a_0、a_1 及 a_2。系数 a_0、a_1 及 a_2 的确定要符合：该系数能使曲线对各级测试值的偏差最小，即该关系式所表示的曲线是最接近所有测试值的曲线，因而也是最合理的一条曲线。

③ 变形模量计算。

一次变形模量 E_{v1} 和二次变形模量 E_{v2} 分别由第一次和第二次加载的荷载-沉降量曲线在 $0.3\sigma_{1\max}$ 和 $0.7\sigma_{1\max}$ 之间割线的斜率求得，变形模量按下式计算：

$$E_v = 1.5 \times r \times \frac{\Delta\sigma}{\Delta S}$$

$$E_v = 1.5r \frac{1}{a_1 + a_2 \sigma_{1\max}}$$

式中　E_v——变形模量（MPa）；

　　　r——承载板半径（mm）；

　　　$\sigma_{1\max}$——第一次加载最大应力（MPa）。

采用第一次加载测试值计算的变形模量为 E_{v1}；采用第二次加载测试值计算的变形模量为 E_{v2}。

6. 试验中应注意的问题

（1）含水量对变形模量 E_{v2} 和地基系数 K_{30} 测试值的影响。对于级配碎石或级配砾石、表面容易板结的填料，刚碾压完时，含水量偏高，路基的变形模量 E_{v2} 和地基系数 K_{30} 值较低；但随着时间推移，填料中的水分逐渐蒸发，含水量降低，在低含水量情况下，并当填料中含有粉细颗粒物质如石粉时，水在填料颗粒间起粘结作用，而且通过水的吸力和表面张力现象增加了颗粒间的有效应力，导致变形模量 E_{v2} 和地基系数 K_{30} 测试值提高。而路基压实后真实的 E_{v2} 和 K_{30} 测试值，应该是路基使用期间所能保持的含水量情况下的测试值。

（2）当试验场地面不平整时，有些操作者往往是放置承载板后以转动几下或以承载板不晃动为标准，认为就符合要求，而实际上，有时测试面看上去较平，但当试验结束后提起承载板，通过试验面上的压痕会发现试验面与承载板接触面不大，甚至只有少数几点支撑，这就会存在应力集中，影响试验结果。

（3）变形模量 E_{v2} 试验的一次加载不能用于计算地基系数 K_{30} 值。虽然地基系数 K_{30} 试验是通过平板载荷试验的一次加载获得，但地基系数 K_{30} 试验的一次加载与变形模量 E_{v2} 试验的一次加载有两点不同之处：① 每级的加载增量不同。变形模量 E_{v2} 试验的加载增量是 0.08 MPa，而地基系数 K_{30} 试验的加载增量是 0.04 MPa。② 荷载增量的时间间隔不同。变形模量 E_{v2} 试验要求荷载增量的时间间隔为 2 分钟；而地基系数 K_{30} 试验要求：每增加一级荷载，当一分钟的下沉量不大于该级荷载产生的下沉量的 1%时，读取荷载强度和下沉量读数，然后增加下一级荷载。通常情况下，地基系数 K_{30} 试验时，每级荷载的下沉量稳定时间大于 2 分钟，所以，如果用变形模量 E_{v2} 试验的一次加载来计算地基系数 K_{30} 值，则得出的 K_{30} 值要大于实际值。

（4）在做变形模量 E_{v2} 试验时，容易出现加载时施加了比预定荷载大的荷载，或卸载时释放了比预定荷载小的荷载；在这种情况下，应保持该荷载，将其记录在试验记录表中，并加以注明；计算时按荷载的实际值和与之相对应的沉降量计算。不应为了与预定荷载相一致，而再去减小或增加荷载。

（5）采用变形模量 E_{v2} 评价路基压实质量时，不仅要求变形模量 E_{v2} 达到规定指标，而且还应对 E_{v2}/E_{v1} 值有要求；E_{v2}/E_{v1} 值大，说明一次变形模量 E_{v1} 值小，即路基的塑性变形较大，路基压实不充分。

对于我国客运专线路基工程的 E_{v2}/E_{v1} 的控制标准取值，应考虑：① 取值必须满足客运专线路基的强度和变形要求；② 现场施工及路基填料是否能达到所要求的指标。

（6）变形模量 E_{v2} 和地基系数 K_{30} 都属于静态平板载荷试验，都是检测直接反映路基的力学指标，但由于测试时间长、费时费力，测试点数量不可能太多，所以要使很有限的测试数据反映路基强度的真实情况，就要求在试验时必须严格按试验要求操作。另外，由于变形模量 E_{v2} 试验和地基系数 K_{30} 试验有不少相同之处，为减少现场试验的工作量、提高检测及施工效率，建议在通过大量室内外试验和理论分析的基础上，得出变形模量 E_{v2} 与地基系数 K_{30} 相匹配的控制指标，以使将来能够只采用变形模量 E_{v2} 和地基系数 K_{30} 其中之一，作为路基压实质量静态平板载荷试验检测指标。

任务四 动态变形模量测试

一、测试原理

动态变形模量 E_{vd} 是由落锤冲击施加一定大小和作用时间荷载的平板试验测得的土体变形模量。通常载荷板的直径也为 30 cm，锤重为 10 kg，最大的冲击力为 7.07 kN，荷载脉冲宽度 18 mm。试验记录落锤冲击时板的沉降。在假定冲击力恒定和泊松比 μ 为 0.21 的情况下，由式（8-10）计算模量：

$$E_{vd} = 1.5 r\sigma/s = 22.5/s \qquad (8\text{-}10)$$

式中 E_{vd}——动态变形模量（MPa），精确至 0.1 MPa；

r——荷载板半径（mm），$r = 150$ mm；

σ——荷载板下最大动应力，$\sigma = 0.1$ MPa；

S——实测荷载板下沉降量（mm）。

E_{vd} 动态平板载荷试验适用于粒径不大于荷载板直径 1/4 的各类土和土石混合填料，测试有效深度范围为 400~500 mm。

二、试验场地及环境条件

（1）测试面宜水平，其倾斜角度不大于 5°。

（2）测试面必须平整无坑洞。对于粗粒土或混合料造成的表面凹凸不平，可用少量细中砂补平。

（3）试验时测试点必须远离震源。

三、试验仪器

（1）动态变形模量测试仪由加载装置、荷载板和沉陷测定仪组成。

（2）加载装置主要由挂（脱）钩装置、导向杆、阻尼装置等部分构成，如图 8.8 所示。

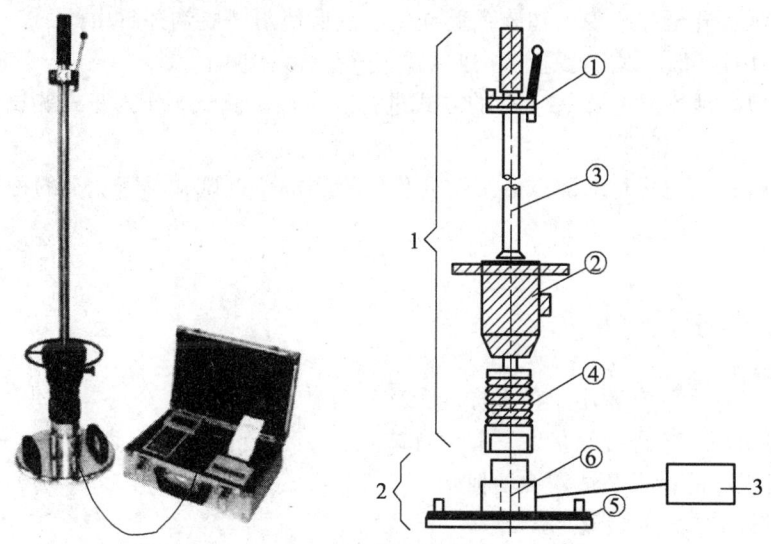

图 8.8 动态变形模量测试仪

1—加载装置（①—挂、脱钩装置；②—落锤；③—导向杆；④—阻尼装置）；
2—载荷板（⑤—圆形钢板；⑥—传感器）；3—沉陷测定仪。

① 落锤重：10 kg；

② 最大冲击力：7.07 kN；

③ 冲击持续时间：18±2 ms；

④ 导向杆必须保持垂直、光洁。

（3）荷载板主要由圆形钢板和传感器等部分构成。
① 圆形钢板直径 30 cm，厚度 20 mm；
② 传感器必须牢固密贴地安装在荷载板的中心位置上。
（4）沉陷测定仪主要由信号处理、显示、打印机和电源等部分构成。
（5）沉陷测试范围：（0.1～2.0）mm±0.05 mm；
E_{vd} 测试范围：$10<E_{vd}<225$ MPa。
（6）仪器的校验和标定应符合下列要求：
① 仪器在每次试验前应按使用说明书进行校验。
② 仪器每年必须重新标定一次。

四、试验操作步骤

1. 测试前的准备工作：
（1）测试面应整平。应使荷载板与地面良好接触。必要时可用少量的细中砂来补平。
（2）导向杆应保持垂直。
（3）检查仪器标明的落距。
2. 测试步骤：
（1）荷载板放置在平整好的测试面上，安装上导向杆并保持其垂直。
（2）将落锤提升至挂（脱）钩装置上挂住，然后使落锤脱钩并自由落下，当落锤弹回后将其抓住并挂在挂（脱）钩装置上。按此操作进行三次预冲击。
（3）正式测试时按上述第（2）项的方式进行三次冲击测试，作为正式测试记录。测试时应避免荷载板的移动和跳跃。
（4）测试时，应记录每个测点的工作名称、检测部位、试验时间、土的种类、含水率以及相关的参数。

【思考及训练】

1. 灌砂法是什么？它适用于什么样的土质？有什么优缺点？
2. 如何使用环刀法进行测量？它有何优缺点？
3. 核子射线法的特点及适用性如何？
4. 地基系数 K_{30} 测量原理是什么？
5. 二次变形模量测量原理是什么？
6. 动态变形模量测试原理是什么？

附录 A：正线有砟轨道设计标准

运营条件 / 轨道结构	项目	单位	高速铁路	城际铁路			客货共线铁路				重载铁路			
							I级铁路		II级铁路					
							≥20		10~20		>250	101~250		40~100
运营条件	车通过总质量	Mt	—	—	—	—	—	—	≥20	10~20	>250	101~250	—	40~100
	列车轴重 P	t	≤17	≤17	≤17	≤17	≤25	≤25	≤25	≤25	25~30	30	30	27、25
	旅客列车设计速度 V_k	km/h	≥250	200	160	120	200	160	120	120	—	—	—	—
	货物列车设计速度 V_H	km/h	—	—	—	—	≤120	≤120	≤80	≤80	≤100	≤100	≤100	≤100
轨道结构	钢轨	kg/m	60	60	60	60	60	60	60	60/50	75	75/60	60	60
	扣件 型号	—	弹条IV或V型	弹条II、III、IV、V型	弹条II或III型	弹条II或III型	弹条II、III、IV或V型	弹条II或III型	弹条II或III型	弹条II或I型	与轨枕匹配的弹性扣件			
	混凝土轨枕	—	III	III	III	III	III	III或新II	III或新II	III或新II	满足设计轴重要求的混凝土轨枕			
	间距	mm	600	600	600	600	600	600或570	600或570	600	600	600	600	600
	道床厚度 土质路基（双层道床）面砟	cm	—	—	30	25	—	30	30	25	35	35	35	30
	底砟	cm	—	20	20	20	20	20	20	20	20	20	20	20
	土质路基（单层道床）道砟	cm	35	30	30	30	30	30	30	30	35	35	35	30
	硬质岩石路基、隧道 道砟	cm	35	35	30	30	35	35	30	30	35	35	35	35
	桥梁 道砟	cm	35	35	30	30	35	25	25	25	35	35	35	35
	道砟材质 面砟	—	特级	特/一级	一级	一级	特/一级	一级	一级	一级	特级	特/一级	一级	一级

附录 B：普通填料组别分类

表 B-1　巨粒土填料组别分类

一级定名			二级定名			填料组别
类别	名称	说明	细粒含量	级配	定名	
巨粒石	块石类	硬块石土	粒径大于 200 mm 颗粒的质量超过总质量的 50%（不易风化、尖棱状为主）	<5%	良好	良好级配块石	C1
					间断	间断级配块石	C1
					均匀	均匀级配块石	C1
				5%~15%	良好	良好级配含土块石	C1
					间断	间断级配含土块石	C1
					均匀	均匀级配含土块石	C1
				15%~30%		粉土块石	C1
						黏土块石	C1
				30%~50%		多粉土块石	C1
						多黏土块石	C2
		源石土	粒径大于 200 mm 颗粒的质量超过总质量的 50%（浑圆或圆棱状为主）	<5%	良好	良好级配漂石	C1
					间断	间断级配漂石	C1
					均匀	均匀级配漂石	C1
				5%~15%	良好	良好级配含土漂石	C1
					间断	间断级配含土漂石	C1
					均匀	均匀级配含土漂石	C1
				15%~30%		粉土漂石	C1
						黏土漂石	C1
				>30%		多粉土漂石	C1
						多黏土漂石	C2
	碎石类	卵石土	粒径大于 60 mm 颗粒的质量超过总质量的 50%（浑圆或圆棱状为主）	<5%	良好	良好级配卵石	A2
					间断	间断级配卵石	B1、B2
					均匀	均匀级配卵石	B2
				5%~15%	良好	良好级配含土卵石	A2
					间断	间断级配含土卵石	B1、B2
					均匀	均匀级配含土卵石	B2

续表

一级定名				二级定名			填料组别
类别	名称		说明	细粒含量	级配	定名	
巨粒石	碎石类	碎石土	粒径大于 60 mm 颗粒的质量超过总质量的 50%（尖棱状为主）	15%~30%		粉土卵石	B2、B3
						黏土卵石	B3、C1
				>30%		多粉土卵石	C1
						多黏土卵石	C2
				<5%	良好	良好级配碎石	A2
					间断	间断级配碎石	B1、B2
					均匀	均匀级配碎石	B2
				5%~15%	良好	良好级配含土碎石	A2
					间断	间断级配含土碎石	B1、B2
					均匀	均匀级配含土碎石	B2
				15%~30%		粉土碎石	B2、B3
						黏土碎石	B3、C1
				>30%		多粉土碎石	C1
						多黏土碎石	C2

注：（1）表中"细粒含量"指细粒（粒径 d≤0.075 mm）的质量占总质量的百分数，以下各表同。
（2）在碎石土间断级配中，粒径小于 5 mm 颗粒含量>35%的土（冲蚀稳定），为 B1 组，其余为 B2 组。
（3）在碎石土细粒含量为 15%~30%粉土中，当粒径 0.075 mm~5 mm 颗粒含量≥15%时为 B2 组，否则为 B3 组。
（4）在碎石土细粒含量为 15%~30%黏土中，当粒径 0.075 mm~5 mm 颗粒含量≥15%时为 B3 组，否则为 C1 组。

表 B-2 砾石土填料组别分类

一级定名				二级定名			填料组别
类别	名称		说明	细粒含量	级配	定名	
粗粒土	砾石类	粗圆砾土	粒径大于20 mm颗粒的质量超过总质量的50%（浑圆或圆棱状为主）	<5%	良好	良好级配粗圆砾	A2
					间断	间断级配粗圆砾	B1、B2
					均匀	均匀级配粗圆砾	B2
				5%～15%	良好	良好级配含土粗圆砾	A2
					间断	间断级配含土粗圆砾	B1、B2
					均匀	均匀级配含土粗圆砾	B2
				15%～30%		粉土粗圆砾	B2、B3
						黏土粗圆砾	B3、C1
				30%～50%		多粉土粗圆砾	C1
						多黏土粗圆砾	C2
		粗角砾土	粒径大于20 mm颗粒的质量超过总质量的50%（尖棱状为主）	<5%	良好	良好级配粗角砾	A1
					间断	间断级配粗角砾	B1、B2
					均匀	均匀级配粗角砾	B2
				5%～15%	良好	良好级配含土粗角砾	A1
					间断	间断级配含土粗角砾	B1、B2
					均匀	均匀级配含土粗角砾	B2
				15%～30%		粉土粗角砾	B2、B3
						黏土粗角砾	B3、C1
				30%～50%		多粉土粗角砾	C1
						多黏土粗角砾	C2
		中圆砾土	粒径大于5 mm颗粒的质量超过总质量的50%（浑圆或圆棱状为主）	<5%	良好	良好级配中圆砾	A2
					间断	间断级配中圆砾	B1、B2
					均匀	均匀级配中圆砾	B2
				5%～15%	良好	良好级配含土中圆砾	A2
					间断	间断级配含土中圆砾	B1、B2
					均匀	均匀级配含土中圆砾	B2
				15%～30%		粉土质中圆砾	B2、B3
						黏土质中圆砾	B3、C1
				30%～50%		多粉土中圆砾	C1
						多黏土中圆砾	C2

续表

类别	名称	一级定名		二级定名			填料组别
		名称	说明	细粒含量	级配	定名	
粗粒土	砾石类	中角砾土	粒径大于5 mm颗粒的质量超过总质量的50%（尖棱状为主）	<5%	良好	良好级配中角砾	A1
					间断	间断级配中角砾	B1、B2
					均匀	均匀级配中角砾	B2
				5%~15%	良好	良好级配含土中角砾	A1
					间断	间断级配含土中角砾	B1、B2
					均匀	均匀级配含土中角砾	B2
				15%~30%		粉土中角砾	B2、B3
						黏土中角砾	B3、C1
				30%~50%		多粉土中角砾	C1
						多黏土中角砾	C2
		细圆砾土	粒径大于2 mm颗粒的质量超过总质量的50%（浑圆或圆棱状为主）	<5%	良好	良好级配细圆砾	A2
					间断	间断级配细圆砾	B1、B2
					均匀	均匀级配细圆砾	B2
				5%~15%	良好	良好级配含土细圆砾	A2
					间断	间断级配含土细圆砾	B1、B2
					均匀	均匀级配含土细圆砾	B2
				15%~30%		粉土细圆砾	B2、B3
						黏土细圆砾	B3、C1
				30%~50%		多粉土细圆砾	C1
						多黏土细圆砾	C2
		细角砾土	粒径大于2 mm颗粒的质量超过总质量的50%（尖棱状为主）	<5%	良好	良好级配细角砾	A1
					间断	间断级配细角砾	B1、B2
					均匀	均匀级配细角砾	B2
				5%~15%	良好	良好级配含土细角砾	A1
					间断	间断级配含土细角砾	B1、B2
					均匀	均匀级配含土细角砾	B2
				15%~30%		粉土质细角砾	B2、B3
						黏土质细角砾	B3、C1
				30%~50%		多粉土细角砾	C1
						多黏土细角砾	C2

注：（1）在间断级配中，粒径小于5 mm颗粒含量大于35%的土（冲蚀稳定），为B1组，其余为B2组。
（2）在细粒含量为15%~30%粉土中，当粒径0.075 mm~5 mm颗粒含量≥15%时为B2组，否则为B3组。
（3）在细粒含量为15%~30%黏土中，当粒径0.075 mm~5 mm颗粒含量≥15%时为B3组，否则为C1组。

表 B-3 砂类土填料组别分类

类别	名称	一级定名		二级定名			填料组别
		土名	说明	细粒含量	级配	定名	
粗粒土	砂类	砾砂	粒径大于 2 mm 颗粒的质量占总质量的 20%~50%	<5%	良好	良好级配砾砂	B1
					间断	间断级配砾砂	B2
					均匀	均匀级配砾砂	B3
				5%~15%	良好	良好级配含土砾砂	B1
					间断	间断级配含土砾砂	B2
					均匀	均匀级配含土砾砂	B3
				15%~30%		粉土砾砂	B2
						黏土砾砂	B3
				30%~50%		多粉土砾砂	C1
						多黏土砾砂	C2
		粗砂	粒径大于 0.5 mm 颗粒的质量超过总质量的 50%	<5%	良好	良好级配粗砂	B1
					间断	间断级配粗砂	B2
					均匀	均匀级配粗砂	B3
				5%~15%	良好	良好级配含土粗砂	B1
					间断	间断级配含土粗砂	B2
					均匀	均匀级配含土粗砂	B3
				15%~30%		粉土粗砂	B2
						黏土粗砂	B3
				30%~50%		多粉土粗砂	C1
						多黏土粗砂	C2
		中砂	粒径大于 0.25 mm 颗粒的质量超过总质量的 50%	<5%	良好	良好级配中砂	B1
					间断	间断级配中砂	B2
					均匀	均匀级配中砂	B3
				5%~15%	良好	良好级配含土中砂	B1
					间断	间断级配含土中砂	B2
					均匀	均匀级配含土中砂	B3
			粒径大于 0.25 mm 颗粒的质量超过总质量的 50%	15%~30%		粉土中砂	B2
						黏土中砂	B3
				30%~50%		多粉土中砂	C1
						多黏土中砂	C2
		细砂	粒径大于 0.075 mm 颗粒的质量超过总质量的 85%	<5%	良好	良好级配细砂	C2
					间断	间断级配细砂	C3
					均匀	均匀级配细砂	C3
				5%~15%	良好	良好级配含土细砂	C2
					间断	间断级配含土细砂	C3
					均匀	均匀级配含土细砂	C3
		粉砂	粒径大于 0.075 mm 颗粒的质量超过总质量的 50%	15%~30%		粉土粉砂	C3
						黏土粉砂	C3
				30%~50%		多粉土粉砂	C3
						多黏土粉砂	C3

表 B-4 细粒土填料组别分类

一级分类定名	二级分类定名		三级分类定名			填料组别
主成分	定名	液、塑限描述	粗粒含量	粗粒成分	定名	
细粒土（粒径小于 0.075 mm 颗粒含量 ≥ 50%）	粉土（M）	低液限粉土（ML）	A 线以下，$I_p<10$，$\omega_L<40$	<30%		低液限粉土	C3
				30%~50%	砾	含砾的低液限粉土	C3
					砂	含砂的低液限粉土	C3
		高液限粉土（MH）	A 线以下，$I_p<10$，$\omega_L \geq 40$	<30%		高液限粉土	D2
				30%~50%	砾	含砾的高液限粉土	D1
					砂	含砂的高液限粉土	D1
	黏土（C）	低液限黏土（CL）	A 线以下，$I_p \geq 10$，$\omega_L<40$	<30%		低液限黏土	C3
				30%~50%	砾	含砾的低液限黏土	C3
					砂	含砂的低液限黏土	C3
		高液限黏土（CH）	A 线以下，$I_p \geq 10$，$\omega_L \geq 40$	<30%		高液限黏土	D2
				30%~50%	砾	含砾的高液限黏土	D1
					砂	含砂的高液限黏土	D1
	软岩土		A 线以下，$I_p<10$，$\omega_L<40$			低液限软岩粉土	C3
			A 线以下，$I_p<10$，$\omega_L \geq 40$			高液限软岩粉土	D2
			A 线以上，$I_p \geq 10$，$\omega_L<40$			低液限软岩黏土	C3
			A 线以下，$I_p \geq 10$，$\omega_L \geq 40$			高液限软岩黏土	D2

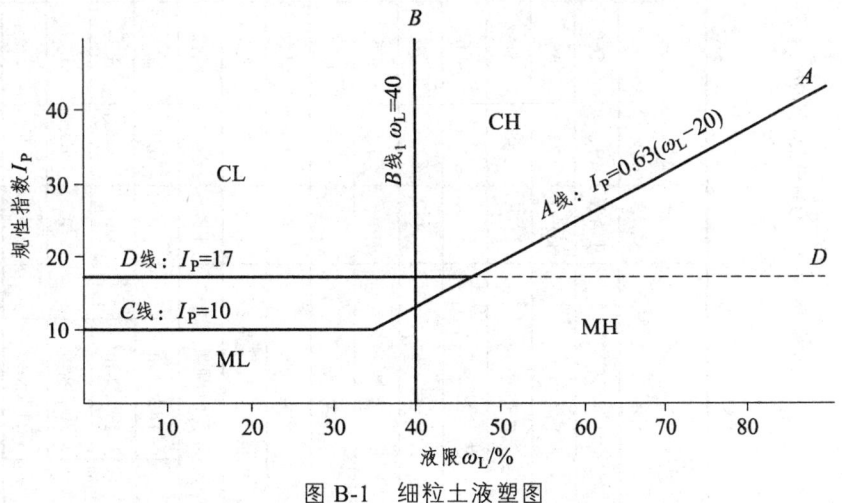

图 B-1 细粒土液塑图

注：（1）液限试验含水率采用圆锥仪法，圆锥仪总质量为 76 g，入土深度 10 mm。
（2）A 线方程中的 ω_L 按去掉%符号后的数值进行计算。

附录 C：列车和轨道荷载换算土柱高度及分布宽度

（具体参见（TB10025-2006）《铁路路基支挡结构设计规范（2009 局部修订版）》附录 A）

项目			单位	I 级铁路				II 级铁路		
				特重型	重型	次重型	次重型	次重型	中型	轻型
路段旅客列车设计行车速度 v			km/h	$120 \leq v \leq 160$	$120 < v \leq 160$	120	120	$80 \leq v \leq 120$	$80 \leq v \leq 100$	80
轨道条件	钢轨		kg/m	75	60	60	50	50	50	50
	混凝土型号			III	III	III	II	II	II	II
	捕轨根数		根/km	1 667	1 667	1 667	1 760	1 760	1 760	1 760
	混凝土轨枕长度		m	2.6	2.6	2.6	2.5	2.5	2.5	2.5
	道床顶面宽度		m	3.5	3.5	3.4	3.3	3.3	3.0	2.9
	道床边坡坡率			1.75	1.75	1.75	1.75	1.75	1.75	1.5
	道床厚度		m	0.5	0.5	0.5	0.45	0.45	0.40	0.35
	换算土柱宽度		m	3.7	3.7	3.7	3.5	3.5	3.4	3.3
	荷载强度		kPa	60.2	60.2	59.7	60.1	60.1	59.1	58.5
基床表层类型	换算土柱高度	土质重度	18 kN/m³	m	3.4	3.4	3.4	3.4	3.4	3.3	3.3
		19 kN/m³	m	3.2	3.2	3.2	3.2	3.2	3.2	3.1
		20 kN/m³	m	3.1	3.1	3.0	3.0	3.0	3.0	3.0
		21 kN/m³	m	2.9	2.9	2.9	2.9	2.9	2.9	2.8

续表

项目			单位	Ⅰ级铁路				Ⅱ级铁路		
				特重型	重型	次重型	中型	重型	次重型	中型	轻型
道床厚度			m	0.35	0.35	0.35	0.3	0.3	0.3	0.3	0.25
换算土柱宽度			m	3.4	3.4	3.4	3.3	3.2	3.2	3.2	3.1
荷载强度			kPa	60.5	60.1	60.1	60.3	60.8	60.8	59.8	59.6
硬质岩石	换算土柱高度	19 kN/m³	m	3.2	3.2	3.2	3.2	3.2	3.2	3.2	3.2
		20 kN/m³	m	3.1	3.1	3.1	3.1	3.1	3.1	3.0	3.0
		21 kN/m³	m	2.9	2.9	2.9	2.9	2.9	2.9	2.9	2.9
		22 kN/m³	m	2.8	2.8	2.8	2.8	2.8	2.8	2.8	2.8
基床表层类型	道床厚度		m	0.3	0.3	—	—	—	—	—	—
	换算土柱宽度		m	3.3	3.3	—	—	—	—	—	—
	荷载强度		kPa	60.7	60.3	—	—	—	—	—	—
级配碎石或级配砂砾石	换算土柱高度	19 kN/m³	m	3.2	3.2	—	—	—	—	—	—
		20 kN/m³	m	3.1	3.1	—	—	—	—	—	—
		21 kN/m³	m	2.9	2.9	—	—	—	—	—	—
		22 kN/m³	m	2.8	2.8	—	—	—	—	—	—

(1) 表中换算土柱高度按特重型、重型、次重型、中型、轻型为有缝线路轨道的计算值；当重型、次重型轨道铺设有缝线路时，其换算土柱高度应减少 0.1 m；

(2) 重度与本表不符时，需另计算换算土柱高度；

(3) 列车竖向荷载采用"中-活载"，即轴重 220 kN，间距 1.5 m；

(4) 列车和轨道荷载分布于路基面上的宽度，自轨枕底两端向下按 45°扩散角计算；

(5) Ⅱ型轨枕的换算土柱高度考虑了轨枕加强地段每千米铺设根数 1840 的影响。

- 211 -

附录 D：各种边界条件下的库伦主动土压力公式

顺号	计算草图	公式
1		$\tan\theta = -\tan\psi \pm \sqrt{(\tan\psi + \cot\phi)\left(\tan\psi + \dfrac{B_0}{A_0}\right)}$ $\psi = \phi + \delta - \alpha$ $A_0 = \dfrac{1}{2}H(H+2h_0)$, $B_0 = \dfrac{1}{2}H(H+2h_0)\tan\alpha$ $\lambda_a = (\tan\theta - \tan\alpha)\dfrac{\cos(\theta+\phi)}{\sin(\theta+\psi)}$ $E_a = \gamma(A_0\tan\theta - B_0)\dfrac{\cos(\theta+\phi)}{\sin(\theta+\psi)}$ 或 $E_a = \gamma\lambda_a\dfrac{A_0\tan\theta - B_0}{\tan\theta - \tan\alpha}$ $E_x = E_a\cos(\delta-\alpha)$, $E_y = E_a\sin(\delta-\alpha)$ $Z_x = \dfrac{H}{3}\left(1+\dfrac{h_0}{H+2h_0}\right)$, $Z_y = B + Z_x\tan\alpha$ $\sigma_0 = \gamma h_0 \lambda_a$, $\sigma_H = \gamma H \lambda_a$
2		$\tan\theta = -\tan\psi \pm \sqrt{(\tan\psi + \cot\phi)\left(\tan\psi + \dfrac{B_0}{A_0}\right)}$ $\psi = \phi + \delta - \alpha$ $A_0 = \dfrac{1}{2}H(H+2h_0)$, $B_0 = \dfrac{1}{2}H(H+2h_0)\tan\alpha + Kh_0$ $\lambda_a = (\tan\theta - \tan\alpha)\dfrac{\cos(\theta+\phi)}{\sin(\theta+\psi)}$ $E_a = \gamma(A_0\tan\theta - B_0)\dfrac{\cos(\theta+\phi)}{\sin(\theta+\psi)}$ 或 $E_a = \gamma\lambda_a\dfrac{A_0\tan\theta - B_0}{\tan\theta - \tan\alpha}$ $E_x = E_a\cos(\delta-\alpha)$, $E_y = E_a\sin(\delta-\alpha)$ $Z_x = \dfrac{H^3 + 3h_0 h_2^2}{3(H^2 + 2h_0 h_2)}$, $Z_y = B + Z_x\tan\alpha$ $h_1 = \dfrac{K}{\tan\theta - \tan\alpha}$, $h_2 = H - h_1$ $\sigma_0 = \gamma h_0 \lambda_a$, $\sigma_H = \gamma H \lambda_a$

续表

顺号	计算草图	公式
3		$\tan\theta = -\tan\psi \pm \sqrt{(\tan\psi + \cot\phi)\left(\tan\psi + \dfrac{B_0}{A_0}\right)}$ $\psi = \phi + \delta - \alpha$ $A_0 = \dfrac{1}{2}H^2$, $\quad B_0 = \dfrac{1}{2}H^2\tan\alpha - l_0 h_0$ $\lambda_a = (\tan\theta - \tan\alpha)\dfrac{\cos(\theta+\phi)}{\sin(\theta+\psi)}$ $E_a = \gamma(A_0\tan\theta - B_0)\dfrac{\cos(\theta+\phi)}{\sin(\theta+\psi)}$ 或 $E_a = \gamma\lambda_a\dfrac{A_0\tan\theta - B_0}{\tan\theta - \tan\alpha}$ $E_x = E_a\cos(\delta-\alpha)$, $\quad E_y = E_a\sin(\delta-\alpha)$ $Z_x = \dfrac{H^3 + 3h_0 h_2(h_2 + 2h_3)}{3(H^2 + 2h_0 h_2)}$, $\quad Z_y = B + Z_x\tan\alpha$ $h_1 = \dfrac{K}{\tan\theta - \tan\alpha}$, $\quad h_2 = \dfrac{l_0}{\tan\theta - \tan\alpha}$, $\quad h_3 = H - h_1 - h_2$ $\sigma_0 = \gamma h_0 \lambda_a$, $\quad \sigma_H = \gamma H \lambda_a$
4		$\tan\theta = -\tan\psi \pm \sqrt{(\tan\psi + \cot\phi)\left(\tan\psi + \dfrac{B_0}{A_0}\right)}$ $\psi = \phi + \delta - \alpha$ $A_0 = \dfrac{1}{2}H(H + 2h_0)$, $\quad B_0 = \dfrac{1}{2}H(H + 2h_0)\tan\alpha + (K+D)h_0$ $\lambda_a = (\tan\theta - \tan\alpha)\dfrac{\cos(\theta+\phi)}{\sin(\theta+\psi)}$ $E_a = \gamma(A_0\tan\theta - B_0)\dfrac{\cos(\theta+\phi)}{\sin(\theta+\psi)}$ 或 $E_a = \gamma\lambda_a\dfrac{A_0\tan\theta - B_0}{\tan\theta - \tan\alpha}$ $E_x = E_a\cos(\delta-\alpha)$, $\quad E_y = E_a\sin(\delta-\alpha)$ $Z_x = \dfrac{H^3 + 3h_0[h_2(h_2 + 2h_3 + 2h_4) + h_4^2]}{3[H^2 + 2h_0(h_2 + h_4)]}$, $\quad Z_y = B + Z_x\tan\alpha$ $h_1 = \dfrac{K}{\tan\theta - \tan\alpha}$, $\quad h_2 = \dfrac{l_0}{\tan\theta - \tan\alpha}$, $\quad h_3 = \dfrac{D}{\tan\theta - \tan\alpha}$ $h_4 = H - h_1 - h_2 - h_3$, $\quad \sigma_0 = \gamma h_0 \lambda_a$, $\quad \sigma_H = \gamma H \lambda_a$

续表

顺号	计算草图	公式
5		$\tan\theta = -\tan\psi \pm \sqrt{(\tan\psi+\cot\phi)\left(\tan\psi+\dfrac{B_0}{A_0}\right)}$ $\psi = \phi + \delta - \alpha$ $A_0 = \dfrac{1}{2}H^2$ ， $B_0 = \dfrac{1}{2}H^2\tan\alpha - 2l_0h_0$ $\lambda_a = (\tan\theta - \tan\alpha)\dfrac{\cos(\theta+\phi)}{\sin(\theta+\psi)}$ $E_a = \gamma(A_0\tan\theta - B_0)\dfrac{\cos(\theta+\phi)}{\sin(\theta+\psi)}$ 或 $E_a = \gamma\lambda_a\dfrac{A_0\tan\theta - B_0}{\tan\theta - \tan\alpha}$ $E_x = E_a\cos(\delta-\alpha)$ ， $E_y = E_a\sin(\delta-\alpha)$ $Z_x = \dfrac{H^3 + 6h_0h_2(H-h_1+h_4)}{3(H^2+4h_0h_2)}$ ， $Z_y = B + Z_x\tan\alpha$ $h_1 = \dfrac{K}{\tan\theta-\tan\alpha}$ ， $h_2 = \dfrac{l_0}{\tan\theta-\tan\alpha}$ ， $h_3 = \dfrac{D}{\tan\theta-\tan\alpha}$ $h_4 = H - h_1 - 2h_2 - h_3$ ， $\sigma_0 = \gamma h_0\lambda_a$ ， $\sigma_H = \gamma H\lambda_a$
6		$\tan\theta = -\tan\psi \pm \sqrt{(\tan\psi+\cot\phi)\left(\tan\psi+\dfrac{B_0}{A_0}\right)}$ $\psi = \phi + \delta - \alpha$ $A_0 = \dfrac{1}{2}(a+H)^2$ ， $B_0 = \dfrac{1}{2}ab + \dfrac{1}{2}H(2a+H)\tan\alpha$ $\lambda_a = (\tan\theta - \tan\alpha)\dfrac{\cos(\theta+\phi)}{\sin(\theta+\psi)}$ $E_a = \gamma(A_0\tan\theta - B_0)\dfrac{\cos(\theta+\phi)}{\sin(\theta+\psi)}$ 或 $E_a = \gamma\lambda_a\dfrac{A_0\tan\theta - B_0}{\tan\theta - \tan\alpha}$ $E_x = E_0\cos(\delta-\alpha)$ ， $E_y = E_a\sin(\delta-\alpha)$ $Z_x = \dfrac{H^3 + a(3H^2 - 3h_1H + h_1^2)}{3[H^2 + a(2H-h_1)]}$ ， $Z_y = B + Z_x\tan\alpha$ $h_1 = \dfrac{b - a\tan\theta}{\tan\theta - \tan\alpha}$ ， $h_2 = H - h_1$ $\sigma_0 = \gamma h_0\lambda_a$ ， $\sigma_H = \gamma H\lambda_a$

续表

顺号	计算草图	公式
7		$\tan\theta = -\tan\psi \pm \sqrt{(\tan\psi + \cot\phi)\left(\tan\psi + \dfrac{B_0}{A_0}\right)}$ $\psi = \phi + \delta - \alpha$ $A_0 = \dfrac{1}{2}(a + H + 2h_0)(a + H)$ $B_0 = \dfrac{1}{2}ab + (b + K)h_0 + \dfrac{1}{2}H(H + 2a + 2h_0)\tan\alpha$ $\lambda_a = (\tan\theta - \tan\alpha)\dfrac{\cos(\theta + \phi)}{\sin(\theta + \psi)}$ $E_a = \gamma(A_0 \tan\theta - B_0)\dfrac{\cos(\theta + \phi)}{\sin(\theta + \psi)}$ 或 $E_a = \gamma\lambda_a \dfrac{A_0 \tan\theta - B_0}{\tan\theta - \tan\alpha}$ $E_x = E_a \cos(\delta - \alpha)$, $E_y = E_a \sin(\delta - \alpha)$ $Z_x = \dfrac{H^3 + a(3H^2 - 3h_1 H + h_1^2) + 3h_0 h_3^2}{3(H^2 + 2aH - ah_1 + 2h_0 h_3)}$, $Z_y = B + Z_x \tan\alpha$ $h_1 = \dfrac{b - a\tan\theta}{\tan\theta - \tan\alpha}$, $h_2 = \dfrac{K}{\tan\theta - \tan\alpha}$, $h_3 = H - h_1 - h_2$ $\sigma_0 = \gamma h_0 \lambda_a$, $\sigma_a = \gamma a \lambda_a$, $\sigma_H = \gamma H \lambda_a$
8		$\tan\theta = -\tan\psi \pm \sqrt{(\tan\psi + \cot\phi)\left(\tan\psi + \dfrac{B_0}{A_0}\right)}$ $\psi = \phi + \delta - \alpha$ $A_0 = \dfrac{1}{2}(a + H)^2$, $B_0 = \dfrac{1}{2}ab - l_0 h_0 + \dfrac{1}{2}H(H + 2a)\tan\alpha$ $\lambda_a = (\tan\theta - \tan\alpha)\dfrac{\cos(\theta + \phi)}{\sin(\theta + \psi)}$ $E_a = \gamma(A_0 \tan\theta - B_0)\dfrac{\cos(\theta + \phi)}{\sin(\theta + \psi)}$ 或 $E_a = \gamma\lambda_a \dfrac{A_0 \tan\theta - B_0}{\tan\theta - \tan\alpha}$ $E_x = E_a \cos(\delta - \alpha)$, $E_y = E_a \sin(\delta - \alpha)$ $Z_x = \dfrac{H^3 + a(3H^2 - 3h_1 H + h_1^2) + 3h_0 h_3(h_3 + 2h_4)}{3(H^2 + 2aH - ah_1 + 2h_0 h_3)}$, $Z_y = B + Z_x \tan\alpha$ $h_1 = \dfrac{b - a\tan\theta}{\tan\theta - \tan\alpha}$, $h_2 = \dfrac{K}{\tan\theta - \tan\alpha}$ $h_3 = \dfrac{l_0}{\tan\theta - \tan\alpha}$, $h_4 = H - h_1 - h_2 - h_3$ $\sigma_0 = \gamma h_0 \lambda_a$, $\sigma_a = \gamma a \lambda_a$, $\sigma_H = \gamma H \lambda_a$

续表

顺号	计算草图	公式
9		$\tan\theta = -\tan\psi \pm \sqrt{(\tan\psi + \cot\phi)\left(\tan\psi + \dfrac{B_0}{A_0}\right)}$ $\psi = \phi + \delta - \alpha$ $A_0 = \dfrac{1}{2}(H + a + 2h_0)(a + H)$, $B_0 = \dfrac{1}{2}ab + (b + D + K)h_0 + \dfrac{1}{2}H(H + 2a + 2h_0)\tan\alpha$ $\lambda_a = (\tan\theta - \tan\alpha)\dfrac{\cos(\theta + \phi)}{\sin(\theta + \psi)}$ $E_a = \gamma(A_0\tan\theta - B_0)\dfrac{\cos(\theta + \phi)}{\sin(\theta + \psi)}$ 或 $E_a = \gamma\lambda_a\dfrac{A_0\tan\theta - B_0}{\tan\theta - \tan\alpha}$ $E_x = E_a\cos(\delta - \alpha)$, $E_y = E_a\sin(\delta - \alpha)$ $Z_x = \dfrac{H^3 + a(3H^2 - 3h_1H + h_1^2) + 3h_0[h_3(h_3 + 2h_4 + 2h_5) + h_5^2]}{3[H^2 + 2aH - ah_1 + 2h_0(h_3 + h_5)]}$, $Z_y = B + Z_x\tan\alpha$ $h_1 = \dfrac{b - a\tan\theta}{\tan\theta - \tan\alpha}$, $h_2 = \dfrac{K}{\tan\theta - \tan\alpha}$ $h_3 = \dfrac{l_0}{\tan\theta - \tan\alpha}$, $h_4 = \dfrac{D}{\tan\theta - \tan\alpha}$, $h_5 = H - h_1 - h_2 - h_3 - h_4$ $\sigma_0 = \gamma h_0\lambda_a$, $\sigma_a = \gamma a\lambda_a$, $\sigma_H = \gamma H\lambda_a$
10		$\tan\theta = -\tan\psi \pm \sqrt{(\tan\psi + \cot\phi)\left(\tan\psi + \dfrac{B_0}{A_0}\right)}$ $\psi = \phi + \delta - \alpha$ $A_0 = \dfrac{1}{2}(H + a)^2$, $B_0 = \dfrac{1}{2}ab - 2l_0h_0 + \dfrac{1}{2}H(H + 2a)\tan\alpha$ $K_a = (\tan\theta - \tan\alpha)\dfrac{\cos(\theta + \phi)}{\sin(\theta + \psi)}$ $E_a = \gamma(A_0\tan\theta - B_0)\dfrac{\cos(\theta + \phi)}{\sin(\theta + \psi)}$ 或 $E_a = \gamma\lambda_a\dfrac{A_0\tan\theta - B_0}{\tan\theta - \tan\alpha}$ $E_x = E_a\cos(\delta - \alpha)$, $E_y = E_a\sin(\delta - \alpha)$ $Z_x = \dfrac{H^3 + a(3H^2 - 3h_1H + h_1^2) + 6h_0h_3(2h_3 + h_4 + 2h_5)}{3(H^2 + 2aH - ah_1 + 4h_0h_3)}$, $Z_y = B + Z_x\tan\alpha$ $h_1 = \dfrac{b - a\tan\theta}{\tan\theta - \tan\alpha}$, $h_2 = \dfrac{K}{\tan\theta - \tan\alpha}$ $h_3 = \dfrac{l_0}{\tan\theta - \tan\alpha}$, $h_4 = \dfrac{D}{\tan\theta - \tan\alpha}$, $h_5 = H - h_1 - h_2 - h_3 - h_4$ $\sigma_0 = \gamma h_0\lambda_a$, $\sigma_a = \gamma a\lambda_a$, $\sigma_H = \gamma H\lambda_a$

续表

顺号	计算草图	公式
11		$\tan(\theta+i) = -\tan\psi_2 \pm \sqrt{(\tan\psi_2 + \cot\psi_1)[\tan\psi_2 + \tan(\alpha+i)]}$ $\psi_1 = \phi - i$，$\psi_2 = \phi + \delta - \alpha - i$ $\lambda_a = \dfrac{(1-\tan\alpha\tan i)(\tan\theta-\tan\alpha)\cos(\theta+\phi)}{(1-\tan\theta\tan i)\sin(\theta+\psi_2+i)}$ $E_a = \dfrac{1}{2}\gamma H^2 \lambda_a$ $E_x = E_a \cos(\delta-\alpha)$，$E_y = E_a \sin(\delta-\alpha)$ $Z_x = \dfrac{1}{3}H$，$Z_y = B + Z_x \tan\alpha$ $\sigma_H = \gamma H \lambda_a$
12		$\tan(\theta+i) = -\tan\psi_2 \pm \sqrt{(\tan\psi_2 + \cot\psi_1)[\tan\psi_2 + \tan(x+i)]}$， $\psi_1 = \phi - i$，$\psi_2 = \phi + \delta - x - i$ $\tan\varepsilon = \tan\alpha + \dfrac{b}{H}$，$\tan x = \dfrac{(1-\tan\varepsilon\tan i)\tan\varepsilon - \dfrac{b}{H}}{1-\left(\dfrac{b}{H}+\tan\varepsilon\right)\tan i}$ $\lambda_a = \dfrac{(1-\tan\alpha\tan i)(\tan\theta-\tan\alpha)\cos(\theta+\phi)}{(1-\tan\theta\tan i)\sin(\theta+\phi+\delta-\alpha)}$ $E_a = \dfrac{1}{2}\gamma(H-h_1)^2 \left[\lambda_a + A\dfrac{\cos(\theta+\phi)}{\sin(\theta+\phi+\delta-\alpha)}\right]$ $A = \dfrac{bh_1}{(H-h_1)^2}$，$h_1 = \dfrac{b}{\cot i - \tan\alpha}$，$h_2 = \dfrac{b}{\tan\theta - \tan\alpha}$ $h_3 = H - h_2$ $Z_x = \dfrac{(H-h_1)^3 + h_1(h_2-h_1)(3h_3+2h_2-h_1)}{3[h_3(H-2h_1+h_2) + h_2(h_2-h_1)]}$， $Z_y = B + Z_x \tan\alpha$ $\sigma_2 = \gamma(h_2-h_1)\lambda_a$，$\sigma_H = \gamma(H-h_1)\lambda_a$

注：（1）本表公式系按仰斜墙背 α 为正值推导的，当墙背俯斜时，α 应以负值代入，墙背竖直时，α 取零。
（2）破裂角公式中根号前的正负号取法：当 ψ 或 $\psi_2 < 90°$ 时，取正号，当 ψ 或 $\psi_2 > 90°$ 时，取负号。
（3）以 L 形墙背顶点和墙踵的连线为假想墙背计算土压力时，墙背摩擦角 $\delta = \phi$。

参考文献

[1] 铁路路基设计规范（TB10001-2016）[S]. 北京：中国铁道出版社，2017.

[2] 地铁设计规范（GB50157-2013）[S]. 北京：中国建筑工业出版社，2014.

[3] 铁路路基支挡结构设计规范（TB10025-2006）[S]. 北京：中国铁道出版社，2009.

[4] 铁路路基施工规范（TB10202-2002）[S]. 北京：中国铁道出版社，2002.

[5] 铁路路基工程施工质量验收标准（TB10414-2003）[S]. 北京：中国铁道出版社，2004.

[6] 高速铁路路基工程施工质量验收标准（TB10751-2010）[S]. 北京：中国铁道出版社，2011.

[7] 铁路轨道设计规范（TB10082-2017）[S]. 北京：中国铁道出版社，2017.

[8] 铁路给水排水设计规范（TB10010-2008）[S]. 北京：中国铁道出版社，2009.

[9] 铁路工程土工试验规程（TB10102-2010））[S]. 北京：中国铁道出版社，2011.

[10] 铁道部第一勘测设计院. 铁路工程设计技术手册[M]. 北京：中国铁道出版社，1995.

[11] 解宝柱. 铁路路基[M]. 北京：中国铁道出版社，2009.

[12] 唐新权，刘成禹. 地质及路基[M]. 北京：中国铁道出版社，2013.

[13] 杨广庆. 路基工程[M]. 北京：中国铁道出版社，2010.

[14] 宫全美. 铁路路基工程[M]. 北京：中国铁道出版社，2007.

[15] 舒玉. 铁路路基工程[M]. 北京：人民交通出版社，2014.

[16] 王军龙. 铁路路基施工与养护[M]. 成都：西南交通大学出版社，2012.

[17] 安宁. 高速铁路路基施工与维护[M]. 北京：人民交通出版社，2014.

[18] 张宪丽，刘芳宏，邢岩松. 高速铁路路基工程施工[M]. 北京：中国铁道出版社，2014.

[19] 刘明国. 铁路路基工程施工技术[M]. 北京：中国铁道出版社，2014.